城市生态水利规划研究

董永立 著

吉林科学技术出版社

图书在版编目（CIP）数据

城市生态水利规划研究 / 董永立著 ． -- 长春 ： 吉林科学技术出版社， 2021.6

ISBN 978-7-5578-8364-5

Ⅰ．①城… Ⅱ．①董… Ⅲ．①城市水利－水利工程－水利规划－研究 Ⅳ．① TV512

中国版本图书馆 CIP 数据核字（2021）第 127867 号

城市生态水利规划研究

著	董永立	
出 版 人	宛 霞	
责任编辑	程 程	
封面设计	薛一婷	
制 版	长春美印图文设计有限公司	
幅面尺寸	185mm×260mm	
开 本	16	
字 数	280 千字	
印 张	12.5	
印 数	1-1500 册	
版 次	2021 年 6 月第 1 版	
印 次	2022 年 1 月第 2 次印刷	
出 版	吉林科学技术出版社	
发 行	吉林科学技术出版社	
地 址	长春市净月区福祉大路 5788 号	
邮 编	130118	
发行部电话／传真	0431—81629529 81629530 81629531	
	81629532 81629533 81629534	
储运部电话	0431—86059116	
编辑部电话	0431—81629518	
印 刷	保定市铭泰达印刷有限公司	
书 号	ISBN 978-7-5578-8364-5	
定 价	50.00 元	

前　言

随着环境科学和生态学的发展，人们认识到传统意义上的水利工程虽然能满足社会经济发展的需求，但在不同程度上忽视了河流生态系统本身的需求，对生态系统产生胁迫效应，导致河流生态系统不同程度的退化。而河流生态系统的功能退化，也给人们的长远利益带来损害。为在水资源开发利用与水生生态保护之间寻求合理的平衡点，从技术层面上探索和发展生态水利工程学就成为一种必然的选择，生态水利工程应运而生。

生态水利工程打破了传统水利工程的观念，对水利工程建设提出了全新的、更高的要求，其不仅需要满足防洪安全的要求，还要追求改善和美化环境。城市生态水利工程是一种综合性工程，在河流综合治理中既要满足人类对水的各种需求，包括防洪、灌溉、供水、发电、航运以及旅游等需求，也要兼顾生态系统健康和可持续发展的需求。

由于作者水平有限，书中可能存在缺点和错误，敬请各位专家和读者给予批评指正。

目　录

第一章　城市生态水利规划的理论基础

第一节　城市生态学理论

一、城市生态学概述

1. 城市生态学的概念

城市生态学是 20 世纪 70 年代初兴起的一门新兴科学，是以生态学理论为基础。应用生态学的方法研究以人为核心的城市生态系统的结构功能、动态，以及系统组成成分间和系统与周围生态系统间相互作用的规律，并利用这些规律优化城市生态系统结构，调节系统关系，提高物质转化和能量利用效率，以改善城市生态环境质量，实现城市结构合理、功能高效和关系协调的一门综合性学科。强调城市中自然环境与人工环境、生物群落与人类社会、物理生物过程与社会经济过程之间的相互作用，同时把城市作为整个区域范围内的一个有机体，揭示城市与其腹地在自然、经济、社会等诸方面的相互关系，分析同一地区的城市分布与分工合作以及规模、功能的相互关系。

城市生态学研究的对象是人类在漫长的实践过程中，通过对自然环境的适应、加工改造而建立起来的人工生态系统，研究的目的是实现城市生态系统的结构合理、功能高效和关系协调，以提高城市生产和生活质量。

城市生态学原理在城市生态环境建设中的应用，体现在从生态学的角度去探索城市人类生存所必需的最佳环境质量，运用城市生态系统中物质与能量运动的规律，揭示城市生态环境的客观规律和存在的问题，调节物质与能量运动中的不平衡状态，同时运用先进的科学方法和技术手段，充分合理地利用自然资源，使城市生态系统最低限度地排出废弃物，从而改善城市生态环境。

2. 城市生态学的研究内容

城市生态学的研究内容主要包括以下几方面。

（1）城市生态系统结构的研究。城市生态系统是一个以人为中心的环境系统，其结构非常复杂，既包括自然环境，又包括人为环境，因而其结构研究包括城市化对环境的影响、城市化对生物的影响以及生物的反应、城市化对人群的影响。通过对各种结构成分的研究以揭示城市化过程与环境变化的相互关系，以及资源利用对城市环境的影响，这是城市生态学研究的基础。

（2）城市生态系统功能的研究。城市生态系统功能主要是指城市生产和生活功能。城市中的物质代谢、能量流动和信息传递都有很大的特异性，揭示它们的作用特点和作用规律是解决城市问题的关键。研究包括城市食物网、城市物质生产和物质循环、城市能源及城市能量流动、城市信息类型及其传递方式与效率城市环境容量等。

（3）城市生态系统的动态研究。城市生态系统的动态研究包括城市形成、发展的历史过程，以及与此相应的自然环境和人文环境变化的动因分析。这项研究有助于认识城市生态系统的发展规律，可为老城市改造和新城市建设指明方向。

（4）城市生态系统的系统生态学研究。在城市生态系统结构和功能研究的基础上，对城市生态系统进行模拟、评价、预测和优化。

（5）城市的生态规划生态建设和生态管理以及城市生态系统与周围农村生态系统间关系的研究。

城市生态学作为一门可持续发展的基础学科成为当今世界研究的热点，针对城市化带来的各种弊端，其中一个重要的议题就是重新审视作为陆地生态系统主体的森林在城市生态系统中的地位，呼唤森林重归、绿色重归。城市生态学理论的核心就是实现城市的生态化，保证城市良好的生态环境质量。这一目标的实现，从长远来看，依赖于城市生态环境基础设施的建设和城市的可持续发展。从本质上讲，城市生态环境基础设施是城市所依赖的自然系统，是城市及其居民能持续获得自然服务的基础，这些生态服务包括提供新鲜空气、食物、体育、休闲娱乐、安全庇护以及审美和教育基地等。它不仅包括一般意义的城市绿地系统的概念，而且更广泛地包含一切能提供上述自然服务的城市绿地系统、自然保护地系统。其中，林业生态系统应成为城市生态基础设施，在城市生态环境建设中林业的作用和地位不容忽视。

3. 城市生态学的研究特点

城市生态学的研究具有以下几个特点。

（1）综合性。城市生态学研究的不只是城市人口、城市生物、城市资源、城市环境或城市社会以及城市经济的单个组分，而是这些组分间的相互关系，注重各组成成分间的横向联系，注重人口、物质流动的整体效应以及环境变化的区域性影响。

（2）系统性。城市生态系统是一个以人为中心的、不断进行着物质能量代谢的有机统一体，它的研究需要注重人口、资源、环境间相互作用的基本规律。

（3）实用性。城市生态学研究以满足人的根本利益为目的，注重利用生态学原理和最优化方法去调节城市内部各组分之间以及与周围生态系统之间的关系，提高城市生态效率，改善城市的环境质量。

（4）决策性。城市生态学研究要解决城市的资源利用和环境负荷能力之间、生活和生产之间、市区和郊区之间、眼前利益和长远利益之间的种种矛盾，探讨它们之间的动态关系的基本规律，提出相应的城市发展的生态学对策。

二、城市生态系统的概念及组成

（一）城市生态系统的概念

由于学科重点研究方向等不同，学者们对城市生态系统的理解有着一定差异。比较常见的有以下几种。

马世骏、王如松等认为，城市生态系统是一个以人为中心的自然—经济—社会复合的人工生态系统；城市的自然及物理组分是其赖以生存的基础；城市各部门的经济活动与代谢过程是城市生存发展的活力和命脉；而人的社会行为及文化观念则是城市演替与进化的动力泵。

王发曾等认为，城市生态系统是以城市居民为主体、以地域空间和各种设施为环境，通过人类活动在自然生态系统基础上改造和营建的人工生态系统。金岚等认为，城市生态系统是城市居民与其周围环境组成的一种特殊的人工生态系统，是人们创造的自然—经济—社会复合体。

何强等认为，凡拥有 10 万以上人口，住房、工商业、行政、文化娱乐等建筑物占 50% 以上面积，具有发达的交通线网和车辆来往频繁的人类集聚的区域称为城市生态系统。

曲格平主编的《环境科学词典》一书提出，城市生态系统是特定地域内的人口、资源、环境（包括生物的和物理的、社会的和经济的、政治的和文化的）通过各种相生相克的关系建立起来的人类聚居地或社会—经济—自然复合体。

严格地讲，城市只是人口集中居住的地方，是当地自然环境的一部分，它本身并非一个完整的、自我稳定的生态系统。一方面城市所需的物质和能量都来自周围其他系统，其状况如何往往取决于外部条件。另一方面，城市也具有生态系统的某些特征，如组成城市的生物成分，除人类外，还有植物、动物和微生物；能够进行初级生产和次级生产；具有物质的循环和能量的流动。但这些作用都因人类的参与而发生或大或小的变化。此外，城市与其周围的生态系统存在着千丝万缕的联系，它们之间彼此相互影响、相互作用。因此，把城市作为一个生态系统，研究其物质能量的高效利用，社会、自然的协调发展，系统动态的自我调节，不仅有益于城市本身的发展、管理和规划，而且有利于处理和协调城市与周围地区的关系。

（二）城市生态系统国内外研究现状

1. 国际城市生态系统研究的进展

1898 年，由英国社会活动家霍华德（E.Howard）提出了建设城乡结合、环境优美的新型城市——"田园城市"的基本构想，可以算是"绿色生态城市"的起源了。

20 世纪初以 Geddes、Park 等为代表的关于生态学原理在城市建设和社区发展中的应用研究，掀起了第一个热潮。20 世纪 60 年代以来，以《寂静的春天》《生存的蓝图》《增长的极限》等为代表的著作，对城市化、工业化所引起的生态危机的普遍关注，在国际上掀起了城市生态研究的第二个热潮。进入 20 世纪 60 年代以来，北欧一些科学家根据现代城市出现的一些弊端，提出在城区和郊区发展森林，将森林引入城市，使城市坐落在森林中，在城郊建设"原始公园"，将农田和森林及其他一些景观揉进"田园城市"的建设中。

在城市生态评价上，美、英等国从 20 世纪 70 年代中后期起，在治理污染的同时，逐步建立了环境影响评价制度，采用模型预测法，对城市规模扩大、经济增长、人口变化等因素给生态环境造成的影响进行研究与评价，预测环境质量的动态变化，确定保护目标；日本、德国等开展了城市气候的生态评价，为城市规划和管理部门提供气候生态资料。在生态规划设计与建设上，从 20 世纪 70 年代初期，一些发达国家在治理城市环境污染时，为有效控制、防治新的污染，相继开始研究、编制城市环境规划；进入 20 世纪 80 年代以来，随着环境规划逐渐向生态学方向发展，苏联、日本、德国、捷克、美国、意大利、瑞典等国开始研究城市生态规划，其特点是不只限于经济发展过程中的环境治理、污染控制和保护，而是把当地的地球物理系统、生态系统和社会经济系统紧密地结合起来，进行多功能多层次、多目标控制的综合研究与规划，据此进行城市结构调整、规模设计生产布局、资源开发、环境保护的规划建设。

在城市生态环境立法上，世界上许多国家都根据本国的实际情况制定了一系列生态与环境保护的法规条例。在生态工艺和技术方面，20 世纪 70 年代末期，生态工程思想和理论的诞生受到了国际上广泛的关注，愈来愈多的国家根据生态最优化的原理，设计和改造城市的生产与生活系统，疏通物质循环和能量流通的渠道，以达到最佳的经济社会和生态环境效益。

20 世纪 90 年代以来，城市生态的研究更成为可持续发展及制定 21 世纪议程的科学基础，国际生态学会专门成立了城市生态专业委员会。世纪之交，全球正在迅速城市化、工业化和现代化，城市人类生产与社会活动对城市本身、对城郊区域以及全球生态系统的影响已成为各国政府面临的一项重大政治议题。目前城市地区的人口占世界总人数的 50%，国民生产总值占 90%，辅助能源占 80%，其物质能量高度聚集人类活动密集、环境变化剧烈，已成为当今国际生态学研究的热点和紧迫任务。原国际生态学会主席 FB.Golley（1990）在第五届国际生态学大会上指出，未来国际生态学的三大任务之一就是发展城市生态学。美国国家自然科学基金委员会也已将城市生态学列为今后重点支持的领域之一。

近年来，各种类型的国际城市生态学术会议和活动得以蓬勃发展，仅 1991 年以来在美洲、大洋洲和非洲就举行了 3 次国际生态城市会议；1996 年 12 月，在土耳其伊斯坦布尔举行了"联合国人居环境大会"，会议提交了大量的城市生态研究论文，可以说是对全球城市生态与可持续发展研究进行了全面的检阅；1997 年 6 月，在德国莱比锡又召开了"国际城市生态学术研究会"。

虽然近年来国际城市生态学的研究涉及城市气候、植被、土壤、水文、能源、废弃物管理、土地利用规划交通、住房、基础设施、政策和管理等领域，但一个明显的趋势是将研究的目标都逐渐集中在城市可持续发展的城市生态学基础上，包括以下 3 个层次。

（1）认识论层次。如何系统地辨识城市社会、经济、环境之间复杂的联系。

①从物到人、从链到网、从单因子到多因子、多属性综合。

②系统化、工程化、生态化。

③时、空、量、构、需多层次耦合。

④自然生态、技术物理、社会文化因素耦合体的等级性、异质性和多样性。

（2）方法论层次。如何从技术、体制和行为三方面去调控城市的生产、生活与生态服务功能。

①加强生态环境影响评价与环境管理体系（ISO14000）的建立、关系整合、体制调控、指标测度、动态监控、系统模拟，强化宏观生态调控，其基础是生态规划、生态设计与管理。

②产业生态学（Industrial Ecology）的清洁生产工艺（Clear Production Process）思想和生命周期分析理论（Life Cycle Analysis）的兴起，在研究工农业生产中资源、产品及废物的代谢规律，促进资源的有效利用和环境的正面影响上发挥很大的作用。

③人居生态学（Built Ecology）的研究按生态学原理将城市住宅、交通、基础设施及消费过程与自然生态系统融为一体，为城市居民提供适宜的人居环境。

④景观生态学（Landscape Ecology）研究城区、城郊及城市支持系统的景观格局、风水过程、生态秩序、环境容量及生态服务功能等。

（3）技术手段层次。研究如何将生态学原理应用到城市产业，社区及景观生态设计、规划与建设中去，促进城市及其区域生态支持系统的持续协调发展。目前，在全球范围内已出现了从可持续发展的口号走向生态建设的具体行动。

①生态城（村、镇）、生态住宅生态交通、生态建筑生态代谢生态能源生态恢复、生态产业的规划设计、试验和管理已愈来愈深入人心。

②产业生态工程、人居生态工程和区域生态工程已成为城市及人口密集区可持续发展的三大前沿工程。

2.我国城市生态系统研究的进展

我国城市生态的研究起步于 20 世纪 80 年代。1984 年 12 月由中国生态学会、中国城市科学研究会等联合在上海举行"首届全国城市生态科学研讨会"。会议的中心议题是：探讨城市生态学研究的目的、任务、对象和方法等基础理论问题，用城市生态学的观点分析我国不同类型城市在规划建设和管理中存在的重大问题。会上成立了"中国生态学会城市生态学专业委员会"，这是我国出现的以城市生态学研究为主要目的的第一个组织，它标志着中国城市生态研究工作的开始。1986 年 6 月，在天津举行了"第二届全国城市生态研讨会"，会议的中心议题是：如何加强城市生态理论研究及其在城市规划、建设和管理中的实际应用。1997 年 12 月，"第三届全国城市生态学术研讨会"在深圳召开，内容包括：城乡复合生态系统可持续建设的方法案例；城镇人居环境的生态设计原理与生态规划方法；产业可持续发展的清洁生产技术和产业生态学方法；城市及开发区建设的生态影响分析及生态风险评价方法等。

在城市个体研究方面，一些大中城市相继于 20 世纪 80 年代初开展了城市个体生态研究，如华东师范大学环境科学系开展了"上海市大气污染的生物监测"和"上海浦东新区生活垃圾处理方法研究"的个体生态研究等。

在城市系统生态研究方面，自 20 世纪 80 年代中期以来，我国的城市生态研究可以说是进入了系统研究和综合治理的阶段。国家"六五"科技攻关项目中开展了京津地区、太湖流域等一大批城市生态系统及污染综合治理研究，探讨了城市生态系统中污染物质的迁移转化规律及相应的综合治理对策。北京、天津、上海、常州、苏州、广州、深圳以及新疆克拉玛依、石河子市等城市都开展了较多的研究工作。

在城市生态规划研究方面，在 MBA 计划的倡导下，香港、天津、长沙、宜春、马鞍山、深圳、上海浦东都开展了城市生态的研究和探讨，致力于建立城市人类与自然的协调有序结构。

三、城市生态系统的组成

城市生态系统是以人为主体、人口高度集中的生态系统；是人为改变了结构、改变了物质循环和部分改变了能量转化受人类生产活动影响的生态系统；是由社会经济和自然两个子系统复合而成的人工生态系统，因而其组成包括城市自然生态系统和城市社会经济生态系统两大部分，各部分都由生物和非生物两大部分组成。其中，城市自然生态系统由生物成分和非生物成分组成，包括生产者、消费者和分解者以及各种无生命的无机物、有机物和自然成分。城市社会经济生态系统中的生物和非生物成分组成，包括城市人群、动植物及微生物、住房建筑和生产技术等社会经济成分。

自然生态系统中的生物和非生物成分，为城市居民提供了生活环境和各种资源，是城市生态系统赖以生存和发展的物质基础。而人类及其所进行的生产活动和社会活动则是城市生态系统不断发展和变化的主要动力。

城市生态系统的生物部分，主要是由有思想意识的人为主体，加上野生的和人工培育的动植物及微生物组成。城市生态系统的非生物部分，除自然环境的物质成分外，还有房屋、道路、生产设施和生活设施等人工环境物质成分。体现在以下几方面。

1. 城市是一个社会实体。城市里聚集着几十万至数百万的人口，他们在生活和生产中的相互联系构成了一个社会实体。人口、就业、家庭、婚姻、宗教、民族、道德、风尚、公害治安犯罪等依然存在，构成一种城市社会现象。

2. 城市是一个经济实体。城市在一个面积不很大的区域里，聚集着大量的生产资料、资金和劳动力；聚集着多家企业单位，他们从事生产和各种经济活动，为了促进城市经济发展，建立了一系列与生产发展相对应的基础设施和服务机构，以完善城市合理的经济结构，使之成为一个开放式的经济中心。

3.城市是一个科技文化教育实体。在城市(尤其是大城市)聚集着雄厚的科技力量。"科技是第一生产力",教育是基础,它和工业生产、科学研究、人才培养、智力发展、学术交流等结合在一起,促进城市经济的发展。

4.城市是一个人工自然实体。城市的建筑物高度集中,各种功能、性质、用途和建筑风格的建筑物,出现在城市的有限空间内,形成城市特有的人工地貌,构成一幅城市的立体景观。

在城市生态系统中,生物种群的生长或栖息地主要是绿色空间和建筑群。绿色空间是指城市公园、绿地、林荫大道以及河流、湖泊和池塘。生物种群既有自然生长的也有人工栽培和饲养的,还有处于半自然状态的。微生物主要是生活在大气、土壤、水体和生物体内的细菌、真菌和病毒等。

从生态系统的观点来看,绿色植物是生态系统的生产者,它们的作用是将太阳能源源不断地输入生态系统,为该系统中的动物提供食物和氧气,成为消费者和分解者唯一的能源。但城市生态系统中,植物作为生产者主要起到供养作用,而供给城市居民食物的作用很小。因此,城市消费者所需的食物很少是依靠城市的生产者,绝大部分(几乎是全部)来自农村或其他地区。同样,城市消费者动物和分解者微生物,其地位和作用,与在自然生态系统中的相比也是微不足道的。

四、城市生态系统的结构与功能

(一)城市生态系统的结构特征

城市生态系统包括由自然系统、社会系统、经济系统构成的多层次、多因素、多功能的动态的复杂人工生态系统,是以人为中心的系统结构,其中包括许多子系统。其空间结构有环境、资源和设施等的分布与组合(即环境结构、资源结构和人工设施结构);社会结构是人口、劳动力和智力等的空间配置与组合;经济结构由生产消费流通和积累等的空间配置与组合;营养结构也有生产者、消费者和分解者。它们之间相互制约、相互依存的复杂关系,形成了复杂的链网状结构。这种链网状结构有以下4种方式。

1.食物链结构

生态系统中生物之间的食物链关系是其营养结构的一种具体表现,是生态系统中物质与能量流动的重要途径。在城市生态系统中,人类是最主要、最高级的消费者,位于食物链的顶端。城市生态系统有两种不同的食物类型。其一为自然—相对人工食物链,该链中绿色植物为初级生产者,植食动物与肉食动物分别为一级消费者和二级消费者,兼次级生产者,人类是杂食的高级消费者。它们之间的自然的、直接的食与被食量很小,植食动物与肉食动物大部分依赖环境系统提供的人工饲料消费,人类直接利用的动、植物也须经过简单的人工加工。其二为完全人工食物链,由环境系统提供的食品、饮用品和药品供人类直接食用。该链中尽管只有一级消费者,但将环境生物转化为食品仍须经过复杂的人工加工。

2. 资源利用链结构

人类的生活除了食物的消费外，还有衣、住、行的消费，文化的消费和社会的消费等高级消费。正是这种不同于动植物的社会需求，使城市生态系统产生了任何自然生态系统都不可能有的资源利用链结构。此种结构由一条主链和一条副链构成。在主链中，环境系统提供的各类资源经初步加工后生产出一系列的中间产品，再经深度加工后生产出可供直接消费的最终产品。最终产品的一部分存留在市区环境，一部分输出到广域环境。最终产品所利用的资源主要来自广域环境，而市区环境所提供的资源微乎其微。如市区中的水体只能提供少部分洁净水，太阳辐射只提供极少量的二次能源，岩石矿物资源基本上未被利用，土地的 50% 以上被开发、改造为建设用地，但却与最终产品没有直接的物质、能量交换关系。在副链中，能源转变为中间产品、中间产品转变为最终产品的过程中都会产生一定量的废弃物。经重复利用、综合利用后，部分有价值的废弃物退还主链，其余被排入市区环境和广域环境中。

3. 生命—环境相互作用结构

城市生态系统中的生命与环境之间、各种环境之间、环境要素之间都存在一定的相互作用关系。其中城市人群与环境之间的关系是此种结构的主要内容。

在自然环境中，人类的活动改变了局部气候、地质基础和土壤结构。人类按自己的需要塑造了形形色色的微地形和人工水系，却将一些生产和生活活动中的废弃物排入空气、水体和地下。城市自然要素的演变适应了人类的生存需要，并发挥了一定的自然净化功能，但人类的无理性活动也会导致诸如气候恶化、地面沉降、环境污染等大自然的"报复"。人口的盲目增加和人类的欲望的无限膨胀，引起大量占用土地大量消耗水源，从而可能导致城市地域的无序扩展、土地利用结构失调和过量开采地下水等。

在人工环境中，物质环境是基础，精神环境是上层建筑。建筑物、道路和各种设施，不仅满足了人类活动的各种要求，他们的空间组合形态也体现了人类完善城市环境的美好愿望。劳动产品是人类生产和生活消费的基础，也体现了城市在区域中的实力。资金是人类的个体或团体拥有财富的象征，也是调节经济系统运转的有力工具。但当人类处理物质环境的方式不恰当时，所引发的物质要素布局不当、资金运转不灵、人工净化能力不足，就可能导致一系列城市病。人类是精神环境的主力军，精神环境反过来调整人的观念和行为。但精神环境的不完善也会对人类产生副作用，如不良文化教育基础薄弱科技水平不高、管理混乱、信息不畅等，是引发一系列城市问题的重要原因之一。

在广域环境中，郊区环境是区域环境的内核，区域环境是郊区的延展和补充。城市人群的需要规定了郊区的特定功能，并将部分产品、大部分废弃物，以及科技成果、管理技能等输入郊区，促使郊区的经济社会发展与市区保持相应水平。郊区是城市人群生存的保证，也弥补了市区生态环境的不足。郊区除具有向市区提供水源、副食品、劳动力、建设用地、对外联系、休闲游览功能和自然、人工净化功能外，还发挥着调节市区次生自然环境的重要作用。

总之，城市是区域发展的中心，通过向区域输出产品、科技、信息、资金和管理技能等，带动区域经济、社会、文化和科技等全面发展。区域是城市发展的基础，除向城市输出能源、粮食、各种加工业资源、市场需求、人才、信息、资金外，也发挥着调节城市环境的作用。区域基础好，城市发展水平高，城市—区域是一种更大尺度的有机系统。

4.要素空间组合结构

城市生态系统组成要素的空间排列组合，有圈层式结构和镶嵌式结构两种基本形式。圈层式结构以市区为核心、市区生命系统与环境系统为内圈、郊区环境为中心圈、区域环境为外圈。这种自然形成的自内向外呈同心圈状展示的空间结构形式，体现了生命系统与各种环境要素的内在联系，是人类生存的中心聚居倾向和广域关联倾向的必然结果。

镶嵌式结构有大镶嵌与小镶嵌之分。所谓大镶嵌，是指各圈层内部要素按土地利用分异所形成的团块状功能分区的空间组合形态。如市区和郊区，有以单一要素为主的居住区、工业区、商业区行政区、文化区、对外交通运输区、仓库区、郊区农业生产区、风景游览区以及特殊功能区等，也有以多种要素组合的工业—交通—仓库区、工业—居住—商业区行政—居住—商业区、行政—文化—绿化区以及旧城区、新建区等。各区按各自的功能特点与要求分布在不同的位置上，形成一幅有规律的块状和条带状空间镶嵌图。所谓小镶嵌，是指各功能分区内部组成要素，按土地利用分异所形成的微观空间组合形态。如在居住区内，中心大多为一片公共绿地，四周集中布置生活服务设施，居住建筑群根据日照、通风要求以及地形、用地形状的限制，按照行列式、周边式、混合式或自由式成组团式布置，而小片绿地、区内道路和其他设施等则分散镶嵌其中。这种结构形态是城市生态系统功能发挥的空间依托，其组建最初由于功能的无序而带有一定的盲目性。当城市发展与建设进入高级阶段后，要素的空间组合也会渐趋合理。因此，镶嵌式结构水平的高低，是衡量城市规划质量与系统功能的一个重要标准。

以上四种结构形态间不是树枝状的并列、分支关系，而是立体网络状的互相联系、相互渗透的关系。交通运输和信息传递多发挥纽带与神经中枢作用，将它们结合为一个完整的结构体系，其复杂性使城市生态系统的功能发挥表现出多维、多方面多渠道的特点。

（二）城市生态系统的功能

城市生态系统的功能即城市生态系统在满足城市居民的生产、生活、休憩、交通活动中所发挥的作用。城市生态系统的结构及其特征决定了城市生态系统的基本功能，这就是城市生态系统所具有的生产功能、能量流动功能、物质循环功能和信息传递功能。

1.生产功能

城市生态系统的生产功能是城市生态系统具有利用区域内外环境所提供的自然资源及其他资源，生产出各类"产品"（包括各类物质性及精神性产品）的能力。这一能力显然相当程度上是由城市生态系统的空间特性（即具有满足包括人类在内的生物生长繁衍的空间）所决定的。

（1）生物生产

城市生态系统的生物生产功能是城市生态系统所具有的有利于包括人类在内的各类生物生长、繁衍的作用。

①生物初级生产。生物初级生产指绿色植物将太阳能转变为化学能的过程。城市生态系统中的绿色植物包括农田、森林、草地、蔬菜地、果园、苗圃等皆具有以上功能。它们生产粮食、蔬菜、水果、农副产品以及其他各类绿色植物产品。城市生态系统的绿色植物生产（生物初级生产）不占主导地位，但生物初级生产过程中所具有的吸收二氧化碳、释放氧气等功能依然对人类十分有利，对城市生态环境质量的维持具有十分重要的作用。因此，保留城市郊区的农田，尽量扩大城市的森林、草地等绿地面积也是非常必要的。此外，城市生态系统的生物初级生产还具有人工化程度高、生产效率高、品种单调等特点。

②生物次级生产。城市生态系统的生物次级生产是城市中的异养生物（主要为人类）对初级生产物质的利用和再生产过程，即城市居民维持生命、繁衍后代的过程。城市生态系统的生物次级生产所需要的物质和能源不仅由城市本身供提，还需从城市以外调人；另外，城市生态系统的生物次级生产受城市人类道德、规范、文化、价值观等人为因素的制约，具有明显的人为可调性，即城市人类可根据需要使其改变发展过程的轨迹。这与自然生态系统的生物次级生产中生物主要受非人为因素影响的情况有很大不同。此外，城市生态系统的生物次级生产还表现出社会性（城市人群维持生存、繁衍后代的行为是在一定的社会规范和规程的制约下进行的）。为了维持一定的生存质量，城市生态系统的生物次级生产在规模、速度、强度上还要与城市生态系统的生物初级生产过程相协调。

（2）非生物生产

城市生态系统生产功能所具有的非生物生产是其作为人类生态系统所特有的，是指其具有创造物质与精神财富（产品）满足城市人类的物质消费与精神需求的性质。城市非生物生产所生产的"产品"包括物质与非物质两类。

①物质生产是指满足人们的物质生活所需的各类有形产品及服务。包括各类工业产品、设施产品、服务性产品。城市生态系统的物质生产产品不仅为城市地区的人类服务，更主要的是为城市地区以外的人类服务。因此，城市生态系统的物质生产量是巨大的，其所消耗的资源与能量也是惊人的，对城市区域及外部区域自然环境的压力也是不容忽视的。

②非物质生产是指满足人们的精神生活所需的各种文化艺术产品及相关的服务。其实质上是城市文化功能的体现。城市非物质生产功能的加强，有利于提高城市的品位和层次，有利于提高城市人类及整个人类的精神素养。

2. 能量流动功能

能量流动又称能量流（Energy Flow），是生态系统中生物与环境之间、生物与生物之间能量的传递与转化过程。城市生态系统的能量流包括两部分：一部分是城市为自身运转而引入、加工、消费的能量；另一部分是城市引入低级低效原生能源（一次能源），经加工输出高级高效的次生能源。城市引入的原生能源是指从自然界直接获取的能量形式，主要包括煤、石油、天然气等；还有太阳能、生物能、核能、水力、风能、地热能等。原生能源中有少数可以直接利用，如煤、天然气等，但大多数都需经过加工或转化后才能利用。城市消费或输出的次生能源是指原生能源经过加工或转化成为便于输送贮存和使用的能量形式，如电力、柴油、液化气等。

城市消费的能源，一部分进入城市输出的产品中，如炼钢炉把投入的焦炭、电力等能源转变为钢材输出；另一部分为城市居民自身所消费，如城市交通运输、供热、供电、照明等。

城市生态系统的能量流动也遵守热力学第一、第二定律，在流动中不断有损耗，不能构成循环，具有明显的单向性；除部分热损耗是由辐射传输外，其余的能量都是由物质挟带的，能流的特点体现在物质流中。与自然生态系统不同，城市能量流动中产生的气态的、固态的和液态的化学污染物，这些污染物不能在城市生态系统内消化，因而能源生产和流动是城市重要的污染源之一。

3. 物质循环功能

物质循环，也叫物质流，是指生态系统中各种有机物质经过分解者分解成可被生产者利用的形式，归还到环境中重复利用，周而复始的循环过程。城市生态系统中物质循环是指各项资源、产品、货物、人口、资金等在城市各个区域、各个系统、各个部分之间以及城市与外部之间的反复作用过程。它的功能是维持城市生存和运行，即维持城市生态系统的生产功能和城市生态系统生产、消费、分解还原过程的开展。由于科学技术的限制以及人类认识的局限，城市生态系统物质循环过程中产生了大量废物，造成环境污染，降低城市环境质量。物质循环与城市污染关系密切。

城市生态系统物质循环的物质来源有两种，其一为自然性来源，包括日照、空气（风）、水、绿色植物（非人工性）等；其二为人工性来源，包括人工性绿色植物、采矿和能源部门的各种物质，具体为食物、原材料、资材、商品、化石燃料等。城市生态系统物质循环中物质流类型：包括自然流（又称资源流）、货物流、人口流和资金流等。

（1）自然流。即由自然力推动的物质流，如空气流动、自然水体的流动等。自然流具有数量巨大、状态不稳定、对城市生态环境质量影响大的特征。尤其是其流动速率和强度，更是对城市大气质量和水体质量起着重要的影响作用。

（2）货物流。即为保证城市功能发挥，各种物质资料在城市中的各种状态及作用的集合。一般认为它是物质流中最复杂的，不是简单的输入与输出，其中还经过生产（形态、功能的转变）、消耗、累积及排放废弃物等过程。

（3）人口流。这是一种特殊的物质流，包括人口在时间上和空间上的变化。前者即人口的自然增长和机械增长；后者是反映城市与外部区域之间人口流动中的过往人流、迁移人流以及城市内部人口流动的交通人流。

人口流对城市生态系统各个方面具有深刻的影响。人口流的流动强度和空间密度反映了城市人类对其所居自然环境的影响力及作用力大小,与城市生态系统环境质量密切相关。据有关资料分析,人口流的类型之一的旅游人口所消耗的物质和能量一般都超过了城市常住人口的水平。如桂林市调查显示,国外游客比本市居民排放的生活污水多6.8倍,生活垃圾多9.8倍,废气多8倍;国内游客比本市居民排放的生活污水多2倍,生活垃圾多2.5倍,废气多2倍。

此外,人口流还包括劳力流与智力流两类。劳力流为一种特殊的人口流,它反映了劳力在时间上的变化(即由于就业、失业、退休等导致劳力数量的变化)和在空间上的变化(即劳力在各职业部门的分布)等情况,在一定程度上反映了社会经济发展的轨迹与趋势。而智力流则为一种特殊的劳力流,它表明了智力和知识资源在时间上的变化(即智力的演进、开发以及智力结构的改变过程)和在空间上的变化(即人在不同部门和地区的分布)。

(4)资金流。在自然、货物和人口流动的过程中伴随着资金的流动,是城市物质流动的重要组成部分。

4. 信息传递功能

信息传递,也可叫信息流,按信息论观点,信息流是任何系统维持正常的有目的性运动的基础条件。任何实践活动都可简化为3股流,即人流、物流、信息流,其中信息流起着支配作用,它调节着人流和物流的数量方向速度、目标,驾驭人和物做有目的、有规则的活动。

信息流是指消息、知识、政策、法律以及管理指令等在系统内部和系统间的传递。自然生态系统中的"信息传递"指生态系统中各生命成分之间存在着的信息流,主要包括物理信息、化学信息、营养信息及行为信息等几方面。生物间的信息传递作用(功能)对生态系统的影响是十分明显的,特别是化学信息更为重要,它的破坏常导致群落成分的变化,同时还影响着群落的营养及空间结构和生物间的彼此联系。生物间的信息传递是生物生存、发展、繁衍的重要条件之一。在城市生态系统中,信息流是城市功能发挥作用的基础条件之一,正是因为有了信息流的串结,系统中的各种成分和因素才能被组成纵横交错、立体交叉的多维网络体,不断地演替、升级、进化、飞跃。

实际上,城市的重要功能之一,即是对输入的分散的、无序的信息进行加工、处理。城市有现代化的信息处理设施和机构,如新闻传播系统(报社、电台、电视台、出版社、杂志、社通讯社等)、邮电通讯系统(邮政局、邮电枢纽等)、科研教育系统(各类学校、科研机构等),此外还有高水平的信息处理人才。进入城市时还是分散的、无序的信息,输出时却是经过加工的、集中的、有序的信息。

值得指出的是,人们还从经济观点出发,提出了城市的价值流,其包括投资、产值、利润、商品流通和货币流通等,反映城市经济的活跃程度,其实质既包括物质流,更包括信息流在内。信息流是现代商业经济的神经。

城市信息流是城市生态系统维持其结构完整性和发挥其整体功能的必不可少的特殊因素。信息的流量大小反映了城市的发展水平和现代化程度。

第二节　环境科学理论

一、环境的概念及组成

1. 环境的概念

环境是一个泛指的名称，其内容和含义十分广泛。它是指某一特定生物体或生物群体之外的空间，以及直接或间接影响该生物体或生物群体生存的一切事物的总和。环境总是针对某一特定主题或中心而言的，是一个相对的概念，离开了这个主体或中心也就无所谓环境，因此环境只是具有相对的意义。

在生态学中，环境是指生物的栖息地，以及直接或间接影响生物生存和发展的各种因素。在环境科学中，人类是主体，环境是指围绕着人群的空间以及其中可以直接或间接影响人类生活和发展的各种因素的总体。此外，在世界各国的一些环境保护法规中还常常把环境中应当保护的要素或对象界定为环境。如《中华人民共和国环境保护法》明确指出，本法所称环境是指"大气水、土地、矿藏、森林、草原、野生动物、野生植物名胜古迹、风景游览区、温泉、疗养区、自然保护区、生活居住区等"。这是一种工作定义，目的在于明确法律适用对象和范围，保证法律准确实施。

由于环境是对应于特定主体而言的，特定主体有巨细之分，因此环境也有大小之别，大到整个宇宙，小至基本粒子。例如，对太阳系中的地球而言，整个太阳系就是地球生存和运动的环境；对栖息于地球表面的动植物而言，整个地球表面就是它们生存和发展的环境；对于某个具体生物群落来讲，环境是指所在地段上影响该群落发生发展的全部无机因素（光热水、土壤、大气、地形等）和有机因素（动物、植物、微生物及人类）的总和。

由此可见，环境的概念很广。若按环境的范围大小划分，可以把环境分为特定空间环境、生活区环境、城市环境、区域环境、全球环境和宇宙环境；按环境要素划分，可以把环境分为自然环境和社会环境两大类；按依法开展环境保护工作的角度来看，环境指的是"自然因素的总体"，包括了天然的和经过人工改造的自然环境；按环境性质划分，可以把环境分为物理环境、化学环境和生物环境等。

2. 环境的组成

人类生存的环境有别于其他生物的环境，它包括自然环境和人工环境（或称社会环境）两部分。

（1）自然环境

自然环境是人类出现之前就存在的，包括大气环境、水环境、生物环境、土壤环境和地质环境等。它是人类赖以生存、生活和生产所必需的自然条件与自然资源的总称，包括空气、阳光、水、土壤、矿物、岩石和生物等要素，以及由这些要素构成的各圈层，如大气圈、水圈、岩石圈和生物圈。这些要素和圈层形成了人类的生存环境。

（2）人工环境

人工环境（或称社会环境）是人类物质文明和精神文明发展的标志，包括聚落环境、劳动环境、交通环境和旅游环境等，它随着经济和社会的发展而不断地变化着。从狭义上讲，它是人类根据生产生活、科研、文化、医疗、娱乐等需要而创建的环境空间，如工厂、学校、实验室、温室、各种建筑以及人工园林等；从广义上说，它是指由于人类活动而形成的环境要素，包括社会经济基础、城乡结构以及同各种社会制度相适应的政治、经济、法律、宗教、艺术、哲学的观念和机构等（或称上层建筑）。

由于环境科学研究的对象是"人类与环境"系统，所以人们把研究"人类与环境"系统的发生和发展、调节和控制以及改造和利用的科学，称为环境科学。

二、环境的基本特征

环境的特征可以从不同的角度来认识和表述。如果从对人类社会生存发展的利弊和抗人类活动干扰能力的角度来考虑和认识环境，可以归纳为以下几点。

1. 整体性与区域性

环境的整体性，指的是环境的各个组成部分和要素之间构成了一个完整的系统，故又称系统性。这就是说，在不同的空间中，大气、水域、土壤植被乃至人工系统等环境要素之间，有着确定的数量和空间布局及其相互作用关系。

整体性是环境的基本特性。整体虽然是由部分组成的，但整体的功能却不是部分的功能之和，而是由组成整体的各部分之间通过一定的联系方式所形成的结构以及所呈现出的状态所决定的。例如，城市环境和农村环境、滨海环境和内陆环境等，虽然都是由大气、水、土壤、生物和阳光 5 个主要部分构成的，但引起这 5 个部分之间的结构方式、组成程度、物质能量流的规模和途径不同，各自呈现出不同的整体特性和功能。

环境的区域性，是指环境整体特性的区域差异，即不同区域的环境具有不同的整体特性。实际上，区域性和整体性是同一环境特性在两个不同侧面上的表现。

2. 变动性与稳定性

环境的变动性，是指在自然和人力社会行为的共同作用下，环境的内部结构和外在状态始终处于不断变化之中。

与变动性对应的是环境的稳定性。稳定性是相对而言的，所谓稳定性是环境系统具有一定的自我调节功能的特性，即在人类社会行为作用下，环境结构与状态所发生的变化不超过一定限度时，环境可以借助于自身的调节功能使这种变化逐渐消失，从而使结构和状态得以恢复。

变动性和稳定性是共生的，是相辅相成的。变动是绝对的，稳定是相对的。

3. 资源性与价值性

环境本身就是资源。人类社会的繁衍、社会的发展都是环境对之不断提供物质和能量的结果。环境是人类社会生存发展不可缺少的基础和条件，没有环境人类就不能生存，更谈不上人类社会的发展。从这个意义上来看，环境就是资源，具有不可估量的价值。

过去，人们较多注意环境资源的物质性方面，如生物、土地、土壤、淡水、地下矿藏等。近年来，随着环境科学的发展和研究的深入，人们逐渐认识并注意到环境特性的非物质性部分。具体到环境而言，环境状态也是一种资源，不同的环境状态，对人类社会的生存发展提供不同的条件。例如，同为滨海地区，有的环境状态利于发展港口码头，有的则利于发展滩涂养殖；同样的内陆地区，有的环境状态利于发展旅游业，有的则有利于发展重工业等。

4. 隐显性与灾害放大性

除了事故的污染和破坏（如森林大火农药厂事故等）可直观其后果外，日常的环境污染与环境破坏对人类的影响，其后果的显现要有一个过程，需要经过一段时间，表现为隐显性。如DDT农药，虽已停止使用，但已经进入生物圈和人体中的DDT，要在几十年后才能从生物体中彻底排出去。

灾害放大性，是指某方面不引人注意的环境污染与破坏，经过环境的作用以后，其危害性无论从深度和广度，都会明显放大。如上游小片森林的毁坏，可能造成下游地区的水、旱、虫等灾害。燃烧释放出来的二氧化硫、二氧化碳等气体，不仅造成局部地区空气污染，而且还可能形成酸沉降，使大片森林死亡湖泊不宜鱼类生存；或形成温室效应，导致全球气温升高、海水上涨。

5. 不可逆性

人类的环境系统在其演化过程中，存在两个过程，即能量流动和物质循环。后一个过程是可逆的，但前一个过程不可逆。因此，根据热力学原理，整个过程是不可逆的。所以，环境一旦遭到破坏，利用物质循环规律，可以实现局部的恢复，但不能完全恢复原始状态。

三、环境系统

环境系统是一个复杂的，有时、空、量、序变化的动态系统和开放系统。系统内外存在着物质和能量的变化和交换。系统外部的各种物质和能量，通过外部作用，进入系统内部，这种过程称为输入；系统内部也对外部作用，一些物质和能量排放到系统外部，这种过程称为输出。在一定的范围内，若系统的输入等于输出，则环境系统出现平衡，叫做环境平衡或生态平衡。

系统的内部，可以是有序的，也可以是无序的。系统的无序性称为混乱度，物理量熵是反映物质混乱度的。如果某一过程使系统的混乱度增加，则熵值增大；反之，如使系统混乱度减小，即有序性增加，则系统的熵值减小，称为负熵。伴随物质能量进入系统后，系统的有序性增加，负熵增加。系统的有序性是依靠外部输入能量来维持的，环境平衡就是保持系统的有序性。

系统的结构和组成越复杂，它的稳定性就越大，就容易保持平衡；反之，系统越简单，稳定性越小，越不容易保持平衡。因为任何一个系统，除组成成分的特性外，各成分之间是具有相互作用的机制，这样的相互作用越复杂，彼此的调节能力就越强；反之则弱。这种调节的相互作用称为反馈作用，最常见的是负反馈作用，它使系统具有自我调节的能力，以保持系统本身的稳定和平衡。

环境构成为一个系统，是由于各个子系统和各组成成分之间存在着相互作用，并构成一定的网络结构。正是这种网络结构，使环境具有整体功能，形成集体效应，起着协同作用。

环境中存在连续不断的、巨大的和高速的物质流动和信息流动，对人类活动的干扰和压力是不容忽视的。

四、生物多样性及其保护

1. 生物多样性的概念

通俗地讲，生物多样性是指在一定空间范围内多种活有机体（植物、动物、微生物）有规律地结合在一起的总称。它包含 3 个层次上的多样性。

（1）遗传多样性

生物遗传多样性主要指物种内基因变异的多样性。每一个物种包括由若干个体组成的若干种群，不同种群之间或同一种群内部由于突变、自然选择或其他原因往往在遗传上存在着变异，这种变异就是生物进化的基础。具有较高遗传多样性的种群的某些个体更能忍受环境的不利改变，并把它们的基因传递给后代，从而实现种群的优化。遗传多样性对于农业意义巨大，它为植物与牲畜的培育提供了丰富的育种材料，使人们能够选育并提炼出适合人类需求的个体和种群。

（2）物种多样性

物种多样性主要指地球上生命有机体变异的多样性，可用一定空间范围内物种丰富度（即物种的总数目）和分布的均匀性来衡量。物种多样性决定着物种间食物链的复杂关系，物种多样性越丰富，物种间食物链的关系就越复杂，越有利于生态系统的稳定与平衡。

（3）生态系统多样性

生态系统多样性主要指生物群落与生境类型的多样性。多样的生境条件孕育着多样的生物个体与种群，两者的结合构成了丰富多彩的生态系统类型。在生态系统中，无机环境为生物的生存提供了物质与能量基础，各种类型生态系统中不同的生物个体或种群占据不同的生态位，采用不同的营养与能量利用方式，通过千差万别的食物链网关系维持着区域乃至全球大系统的物质循环与能量流动，以及物种的持续演变和发展。因此，生态系统多样性是生物物种多样性和遗传多样性的保证。有了生物遗传多样性，才能保持物种的多样性，而物种多样性则是生态系统多样性的基础。

生物多样性的 3 个层次是紧密联系在一起的，其中物种多样性是核心。可见，生物多样性是一个包揽了可提高人类生活和福利的自然生物财富的术语。

2. 生物多样性保护的理论进展与类型

（1）生物多样性保护的理论进展

生物多样性资源保护思想是伴随着人类对资源的利用以及由此而导致的生物多样性资源退化的危机而发展起来的。但是最初只是感性和直观的，比如源自图腾或宗教的保护思想。真正科学、理性的生物多样性资源保护思想的产生与发展还是近几十年的事情，而且一直处在不断地发展完善之中。

Simberloff 认为，在保护过程中，试图监控生物多样性资源的所有方面非常困难，因而对单个物种进行监测和保护便成为捷径。其中，对指示物种（Indicator Species）进行监测和保护是最常用的方法。但指示物种方法主要存在两方面的问题，即在指示物种本身及其指示功能的确定上存在着困难。相比之下，阳伞物种（Umbrella Species）所占据的生境空间很大，保护这些物种也就自然保护了许多其他物种。因此，对阳伞物种的保护似乎是一种更好的方法。但是这些阳伞物种的作用并非总与人类的保护目的相吻合，因而存在很大风险。对指示物种或阳伞物种的特别保护在逻辑上也存在着矛盾，因为群落中被保护或指示的其他物种得不到这种优待。为了弥补单一物种保护中的缺点与不足，人们提出了在景观水平上基于生态系统的生物多样性资源保护方法。在这样的背景下，只要保持生态系统的健康，所有组成物种都会健康地生存下去。但是，这种途径仍然存在一些问题，例如：怎样客观对待保护与被保护物种之间的复杂关系，到底什么是生态系统健康以及如何保持等。一些生态系统中存在关键物种（Keystone Species），它们的行为控制着许多其他物种的生存状态。关键物种的发现为把生物多样性资源保护的单一物种方法与生态系统方法联合起来提供了一种新的途径。如果能辨识出关键物种及其在生态系统中的重要作用，就肯定能够获得关于整个生态系统功能的信息，这对生物多样性资源保护来说是非常有用的。甚至一些关键物种本身就是适合于生物多样性资源保护的重点目标，即使不是，也能够大大增进人们对生态系统的理解。然而，关键物种方法依然存在着困难，因为到底有多少生态系统具有关键物种还不清楚，而且辨识关键物种的试验也常常是很困难的。同时，单纯强调自然因素而忽视社会经济因素常常会影响到生物多样性资源保护的成效。因此，便捷有效的生物多样性资源保护方法仍然是生物多样性科学研究的重要内容。

（2）生物多样性保护的类型

蒋志刚等认为，生物多样性保护一般分为就地保护和迁地保护两种类型。就地保护是指在原来生境中对濒危动植物实施的保护。就地保护的主要方式是建立保护区。早在 100多年前，人们就开始了建立自然保护区保护具有重要价值的人文景观和珍稀动植物的实践。今天在全球范围内自然保护区已成为保护生物多样性的最主要手段。自然保护与人类社会协调发展的思想是用来指导和协调保护区资源管理及周边社区发展的理论基础。以往的保护观将世世代代生活在保护区及其周边地区的居民视为保护区的敌人，在剥夺他们利用保护区资源权利的同时，又不给他们提供其他选择。新的自然保护区管理的趋势是要正确处理保护区内资源的所有权，与地方共享经济利益，发展保护区周边地区的经济，地方参与保护区的规划和管理。迁地保护是指将濒危动植物迁移到人工环境中或易地实施保护。自然选择优胜劣汰，能够保持野生状态下物种的活力。事实上，在全球变化的大背景下许多物种丧失了在野生环境下生存的能力。在这种情况下，迁地保护便成为一种必然选择。动物园、植物园和水族馆肩负着动物迁地保护的使命。

3. 生物多样性保护的意义

种类繁多的生物能够循环不断地为工农业生产和人类的生活提供所需的基础原料。而生物多样性以其多方面的价值与人类生活息息相关，它不仅为人类的生存与发展提供自然基础，而且成为衡量人类社会是否健康持续发展的重要指标。在人类步入可持续发展的今天，可持续发展的前提条件之一就是要求资源必须能够持续不断地为人类所利用，生物多样性发挥着重要的支撑作用。

（1）生物多样性是满足人类基本生存需求的基础

物种之间的相互依存、相互作用构造了一个平衡的生态循环系统，相互关联的生物世界保持着平衡稳定的发展，这也是满足人类日益增长的基本生存需求所必需的。生物多样性及生态过程是地球生物圈的基本组成部分，其物种多样性为人类的基本生存需求，如食物、燃料、药材等方面提供了丰富的动植物资源。工业中很大一部分原料直接或间接来源于野生动植物。遗传多样性是增加生物生产量与改善生物品质的源泉，人类利用野生动植物遗传基因进行育种的历史由来已久。人们利用传统育种技术与现代基因工程不断培育新品种，大大提高了生产力与病虫害抵抗力，满足了自身不断发展的生存需求。因此，建立在生物多样性基础之上的生物工程，在经济、社会的发展中发挥着越来越大的作用。

（2）生物多样性是维持生态平衡，满足人类对优良生存环境需求的必要条件

生物多样性具有间接支持、保护经济活动和财产的环境调节功能。从局部看，生态系统的稳定性与多样性有利于涵养水源、巩固堤岸、降低洪峰、防止土壤侵蚀和退化、改善区域小气候等；从全局看，它有利于维持地球表层的水循环和调节全球气候变化。

（3）生物多样性的合理开发，是贫困地区实现可持续发展的有效途径

生物多样性巨大的经济价值目前尚未被人类充分认识，但许多国家和地区已由合理开发利用生物多样性而受益。以云南武定县万松山林区为例，该县每年仅木材和松脂创造的经济价值就达 579 万元，再加上林下植物如黄连、天麻、半夏，动物如鹿子、野兔、野鸡，森林微生物食用菌等，每年创造的经济价值高达 1089 万元。同时，生物多样性对人类还具有较大的旅游、疗养功能。

（4）生物多样性的丧失反映出社会发展是以违背自然规律、破坏自然资源为代价的

目前，全球生物多样性正以空前的速度消失。全世界每年有 170 万 hm^2 的热带森林被砍伐，以此速度计算，到 2020 年有 5%~10% 的热带森林物种将灭绝，世界平均有 5%~15%

的物种将消失。按地球物种有 1 000 万种计算，每年可能有 5 万 ~15 万个物种灭绝，每天失去 50~150 种。到 2050 年，地球上物种的 25% 将面临灭绝的危险。生物多样性的丧失反映出人类经济发展对自然资源的巨大破坏，其中森林的大面积砍伐与垦殖、草场的过度放牧生物资源的过度利用、无控制旅游环境污染以及全球气候变化和外来种的不合理引入等是造成生物多样性丧失的直接原因。

第三节　生态水利工程理论

一、水利工程对生态系统的胁迫

在数百万年长期进化过程中，自然河流与周围的生物种群交织在一起，形成了复杂、有序、动态稳定的河流生态系统，依据其自身规律良性运行。人类历史与自然河流历史相比要短暂得多。比如，据科学家估计，长江形成的历史应追溯到约 300 万年前喜马拉雅山强烈运动时期。而人类有记载的历史不过几千年，与河流自然年代相比实在微不足道。但是这几千年人类为了自身的安全与发展，对于河流进行了大量的人工改造。特别是近 100 多年来利用现代工程技术手段，对河流进行了大规模的开发利用，兴建了大量工程设施，改变了河流的地貌学特征，河流 100 多年的人工变化超过了数万年的自然演进。Brookes 估计，至今全世界有大约 60% 的河流经过了人工改造，包括筑坝、筑堤、自然河道渠道化、裁弯取直等。据统计，全世界坝高超过 15m 或库容超过 300 万 m^3 的大坝有 45000 座。其中大约 40000 座大坝是在 1950 年以后建设的。坝高超过 150m 或库容超过 250 亿 m^3 的大坝有 305 座。建坝最多的国家依次为中国、美国、苏联、日本和印度。

这些水利工程为人类带来了巨大的经济利益和社会利益，却极大改变了河流自然演进的方向。人们始料未及的是对于河流大规模的改造，造成了对于河流生态系统的胁迫（Stress），导致河流生态系统不同程度的退化。水利工程对于河流生态系统的胁迫主要表现在以下两方面。

1. 自然河流的渠道化

所谓"河流渠道化"涵盖的内容有以下方面。

（1）平面布置上的河流形态直线化。即将蜿蜒曲折的天然河流改造成直线或折线形的人工河流或人工河网。

（2）河道横断面几何规则化。把自然河流的复杂形状变成梯形、矩形及弧形等规则几何断面。

（3）河床材料的硬质化。渠道的边坡及河床采用混凝土、砌石等硬质材料。防洪工程的河流堤防和边坡护岸的迎水面也采用这些硬质材料。

河流的渠道化改变了河流蜿蜒形的基本形态，急流、缓流、弯道及浅滩相间的格局消失，而横断面上的几何规则化，也改变了深潭、浅滩交错的形式，生境的异质性降低，水域生态系统的结构与功能随之发生变化，特别是生物群落多样性将随之降低，可能引起淡水生态系统的退化。

2. 自然河流的非连续化

自然河流的非连续化主要表现为以下方面：

（1）筑坝使顺水流方向的河流非连续化。筑坝后，流动的河流变成了相对静止的人工湖，流速、水深、水温及水流边界条件都发生了重大变化。库区内原来的森林、草地或农田统统淹没水底，陆生动物被迫迁徙。水库形成后也改变了原来河流营养盐输移转化的规律。由于水库截留河流的营养物质，气温较高时，促使藻类在水体表层大量繁殖，产生水华现象。藻类蔓延遮盖住大植物的生长使之萎缩，而死亡的藻类沉入水底，在那里腐烂的同时还消耗氧气。溶解氧含量低的水体会使水生生物"窒息而死"。由于水库的水深高于河流，在深水处阳光微弱，光合作用也弱，导致水库的生态系统比河流的生物生产量低，相对要脆弱，自我恢复能力变弱。河流泥沙在水库淤积，而大坝以下清水下泄又加剧了对河道的冲蚀，这些变化都大幅度改变了生态环境。由于靠水库进行人工径流调节，改变了自然河流年内丰枯的水文周期规律，即改变了原来随水文周期变化形成脉冲式河流走廊生态系统的基本状况，不设鱼道的大坝对于洄游鱼类将形成不可逾越的障碍。

（2）由筑堤引起的河流非连续化。堤防也有两面性，一方面起到了防洪作用；另一方面又妨碍了汛期主流与岔流之间的沟通，阻止了水流的横向扩展，形成另一种侧向的水流非连续性。堤防把干流与滩地和洪泛区隔离，使岸边地带和洪泛区的栖息地发生改变。原来可能扩散到滩地和洪泛区的水、泥沙和营养物质，被限制在堤防以内的河道内，植被面积明显减少。鱼类无法进入滩地产卵和觅食，也失去了躲避风险的场所。鱼类、无脊椎动物等大幅度减少，导致滩区和洪泛区的生态功能退化。

这种退化也降低了河流生态系统的服务功能，本来大自然对于人类的恩赐因此而减少，这样反过来又损害了人类自身的利益。从20世纪70年代开始，人们开始反思水利工程的功过得失，特别是讨论水利水电工程对于生态系统的负面影响问题。随着现代生态学的发展，人们进一步认识到河流治理工程还要符合生态学的原理，也就是说把河流湖泊当作生态系统的一个重要组成部分对待，不能把河流系统从自然生态系统中割裂开来进行人工化设计。在欧洲陆续有一批河流生态治理工程获得成功，同时相应出现了一些河流治理生态工程的理论和技术。

二、生态水利工程理论流派及其评价

早在1938年，德国Seifert首先提出"亲河川整治"概念，他认为工程设施首先要具备河流传统治理的各种功能，比如防洪供水、水土保持等，同时还应该达到接近自然的目的。亲河川工程既经济又可保持自然景观，使人类从物质文明进步到精神文明、从工程技术进步到工程艺术、从实用价值进步到美学价值。20世纪50年代，德国正式创立了"近自然河道治理工程学"，提出河道的整治要符合植物化和生命化的原理。1962年 H.T.Odum 提出将生态系统自组织行为（Self-organizing Activities）运用到工程之中。他首次提出"生态工程"（Ecological Engineering）一词，旨在促进生态学与工程学相结合。

Schlueter 认为，近自然治理（Near Nature Control）的目标，首先要满足人类对河流利用的要求，同时要维护或创造河流的生态多样性。Bidner 提出，河道整治首先要考虑河道的水力学特性、地貌学特点与河流的自然状况，以权衡河道整治及其对生态系统胁迫之间的尺度。Holzmann 把河岸植被视为具有多种小生态环境的多层结构，强调生态多样性在生态治理中的重要性，注重工程治理与自然景观的和谐性。Rossoll 指出，近自然治理的思想应该以维护河流中尽可能高的生物生产力为基础。Pabst 则强调溪流的自然特性要依靠自然力去恢复。Hohmann 从维护河溪生态系统平衡的观点出发，认为近自然河流治理要减轻人为活动对河流的压力，维持河流环境多样性、物种多样性及其河流生态系统平衡，并逐渐恢复自然状况。

河川的生态工程在德国称为"河川生态自然工程"，日本称为"近自然工事"或"多自然型建设工法"，美国称为"自然河道设计技术"（Natural Channel Design Techniques）。一些国家已经颁布了相关的技术规范和标准。

1989年 Mitsch 等对于"生态工程学"（Ecological Engineering）给出定义，Mitsch 有时也使用"生态技术"（Eco-technology）一词。1993年美国科学院所主办的生态工程研讨会中根据 Mitsch 的建议，对"生态工程学"定义为："将人类社会与其自然环境相结合，以达到双方受益的可持续生态系统的设计方法。"生态工程学的研究范围很广，包括河流、湖泊、湿地、矿山、森林、土地及海岸等的生态建设问题。

董哲仁认为，传统意义上的水利工程学作为一门重要的工程学科，以建设水工建筑物为手段，目的是改造和控制河流，以满足人们防洪和水资源利用等多种需求。现代科学发展使我们认识到，传统意义上的水利工程学在力图满足人类的需求时，却在不同程度上忽视了河流生态系统本身的需求。而河流生态系统功能的退化，也会给人类的长远利益带来损害。未来的水利工程强调水利工程在满足人类社会需求的同时，应兼顾水域生态系统的健康和可持续性。生态水利工程的内涵是：对于新建工程，进行传统水利建设的同时（如治河、防洪工程），兼顾河流生态修复的目标；对于已建工程，则是对于被严重干扰河流重点进行生态修复。

从以上简单介绍可以看出，有关河流的生态工程理论是多种多样的，但是共同的观点可以归纳如下。

1.在学科的科学基础方面，强调工程学与生态学相结合。在河流整治方面，工程设计理论要吸收生态学的原理和知识。

2.新型的工程设施既要满足人类社会的种种需求，也要满足生态系统健康性的需求，实现双赢是理想的目标。

3. 河流生态工程以保护河流生态系统生物多样性为重点。在治河工程中，尊重河流流域的自然状况，尊重各类生物种群的生存权利；水利工程设施要为动植物的生长、繁殖、栖息提供条件。

4. 认识和遵循生态系统自身的规律，充分发挥自然界自我修复和自我净化功能，生态恢复工程强调生态系统的自我设计功能（Self-design）。

5. 依据人文学理论，强调河流自然美学价值。在治河工程中，要设法保存河流的自然美，以满足人类在长期自然历史进化过程中形成的对自然情感的心理依赖。

三、生态水利工程规划设计的基本原则

1. 工程安全性和经济性原则

生态水利工程是一种综合性工程，在河流综合治理中既要满足人的需求，包括防洪、灌溉、供水、发电、航运以及旅游等需求，也要兼顾生态系统可持续性的需求。生态水利工程既要符合水利工程学原理，也要符合生态学原理。生态水利工程的工程设施必须符合水文学和工程力学的规律，以确保工程设施的安全、稳定和耐久性。工程设施必须在设计标准规定的范围内，承受洪水、侵蚀、风暴、冰冻、干旱等自然力荷载。按照河流地貌学原理进行河流纵横断面设计时，必须充分考虑河流泥沙输移、淤积及河流侵蚀、冲刷等河流特征，动态地研究河势变化规律，保证河流修复工程的耐久性。

对于生态水利工程的经济合理性分析，应遵循风险最小和效益最大原则。由于对生态演替的过程和结果事先难以把握，生态水利工程往往带有一定程度的风险。这就需要在规划设计中进行方案比选，更要重视生态系统的长期定点监测和评估。另外，充分利用河流生态系统自我恢复规律，是力争以最小的投入获得最大产出的合理技术路线。

2. 提高河流形态的空间异质性原则

有关生物群落研究的大量资料表明，生物群落多样性与非生物环境的空间异质性（Spacial Heterogeneity）存在正相关关系。这里所说的"生物群落"是指在特定的空间和特定的生境下，由一定生物种类组成，与环境之间相互影响、相互作用，具有一定结构和特定功能的生物集合体。一般所说的"生物群落多样性"是指生物群落的结构与功能的多样性。实际上，生物群落多样性问题是在物种水平上的生物多样性。

非生物环境的空间异质性与生物群落多样性的关系反映了非生命系统与生命系统之间的依存和耦合关系。一个地区的生境空间异质性越高，就意味着创造了多样的小生境，能够允许更多的物种共存。反之，如果非生物环境变得单调，生物群落多样性必然会下降，生物群落的性质、密度和比例等都会发生变化，造成生态系统某种程度的退化。

河流生态系统生境的主要特点是：水—陆两相和水—气两相的联系紧密性，形成了较为开放的生境条件；上、中、下游的生境异质性，造就了丰富的流域生境多样化条件；河流纵向的蜿蜒性，形成了急流与缓流相间；河流横断面形状的多样性，表现为深潭与浅滩交错；河床材料的透水性，为生物提供了栖息场所等。由于河流形态异质性形成了在流速、流量、水深、水温、水质、水文脉冲变化、河床材料构成等多种生态因子的异质性，造就了丰富的生境多样性，形成了丰富的河流生物群落多样性，所以说，提高河流形态异质性是提高生物群落多样性的重要前提之一。

人类活动，特别是大规模治河工程的建设，造成自然河流的渠道化及河流非连续化，使河流生境在不同程度上单一化，引起河流生态系统不同程度的退化。生态水利工程的目标是恢复或提高生物群落的多样性，但是并不意味着主要靠人工直接种植岸边植被或者引进鱼类、鸟类和其他生物物种，生态水利工程的重点应该是尽可能提高河流形态的异质性，使其符合自然河流的地貌学原理，为生物群落多样性的恢复创造条件。

在确定河流生态修复目标以后，就应该对于河流地貌历史及现状、河流生物进行勘察和评估。河流地貌历史及现状的调查包括河流与相关湿地、湖泊的形状与构成、水下地形勘测、水位变化幅度、河流平面弯曲度、河流横断面形状及河床材料、急流与深潭比例、河床的稳定性及淤积、侵蚀状况等，建立河流地貌数据库。河流生物调查包括植物、鱼类、鸟类、两栖动物和无脊椎动物等的物种分布图以及规模和生存量，建立生物资源数据库。

遥感技术（RS）和地理信息系统（GIS）是水文、河流地貌和生物调查的有力工具。关键的工作步骤是在以上两种调查工作的基础上，确定环境因子与生物因子的相关关系，必要时建立数学模型。河流环境因子包括河流河势、蜿蜒度、横断面形状及材料、流速、水位、水质、水温、泥沙、营养盐的迁移转化、水文周期变化等。研究的内容包括：调查单个生物因子的基本需求；评估各种生物因子的相互关系和制约条件；对于"关键种"或标志性生物的环境因子进行分类和评估。需要强调的是，在众多的环境因子中，识别那些对于系统的结构和功能具有重要意义的环境因子，在此基础上进行河流地貌学设计和生物栖息地设计。

3. 生态系统自设计、自我恢复原则

有关生态系统的自组织功能的讨论始于 20 世纪 60 年代，后有不同学科的众多学者涉足这个领域。以各种不同形式构成的自组织功能，是自然生态系统的重要特征。

生态学用自组织功能来解释物种分布的丰富性现象，也用来说明食物网随时间的发展过程。生态系统的自组织功能表现为生态系统的可持续性。自组织的机理是物种的自然选择，也就是说某些与生态系统友好的物种，能够经受自然选择的考验，寻找到相应的能源和合适的环境条件。在这种情况下，生境就可以支持一个具有足够数量并能进行繁殖的种群。自组织功能原理与达尔文的进化论有相似之处，只是研究的尺度不同而已。达尔文进化论的研究是在地球生物圈所有种群的尺度上进行的，而自组织功能是在生态系统中种群之间发生的。

生态系统的自组织功能对于生态工程学的意义是什么呢？ HT.Odum 认为："生态工程的本质是对自组织功能实施管理。"Mitsch 认为："所谓自组织也就是自设计。"将自组织原理应用于生态水利工程时，生态工程设计与传统水工设计有着本质的区别。像设计大坝这样的人工建筑物，在传统水工设计中是一种确定性的设计，建筑物的几何特征、材料强度都是在人的控制之中，建筑物最终可以具备人们所期望的功能。河流修复工程设计与此不同，生态工程设计是一种"指导性"的设计，或者说是辅助性设计。依靠生态系统自设计、自组织功能，可以由自然界选择合适的物种，形成合理的结构，从而完成设计和实现设计。成功的生态工程经验表明，人工与自然力的贡献各占一半。

我国古代传统哲学注重人与自然的和谐相处，老子主张："人法地，地法天，天法道，道法自然。"反映了一种崇尚自然遵循自然规律的哲学观。在建筑理念方面，提倡"工不曰人而曰天，务全其自然之势"(《管氏地理指蒙》)，"虽由人作，宛自天开"(《园冶》)，都提倡一种效法自然、依靠自然的思想。国际生态学界一些学者认为，系统生态学的哲学理念应该追溯到公元前11世纪中国的周代。其中"阴阳五行"万物竞争共存和相生相克等哲学思想，体现了促进与抑制、成长与腐朽、合成与异化之间的平衡与转化，而这些正是现代生态学的哲学基础。

传统的水利工程设计的特征是对于自然河流实施控制。而设计生态水利工程时，要求工程师必须放弃控制自然界的动机，树立新的工程理念。因为依靠人力和技术控制自然界是不可能的，这种一厢情愿的企图，最终往往归于失败。人们要善于利用生态系统自组织、自设计这个宝贵财富，实现人与自然的和谐相处。需要强调的是，地球上没有两条相同的河流，每一条河流的特点都是各不相同的。因此，每一项生态水利工程必须因地制宜，充分尊重每一条河流的自然属性和美学价值，寻求最佳的生态工程方案。

自设计理论的适用性还取决于具体条件。包括水量、水质、土壤、地貌、水文特征等生态因子，也取决于生物的种类、密度、生物生产力、群落稳定性等多种因素。在利用自设计理论时，需要注意充分利用乡土种。引进外来物种时要持慎重态度，防止生物入侵。

要区分两类被干扰的河流生态系统。一类是未超过本身生态承载力的生态系统，是可逆的。当去除外界干扰即卸荷以后，有可能靠自然演替实现自我恢复的目标。另一类是被严重干扰的生态系统，是不可逆的。在去除干扰即卸荷后，还需要辅助以人工措施创造生境条件，再靠发挥自然修复功能，有可能使生态系统实现某种程度的修复。这就意味着，运用生态系统自设计、自我恢复原则，并不排除工程师和科学家采用工程措施、生物措施和管理措施的主观能动性。

4. 景观尺度及整体性原则

河流生态修复规划和管理应该在大景观尺度、长期的和保持可持续性的基础上进行，而不是在小尺度、短时期和零星局部的范围内进行。在大景观尺度上开展的河流生态修复其效率较高，而小范围的生态修复不但效率低，而且成功率也低。

所谓"整体性"，是指从生态系统的结构和功能出发，掌握生态系统各个要素间的交互作用，提出修复河流生态系统的整体、综合的系统方法，而不是仅仅考虑河道水文系统的修复问题，也不仅仅是修复单一动物或修复河岸植被。

这里说的"景观"（Landscape）是指生态学中的景观尺度。关于生态学的尺度问题，Neill 认为："生态学不可能建立在单一的时空尺度上，它应该适应所有尺度的调查研究。"按照这种观点，尺度和层次成为生态学发展的关键。目前生态学理论把生物圈划分为 11 个层次，依次是生物圈、生物群系、景观、生态系统、群落、种群、个体、组织、细胞、基因和分子。景观尺度包括空间尺度和时间尺度。

为什么在景观的大尺度上进行河流修复规划呢？

（1）水域生态系统是一个大系统，其子系统包括生物系统、广义水文系统和人造工程设施系统。一条河流的广义水文系统包括从发源地直到河口的上中下游地带的地下水与地表水系统，流域中由河流串联起来的湖泊、湿地、水塘、沼泽和洪泛区。广义水文系统又与生物系统交织在一起，形成自然河流生态系统。而人类活动和工程设施作为生境的组成部分，形成对于水域生态系统的正负影响。水域生态系统受到胁迫时，需要对于各种胁迫因素之间的相互关系进行综合、整体研究。如果仅仅考虑河道本身的生态修复问题，显然是把复杂系统简单割裂开了。

（2）必须重视水域生境的易变性、流动性和随机性的特点。这些特点表现为流量、水位及水量的水文周期变化和随机变化，也表现为河流淤积与侵蚀的交替变化造成河势的摆动。这些变化决定了生物种群的基本生存条件。水域生态系统是随着降雨、水文变化及潮流等条件在时间上与空间中扩展或收缩的动态系统。生态系统的变化范围从生境受到限制时期的高度临界状态到生境扩张时期的冗余状态。

（3）要考虑生境边界的动态扩展问题。由于动物迁徙和植物的随机扩散，生境边界也随之发生动态变动。Gosselink 在研究水域生态系统物种管理的尺度问题时认为，对于给定需要修复的物种，考虑的范围应是这个物种的分布区。举例来说，为便于理解，可以借用"流域"这个概念，比如一个地区野鸭的种群也有一个"鸭域"，"鸭域"的范围应该包括物种个体在恶劣的条件下迁徙到的任何地方以及支持此物种的生态系统。这个范围的边界，应划定在某特定物种经常利用的一个很大的空间内。如果进一步扩展，还应该包括所谓"临时生境"，指在自然界对于物种产生胁迫的时期，成为该物种的避难所的地区。如果这个地区有若干种标志性动物，那么物种管理的范围边界将是这些物种"域"的包络图。另外，还要考虑流域之间的协调问题。考虑到河流生态系统是一个开放的系统，与周围生态系统随时进行能量传递和物质循环，一条河流的生态修复活动不可能是孤立的，还需要与相邻流域的生态修复活动进行协调。

（4）河流生态修复的时间尺度也十分重要。河流系统的演进是一个动态过程。每一个河流生态系统都有其自己的历史。需要对历史资料进行收集、整理，以掌握长时间尺度的河流变化过程与生态现状的关系。河流生态修复所需要的时间很长。有研究指出，湿地重建或修复一般需要 15~20 年的时间。因此，对于河流生态修复项目要有长期准备，同时需要进行长期的监测和管理。

需要说明的是，对于规划、评估、监测这些不同的任务，工作对象的空间尺度可能是不同的。监测工作应该在尽可能大的尺度内进行。比如修复一块湿地以吸引鸟类，经过一年或者更长的时间均告失败，这就需要考虑是否有质量更好的生境吸引了候鸟而改变了它们的迁徙路线。监测工作可能在大陆的范围内开展，而评估工作可能在跨流域的尺度上进行，规划工作的尺度可能是流域或河流廊道。所谓"河流廊道"（River Corridor），泛指河流及其两岸与生物栖息地相关的土地，也有定义其范围为河流与对应某一洪水频率的洪泛区。至于河流修复工程项目的实施，一般在关键的重点河段内进行。

5. 反馈调整式设计原则

生态系统的成长是一个过程，河流修复工程需要时间。从长时间尺度看，自然生态系统的进化需要数百万年时间。进化的趋势是结构复杂性生物群落多样性、系统有序性及内部稳定性都有所增加和提高，同时对外界干扰的抵抗力有所增强。从较短的时间尺度看，生态系统的演替，即一种类型的生态系统被另一种生态系统所代替也需要若干年的时间，期望河流修复能够短期奏效往往是不现实的。

生态水利工程设计主要是模仿成熟的河流生态系统的结构，力求最终形成一个健康、可持续的河流生态系统。在河流工程项目执行以后，就开始了一个自然生态演替的动态过程。这个过程并不一定按照设计预期的目标发展，可能出现多种可能性。最顶层的理想状态应是没有外界胁迫的自然生态演进状态。在河流生态修复工程中，恢复到未受人类干扰的河流原始状态往往是不可能的，可以理解这种原始状态是自然生态演进的极限状态上限。如果没有生态修复工程，在人类活动的胁迫下生态系统将进一步恶化，这种状态则是极限状态的下限。在这两种极限状态之间，生态修复存在着多种可能性。针对具体一项生态修复工程实施以后，一种理想的可能是，监测到的各生态变量是现有科学水平可能达到的最优值，表示生态演进的趋势是理想的。另一种较差的情况是，监测到的各生态变量是人们可以接受的最低值。在这两种极端状态之间，形成了一个包络图。一项生态修复工程实施后的实际状态都落在这个包络图中间。

意识到生态系统和社会系统都不是静止的，在时间上与空间上常具有不确定性。除了自然系统的演替以外，人类系统的变化及干扰也导致了生态系统的调整。这种不确定性使生态水利工程设计不同于传统工程的确定性设计方法，而是一种反馈调整式的设计方法，是按照"设计——执行（包括管理）——监测——评估——调整"这样一种流程以反复循环的方式进行的。在这个流程中，监测工作是基础。监测工作包括生物监测和水文观测。这就需要在项目初期建立完善的监测系统，进行长期观测。依靠完整的历史资料和监测数据，进行阶段性的评估。评估的内容是河流生态系统的结构与功能的状况及发展趋势。常用的方法是参照比较法，一种是与自身河流系统的历史及项目初期状况比较，一种是与自然条件类似但未进行生态修复的河流比较。评估的结果不外乎有以下几种可能：生态系统大体按照预定目标演进，不需要设计变更；需要局部调整设计，以适应新的状况；原来制定的目标需要重大调整，相应进行设计。在反馈调整式设计过程中，提倡科学家、管理者和当地居民及社会各界的广泛参与，通过对话、协商，以寻求共同利益。提倡多学科的交流和融合，提高设计的科学性。

第四节　生态经济学理论

一、生态经济学概述

生态经济学是近 20 年发展起来的一门崭新的边缘科学。它的发展历史虽短，但却显示出旺盛的生命力。在科学发展史上，还没有一门学科能像生态经济学那样，在短短的十多年就为世界多数国家的政府、社会团体、学术界和企业单位所重视。之所以如此，在很大程度上是由于生态经济学研究的问题，直接关系到人类子孙后代的健康水平、环境质量及社会经济的持续稳步增长。生态经济学所观察思考的客观实体是由生态系统和经济系统组成的有机统一体，因此生态经济学的研究对象也只能是生态经济系统。但它不是一般地考察生态系统和经济系统，也不是简单地把生态系统与经济系统加在一起，而是研究生态系统与经济系统的内在联系，即内在规律性。生态系统与经济系统之间的联系虽然多种多样，但最本质的联系是两者间存在着物质、能源、价值的循环和转变。生态系统与经济系统相联系还需要一个中间环节，即由各种技术手段组成的技术系统。所以，概括地讲，生态经济学是研究生态系统、技术系统和经济系统所构成的复合系统的结构功能、行为及其规律性的学科。

毫无疑问，生态经济学所研究解决的问题，在整个地球的表层都具有普遍意义。但是每个国家都有自己的国情，在自然条件、社会经济制度等方面都存在差异。因此，开展生态经济学研究时，既要互相借鉴，又要有自己的特点。对于我国生态经济的研究，要建立起具有中国特色的生态经济学理论，这无论是从理论上还是实践中都具有十分重要的战略意义。

二、生态经济系统的基本理论

任何生态经济系统都有着共性的结构、功能、规律及其一般的物质表现形式，这些都是生态经济学所要研究的主要理论内容。

1. 生态经济系统

生态经济系统（Ecological Economic System）是生态经济学的基本范畴，它是由生态系统和经济系统两个子系统有机结合形成的统一的复合系统。生态经济系统的存在具有普遍性。在自然界，生态系统是到处存在的，在人类社会中，经济系统的活动也是无处不在的。因此，王松霈认为，作为生态系统与经济系统结合所成的生态经济系统也是到处存在的。生态经济系统具有以下 3 个特点。

（1）双重性。生态经济系统是生态系统和经济系统复合形成的，它的运行同时受经济规律和生态平衡自然规律的制约。

（2）结合性。在生态经济系统这一复合系统的运行中，对于人们发展经济来说，生态系统与经济系统两个子系统的地位和作用是不同的。其中，经济系统的运行是主导、是目的；生态系统的运行是基础、是保证；生态经济系统的建立体现了生态与经济两个系统的结合，同时也体现了自然规律与经济规律两种规律作用的结合。

（3）矛盾统一性。在其内部，生态和经济两个子系统的运行方向与要求既是矛盾的，又是统一的。一方面，经济系统本身的自发要求是对生态系统的"最大利用"，而生态系统对自身的要求则是"最大的保护"，因此两者在经济发展中会产生矛盾；另一方面，从长远来说，人们对生态系统，不但要求目前的利用，也要求长远的利用，所以也就需要对之进行保护。这就使经济和生态两个方面的要求得到了统一，从而也就使得两者的矛盾统一能够实现。

2. 生态经济系统结构

一般生态经济学理论认为，生态经济系统由 3 个子系统，即人类自身生产、精神生产和物质生产构成，每个子系统又有两个子系统构成，每个子系统还可细分出成分因素（因子）。生态经济系统包括整个社会生产的环境、对象和生产资料，社会环境则是由社会制度经济制度及宏观经济管理等成分构成。这是一个多层次的金字塔式的系统结构。

生态经济系统作为人类控制和保护、改造自然的社会生产有机体的系统结构，就是由各种不同层次的系统和一个子系统或子系统中的成分相互作用的结果，如果缺少其中任何一个，整个社会生产就会陷入紊乱，甚至瘫痪。

第五节 可持续发展理论

一、可持续发展的概念

发展是人类社会永恒的主题。发达国家通过各种方式已先期实现工业化、城市化，而大多数发展中国家包括我国仍采取传统发展策略和模式，靠大量消耗资源和环境外延扩大再生产和粗放经营、单纯追求经济增长来实现工业化、城市化。这种发展模式虽然带来了一时的繁荣，但也造成了一系列日益严重的人口膨胀、资源破坏与枯竭粮食短缺、能源紧张、生态环境严重恶化等问题。日益增长的经济发展与日渐脆弱的生态环境之间的反差，已使得众多的发展中国家陷入了两难的境地，使人们加速寻求新的发展战略。

可持续发展是人类在总结自身发展历程之后，提出的新的发展模式。1980 年国际自然保护联盟（ICUN）首次使用"可持续发展"概念。之后，关于可持续发展的讨论日益增多，可持续发展逐渐成了一种新的发展策略和模式。1987 年《我们共同的未来》提出了"既满足当代人的需求，又不对后代人满足其需要的能力构成危害的发展"的可持续发展概念，并对可持续发展作了极为有影响的阐释，使可持续发展成为经济、社会政策制度的流行原则。1992 年联合国在里约召开联合国环境与发展大会，通过《21 世纪议程》，可持续发展开始成为世界各国政府重要的行动纲领。

可持续发展是一种关注未来的发展，它要求在经济社会的发展中，当代人不仅要考虑自身的利益，而且应该重视后代人的利益，即要保证人均福利水平随时间的变化不断增加，至少不至于下降。可持续发展的实质是强调人类追求健康而富有生产成果的权利，应当是与自然和谐统一的，而不是通过耗尽资源破坏生态的方式来追求自身发展权利的实现。

可持续发展包含了发展与可持续性两个概念。此时发展不单单是物质财富的增加，同时也包括人们福利和生活质量的提高。可持续性包括生态可持续、经济可持续和社会可持续，其中生态可持续是基础，经济可持续是条件，社会可持续是目的。可持续发展是能动地调控自然社会复合系统，在不超越资源与环境承载能力的条件下，促进经济发展，保持资源永续利用和提高生活质量。因此，源于对环境问题忧思的可持续发展并不单就环境问题，而是包括了多个层次的内容，其根本的原则有 3 条。

1. 公平原则。包括时间上的公平与空间上的公平。时间上的公平，又称代际公平，就是既要考虑当前发展的需要，又要考虑未来发展的需要，不以牺牲后代人的利益来满足当代人的利益。空间上的公平，又称代内公平，是指世界上不同的国家、同一国家地区的不同人们都应享有同样的发展权利和过上富裕生活的权利。

2. 持续性原则。可持续发展的核心虽然是发展，但这种发展必须是以不超越环境与资源的承载力为前提、以提高人类生活质量为目标的发展。

3. 共同性原则。由于历史、文化和发展水平的差异，世界各国可持续发展的具体目标政策和实施过程不可能一样，但都应认识到我们的家园——地球的整体性和相互依存性。可持续发展作为全球发展的总目标，所体现的公平原则和持续性原则应该是共同的。

可持续发展是一个复杂的战略过程，其实质是要处理好人口、资源环境与发展之间的协调关系，并使之持续下去，以保护人类永续健康的生存和发展。因此，可持续发展是一项关于人类社会经济发展的全面战略，它包括经济可持续发展、生态可持续发展、社会可持续发展。

二、可持续发展理论

可持续发展作为一种新的发展理论，必然有其建立的理论基础。但可持续发展问题本身的复杂性决定了其理论问题的复杂性和多样性，各种思想和理论正在探索之中，尚未形成完整的理论体系。可持续发展的理论核心，应始终紧密围绕两条主线：一是努力把握人与自然之间的平衡，寻求人与自然关系的合理化；二是努力实现人与人之间关系的和谐，逐步达到人与人之间关系（包括代与代之间）的调适与公正，从而深刻揭示"自然——经济——社会"复杂巨系统的运行机制。

可持续发展的理论基础包括以下内容。

1. 地球系统科学（全球变化科学）

地球系统科学是一门跨地球科学、环境科学、宏观生物学、遥感技术以及有关社会科学的综合性、交叉性和系统性的科学体系，其研究对象是地球系统的各个圈层（子系统）及其相互作用，总结地球系统的演变规律与机理，破解人类赖以生存的地球环境发展变化之谜，故可称其为"全球变化科学"。全球变化科学研究的直接目的是为人类合理利用自然资源，控制水、土、大气污染，适应、减缓全球环境变化，为制定有关环境问题的重大决策提供科学依据，从而为人类社会的可持续发展服务。正是全球变化科学研究提出了人类社会可持续发展的重大命题，也正是全球变化科学研究的最新成果为人类社会一致行动，制定《21世纪议程》等一系列涉及人类社会可持续发展的国际公约提供了科学依据。因此，地球系统科学是可持续发展的科学基础，已日益得到公认。

2. 环境资源稀缺论（环境承载力论）

环境一方面为人类活动提供空间及物质能量，另一方面容纳并消化其废弃物。随着人类活动范围及强度日益加大，环境资源日渐稀缺。人类活动超出环境承载力限度（环境系统维持其动态平衡的抗干扰能力）时，就产生种种环境问题。环境资源稀缺论的主要特点是：绝对性（在一定的环境状态下环境承载力是客观存在的，可以衡量和把握其大小）和相对性（环境承载力因人类社会行为内容不同而异，而且人类在一定程度上可以调控其大小）的结合；具有明显的区域性和时间性（地区不同或时间不同环境承载力也不同）。环境资源稀缺论要求在社会经济生活中，应深入研究环境的承载力状况，从而合理有效地配置环境资源，实现人口、资源、环境与发展相协调，达到环境资源的永续利用和生态的良性发展。

3. 环境价值论（环境成本论）

环境价值论是可持续发展思想的核心理论之一。自然环境能够满足人类的需要，并且是稀缺的，因而是有价值的。虽然人们已经认识到环境价值的客观存在，但在理论和实际经济生活中却从来不重视甚至不考虑其价值的存在。环境价值论研究的问题是如何将环境价值合理量化，以将环境价值与经济利益直接联系起来，在经济核算中考虑环境的成本价值以及人类生产生活中造成的环境价值损失，建立并实施环境价值损失的合理补偿机制，从而定量地控制环境价值损失及环境价值存量，为可持续发展决策服务。

4. 协同发展论

可持续发展实质上是人地系统的协同演进，也就是经济支持系统、社会发展系统、自然基础系统三大系统相互作用、协同发展，实现经济效益、社会效益和生态环境效益3个效益的统一。

三、可持续发展评价

1. 可持续发展评价的目的

一般认为，可持续发展评价，就是对可持续发展状况做出定量的诊断，就是对区域的可持续性做出判断，就是对区域可持续发展战略做出仲裁。牛文元认为，区域可持续发展的着眼点，首先在于它是两种功能的有机结合：从纵的方面讲，即从过程角度出发，可持续发展强调资源的世代分配，强调过程的世代运行，强调社会发展的稳定健康，强调人类在发展上的伦理道德与责任感；从横的方面讲，即从区域的瞬间场景出发，可持续发展强调结构的均衡，强调生产链的协调，强调供需关系的平衡，强调社会管理的有序。因此，可持续发展的评价，应当能够从纵、横的结合上反映这些内容。

2. 可持续发展的评价指标体系和方法

指标是反映系统要素或现象的数量概念和具体数值，它包括指标的名称和指标的数值两部分。可持续发展评价指标体系本质上是区域发展条件的集合。它是由若干相互联系、相互具有层次性和结构性的指标组成的有机系列。叶文虎等认为，可持续发展的指标体系应当具有以下 3 方面的功能：一是能描述和表达任意时刻区域发展的各个方面（包括社会、经济、生态环境、资源等）的现状；二是应能描述和表征任意时刻区域发展的各个方面的变化趋势及变化率；三是应能体现出区域发展的各个方面的协调程度。

指标体系的评价方法，就是以反映一个由区域社会经济、资源、生态环境等子系统状况的统计指标构成的体系，来测度和描述区域可持续发展的方法。该系统中的指标一般有描述性指标和评价性指标。目前，国内外比较认同的主要有以下几个：

（1）联合国可持续发展委员会提出的以 PSR 为基本框架的指标体系方法。该指标体系是联合国可持续发展委员会根据"压力——状态——响应"框架，参照《21 世纪议程》中的有关章节，分经济、环境、社会和机构 4 大系统构成的 150 个指标体系。其中，驱动力指标用以表征造成发展不可持续的人类活动和消费模式或经济系统的因素；状态指标用以表征可持续发展过程中的各系统所处的状态；响应指标用以表征人类为促进发展的可持续性所采取的对策。该指标体系具有较强的科学性和广泛的应用前景。

（2）中国科学院的可持续发展指标体系。中国科学院可持续发展战略研究组于 1999年提出的一个逐级递归组合的指标体系，强调可持续发展本质上是对"自然——经济——社会"这一复杂系统运行机制和内部规律的反映，可持续发展能力是区域"发展度""协调度"和"持续度"的综合表达，开创了可持续发展研究的系统学方向。在最高层次上，把区域可持续发展能力解析为内部具有严格逻辑和统一解释的"生存支持系统""发展支持系统""社会支持系统""环境支持系统"和"智力支持系统"5 大系统能力贡献的总和。该指标体系采用"五级叠加，逐层收敛，规范权重，统一排序，原则设计"，共分 5 个等级。以顺序编制了"从生存到发展，从人与自然的关系到人与人的关系，从现在到未来"的数量特征，共包括 48 项指标、226 项要素的庞大体系。

（3）加拿大提出的基于反应—行动—循环的指标体系。加拿大环境——经济圆桌会议将生态系统和人类置于相同的地位，开发了一个评价可持续发展的新方法。该方法强调以下 4 点：生态系统的整体性和福利（或健康）；人类的福利及其自然的、社会的、文化的、经济的评估；人与生态环境之间的相互作用；以上三者的综合与联系。评价人类社会的指标主要涵盖以下 5 方面：个人、家庭的健康，社区的力量和自恢复力；事业多样性和成功；政府的效率；经济波动；土地、水、空气、生物的多样性、资源利用等。该方法运用系统论的思维方法和整体性的观点，将人类社会与生态系统置于同等重要的地位，体现了"天人合一"的思想，并成功地开发了描述人类系统的指标。

（4）城市可持续发展指标体系。许学强认为，城市可持续发展的内涵是一个城市经济发展、社会进步、生态环境保护三者高度和谐的过程，城市可持续发展系统应该包含社会、经济和环境 3 个子系统，从而构造广州市可持续发展的指标体系，以此来探讨城市的可持续发展指标体系。该指标体系包括了 3 个层次：第一层次由高度概括化的环境可持续指数经济可持续指数社会可持续指数 3 个一级指标构成；第二层次包括从属于一级指标的 20 个概括化指标；第三层次有 48 个基础类指标。

此外，还有英国的可持续发展指标体系、基于知识经济的可持续发展指标体系，等等。

3. 可持续发展指标体系方法的优缺点

（1）可持续发展指标体系方法的主要优点

①可以对处于不同国家和地区、处于不同发展阶段的评价区域构造不同的指标体系，从而体现评价的区域性和地方特色，同时体现人类发展阶段的历史性。

②它通过构造能够较全面地反映区域系统内社会系统经济系统、资源系统和生态环境系统等亚系统的客观状况的指标体系及其内在相互机能和联系的指标，使评价具有全面性和客观性。

③它把难以用货币描述的客观现象引入环境和社会的过程中，在评价的过程中即可表示制约系统的限制因子，因而更有利于可持续发展战略的制定。

④能体现区域可持续发展的动态趋势，从而具有一定的检测和预警功能。

（2）可持续发展指标体系方法的主要缺点

①可持续发展指标体系的一般指标比较多，动辄成百上千，而且结构复杂，数据的获取较难，从而降低了指标的操作性。

②易出现指标覆盖不全和指标重叠，不可避免地会影响评价的客观性。

③区域可持续发展是一个复杂的非线性巨系统，各子系统和要素之间、子系统相互之间、子系统和母系统之间绝非简单的线性组合关系，而是复杂的非线性关系。而且，目前的大多数指标体系的评价方法大多采用线性组合的方法，难以真实反映系统的可持续性。

④指标权重的确定，指标阈值、参照值、临界值标准值的确定，指标的定量化等方面都还存在一定的问题。

第六节　循环经济理论

循环经济是实现经济、社会与环境可持续发展的经济范式。循环经济作为一种经济范式，从概念的提出到理论架构的基本形成，经过了探索和争鸣的过程。经过近半个世纪的融合、发展与传播，循环经济理念正在深入人心，发展循环经济已经成为当今世界实施可持续发展战略的基本潮流。

一、循环经济的形成及其基本内涵

20 世纪中期，全球经济迅速发展，物质产品已经达到比较丰富的程度。人类一方面享受着自己创造的比较发达的物质文明，另一方面也在开始承受着由物质文明衍生的一系列环境灾难。能源紧张、资源紧缺，环境恶化，加之人口激增，人类的发展受到严重的威胁，在这种情况下，人们开始反思社会的经济发展模式。

1. 循环经济溯源

经济学和生态学是当代的两个既密切联系又对立紧张的学科和领域。在世界范围内颇具影响的美国后现代思想家小约翰·科布（John B Cobb，Jr）认为，经济学家和生态学家的争论是一种现代主义者和后现代主义者的争论，争论的实质是关于环境与发展的关系问题。在这场争论中，虽然生态学家的思想受到传统势力的挑战，但是他们的判断更接近于客观事实，即经济发展的最重要的目标必须具有可持续性，否则，当经济达到增长极限时，整个人类将会卷入到一场可怕的灾难之中。特别是"后现代的绿色经济思想""后现代的可持续发展经济理论"等思潮的出现，对于循环经济思想的形成产生了重要的影响。

就其理论渊源，循环经济的思想萌芽可以追溯到环境保护兴起的 20 世纪 60 年代。1962 年，美国经济学家卡尔逊（Carson）在《寂静的春天》一书中对工业革命以来所发生的重大公害事件进行分析后，首次提出了环境保护这一严肃的话题。她在书中严肃指出，人类一方面在创造高度文明，一方面又在毁灭着已有的文明，生态恶化如得不到及时遏制，人类将生活在幸福的坟墓之中。1966 年，美国经济学家 K. 波尔丁提出了"循环经济"的概念。主要指在人、自然资源和科学技术的大系统内，在资源投入、企业生产、产品消费及其废弃的全过程中，把传统的依赖资源消耗的线形增长经济，转变为依靠生态型资源循环来发展的经济。其"宇宙飞船理论"（航天员经济）是其循环经济思想的早期代表。大致内容是：地球就像在太空中飞行的宇宙飞船，要靠不断消耗自身有限的资源而生存，如果不合理开发资源、破坏环境，就会像宇宙飞船那样走向毁灭。因此，宇宙飞船经济要求一种新的发展观：必须改变过去那种"增长型"经济为"储备型"经济；要改变传统的"消耗型经济"，而代之以休养生息的经济；实行着重于福利量的经济，摒弃着重于生产量的经济；建立既不会使资源枯竭，又不会造成环境污染和生态破坏，能循环使用各种物资的"循环式"经济，以代替过去的"单程式"经济。

就生产活动与索取自然资源的关系而言，人类社会经历了3种技术经济范式。在传统的线形范式下，人类从自然界获取资源，进行加工，生产产品，将废弃物直接向环境排放，即"资源——产品——污染排放"。其后经历了"先污染后治理"模式，它强调在生产过程的末端采取措施治理污染。随着人类的高度产业化，对环境的污染与破坏日益严重，循环经济范式受到重视。循环经济是通过生产与环境保护技术体系的融合，强调首先减少资源的消耗，节约使用资源；通过清洁生产，减少污染排放甚至"零"排放；通过废弃物综合回收利用，实现物质资源的循环使用；通过垃圾无害化处理，实现环境友好生产。从这个意义上讲，循环经济是对传统经济模式的一次革命。

在波尔丁提出了循环经济概念之后的1972年，以麻省理工学院的丹尼·米德（DennisL Meadows）为首的发展战略研究小组公布了一个研究报告——《增长的极限》。在这份研究报告中，作者在研究了人口增长、粮食生产、资源消耗和环境污染等对人类发展的影响之后认为，地球是有限的，超越地球资源的物质极限会导致灾难性后果，这种后果不能指望科学技术的进步来消除，只能停止地球上的人口增长和经济发展，即"零增长"或"负增长"。

也就在这个时期，关于人类发展战略、发展模式的各种观点不断出现，学术争鸣十分活跃，如1971年联合国教科文组织的"人与生物圈计划"、1972年联合国人类环境会议的"人类环境宣言"、1976年国际劳工组织的"满足基本需求战略"、1987年世界环境与发展委员会的"可持续发展"等。1992年联合国环境与发展大会发布了《里约宣言》和《21世纪议程》，2002年联合国环境与发展大会决定在世界范围内推行清洁生产，并制定行动计划。在此背景下，经济与环境融合的观念逐渐深入人心，并逐步落实到行动上，工业生态：园区和循环经济建设成为时代的主流。

2. 循环经济的基本内涵

学术界关于循环经济的实践活动有着高度的认同，但是对于循环经济的内涵还没有形成比较一致的看法。主要观点如下。

解振华认为，循环经济以可持续发展为原则，既是一种关于社会经济与资源环境协调发展的新理念，又是一种新型的、具体的发展形态和实践模式。他要求按照生态规律组织整个生产、消费和废物处理过程，将传统的经济增长方式由"资源——产品——废物排放"的开环式模式，转化为"资源——产品——再生资源"的闭环式模式，其本质是生态经济。

曲格平认为，从循环经济的基本特征来看，它是人们模仿自然生态系统，按照自然生态系统物质循环和能量流动规律建构的经济系统，并使得经济系统和谐地纳入自然生态系统的物质循环过程。

吴季松认为，循环经济就是在人、自然资源和科学技术的大系统内，在资源投入、企业生产、产品消费及其废弃的全过程中，不断提高资源的利用效率，把传统的依赖资源净消耗线性增长的经济，转变为依靠生态资源循环来发展的经济。

也有学者提出，循环经济是按照清洁生产的方式对资源及其废弃物实行综合利用的生产活动过程，是保护资源、保护地球环境的一种现代文明行为。

综合上述观点，我们认为，循环经济是运用生态学规律来指导人类社会的经济活动，是以资源的高效利用和循环利用为核心，以"减量化、再利用、再循环"为原则，以低消耗、低排放、高效率为基本特征的社会生产和再生产范式，是符合可持续发展理念的经济增长模式，是对"大量生产、大量消费、大量废弃"的传统增长模式的根本变革，其实质是以尽可能少的资源消耗和尽可能小的环境代价实现最大的发展效益。通过这个概念可以看出，理解循环经济的基本内涵，应重点把握好以下几方面。

（1）环境和资源是循环经济的核心。无论从哪个角度、哪个方面，以什么作为切入点来诠释循环经济，都离不开环境和资源。在循环经济活动中，无论采取什么样的活动方式，其终极目标都是在获得物质产品的同时，资源必须得到最大限度的利用，环境必须得到充分有效的保护。

（2）循环经济是一个经济活动过程，而不是一个经济要素，这是循环经济的本质。循环经济是一个价值创造过程，是人类劳动与自然资源结合的过程，是一种运动形式和发展模式。在这种模式下，人们投入生产资料，消耗自然资源，再通过劳动创造产品，排放生产废弃物，利用废弃物进行再生产，再创造产品，这个过程循环往复。通过这样一个循环往复的过程，使资源得到利用、再利用，资源效用得到发挥和再发挥，最终实现人类生产活动对环境污染量减至最小。

（3）对资源的节约、环境的保护是循环经济的主要特征。作为一种发展模式，循环经济强调的是在生产活动之初尽可能少地投入资源，生产活动之中尽可能少地排放废弃物，生产活动之后尽可能多地对废弃物回收和循环利用。作为一个循环运动的系统，循环经济自始至终都贯彻着一个基本思想，即节约自然资源、保护生态环境。

二、发展循环经济的主要原则

1．"减量化、再循环、资源化"

环境保护部《循环经济示范区规划指南（试行）》中指出："循环经济示范区是一种以污染预防为出发点，以物质循环流动为特征，以社会、经济环境可持续发展为最终目标的示范区域。它运用生态学规律把区域内的社会经济活动组织成若干个'资源——产品——再生资源'的反馈流程，在生产和消费的源头努力控制废弃物的产生，对可利用的产品和废物循环利用，对最终不能利用的产品进行合理处置，实现物质生产、消费的'低开采、高利用低排放'，最大限度地高效利用资源和能源，减少污染物排放，促进环境与经济的和谐发展。"同时规定示范区的规划和建立遵循"减量化、再循环、资源化"的行为原则。

（1）减量化（Reduce）原则

要求用较少的原料和能源投入来达到既定的生产目的或消费目的，进而从经济活动的源头就注意节约资源和减少污染。在生产中常常表现为要求产品小型化和轻型化，产品的包装应该追求简单朴实而不是豪华浪费，从而达到减少废物排放的目的。

（2）再循环（Recycle）原则

要求生产出来的物品在完成其使用功能后能重新变成可以利用的资源，而不是不可恢复的垃圾。按照循环经济的思想，再循环有两种情况，一种是原级再循环，即废品被循环用来产生同种类型的新产品，例如报纸再生报纸、易拉罐再生易拉罐等；另一种是次级再循环，即将废物资源转化成其他产品的原料。原级再循环在减少原材料消耗上面达到的效率要比次级再循环高得多，是循环经济追求的理想境界。

（3）资源化（Reuse）原则

要求制造产品和包装容器能够以初始的形式被反复使用。它要求抵制当今世界一次性用品的泛滥，生产者应该将制品及其包装当作一种日常生活器具来设计，使其像餐具和背包一样可以被再三使用。还要求制造商应该尽量延长产品的使用期，而不是非常快地更新换代。

走新型工业化道路，形成有利于节约资源、保护环境的生产方式和消费模式发展循环经济是中国全面建设小康社会的战略选择，也是城市经济社会发展的战略选择。坚持走新型工业化道路，"新型"的重要特征就是在经济快速发展的同时，有效节约资源、保护生态、改善环境，以尽可能小的资源投入和环境代价，取得尽可能大的经济社会效益，实现人与自然的和谐发展。要不失时机地对传统产业进行改造，努力提高企业的装备水平、管理水平和资源利用率，向科技要效益，向规模要效益，向管理要效益。

大量事实表明，传统的高消耗的增长方式，向自然过度索取，导致生态退化和自然灾害增多，给人类的健康带来了极大的损害。城市人口众多，生活空间相对狭窄，加上重型工业的快速发展，城市大气污染日趋严重，水污染使饮用水安全受到威胁，生存条件恶化。固体废弃物的堆积不仅产生大量寄生生物，而且废弃物产生的渗漏液还会污染地表水和地下水。这些都成为一些地方疑难怪病和职业病产生的重要原因，给城市居民的身体健康带来了严重威胁。

人是最宝贵的资源。我们要加快发展、实现全面建设小康社会的目标，根本出发点和落脚点就是要坚持以人为本，不断提高人民群众的生活水平和生活质量。这就要求我们在发展过程中不仅要追求经济效益，还要讲求生态效益；不仅要促进经济增长，更要不断改善人们的生活条件，让"人民喝上干净的水，呼吸清洁的空气，吃上放心的食物，在良好的环境中生产生活"。要真正做到这一点，必须大力发展循环经济，搞好资源节约和综合利用，加强生态建设和环境保护，走出一条科技含量高、经济效益好、资源消耗低环境污染少、人力资源优势得到充分发挥的新型工业化道路，以最少的资源消耗、最小的环境代价实现经济社会的可持续增长。

3.推进产业结构调整，优化产业布局，依靠科技进步和强化管理，提高资源利用效率发展循环经济，要坚持推进结构调整，制定指导产业结构调整的指导性文件，鼓励企业发展资源消耗低、附加值高的高新技术产业、服务业，用高新技术改造传统产业。循环经济主要通过综合利用技术和无害化、低害化新工艺技术来实现，而这些工艺技术多属高科技，投资风险大，企业往往无力承担，政府应该组织科研力量进行专项攻关。环境保护部门应该制定和提高排污标准，制定消费环节的废弃物收费标准，加强环境监测与管理，提高生产环节的废弃成本、排污成本和消费环节的废弃成本，解决循环经济运行的成本障碍。要根据城市不同区域的资源特点，合理进行产业结构布局，建立生态工业园区，构建循环经济型城市。

4.发挥市场机制作用与政府宏观调控相结合、依法管理与政策激励相结合、政府推动与社会参与相结合

循环经济的发展要按照国家宏观调控下发挥市场机制基础性作用的要求，充分发挥政府、企业、公众的作用，做到政府调控、企业运作、公众参与，形成合力，共同推动循环经济的发展。

发展循环经济涉及经济社会的各个领域，不能消极等待，亦不能操之过急，应实事求是、因地制宜、突出重点稳步推进。发展循环经济，必须着眼于产业结构调整，必须坚持政府推动、政策法规引导，遵循循环经济原则，走新型工业化道路，妥善处理好当前利益与长远利益、当代利益与子孙利益的关系，处理好能源开发与能源节约的关系，处理好经济发展与生态环境保护的关系。

制定实施有效的激励政策是循环经济健康发展的重要保证。首先，认真落实国家扶持政策。政府有关部门应加大宣传、咨询力度，积极帮助引导企业掌握并运用好国家优惠政策，将各项政策落到实处。其次，制定完善配套激励措施。根据国家有关法律政策，积极运用经济手段，通过直接补贴、贷款贴息、返还排污费、优先采购、奖励等形式，加大财政扶持力度，引导支持企业推行清洁生产和循环利用再生资源，加快环保基础设施和大型项目建设。同时，按照"保本微利"的原则适当提高垃圾、污水处理收费标准，保证投资者的合法权益。

循环经济不是一种自发的经济模式，不能完全通过市场机制来发展。在市场经济背景下，企业寻求自身利益最大化是一种自发的选择，由于资源与环境具有公共产品的特征，传统的市场经济对资源的配置是以利益最大化为驱动力的，资源的代价和环境的成本往往被市场所忽视。因此，构建循环经济的政策法规体系，把发展循环经济的信号转换成市场的信号，让市场发挥资源配置的优势，具有特殊价值。

循环经济不是一个纯经济学的理论问题。循环经济是科技先导型、资源节约型、清洁生产型、生态保护型的经济发展之路，它需要多学科集成、融合和交叉，需要政府、企业和社会公众的共同参与，尤其是科技进步对循环经济的发展具有举足轻重的作用。因此，构建循环经济的科技支撑体系，引导国家科技力量参与循环经济发展具有重要意义。

第二章 城市生态水系规划

第一节 城市生态水系规划的内容

水是生命之源，人类对水有与生俱来的亲近之感；水也是人类与自然的联系纽带。河流水系是城市存在和发展的基本条件，是城市形成和发展过程中最关键的资源与环境载体，水系关系到城市的生存，制约着城市的发展，是一个城市历史文化的载体，是影响城市风格和美化城市环境的重要因素。在过去，城市水系发挥着防洪、排涝、防御、运输等作用；而在现代社会里，城市水系对城市更为重要，更多地承担着保持自然环境生态平衡、调节微气候、提供旅游休闲娱乐场所、展示弘扬独特的历史文化、城市名片等各项功能。

城市规划是确定城市性质、规模和发展方向，合理利用城市土地，协调城市空间布局以及建设和管理城市的基本依据。城市的建设和发展要在城市规划的框架与引导下进行，实现有序开发、合理建设，实现城市发展目标和可持续运行。同样，城市内水系建设，也应在城市水系规划的指导下，进行合理的布局和开发，实现城市整体的发展目标和水系自身的良性运行。此外，城市水体及水系空间环境也是城市重要的空间资源，城市水系的总体布局甚至影响着城市的总体布局，所以城市水系规划也是城市规划的基础和重要的组成部分。

随着经济社会的快速发展和城市化进程的快速推进，一方面，城市对水安全、水资源、水环境的依赖性和要求越来越高；另一方面，城市的建设不断侵占着城市的水面、向城市水体排放污染物，导致城市水系的生态环境问题日益突出。因此，迫切需要编制城市水系规划，来完善城市水系布局，强化滨水区控制，充分发挥水系功能，维持河湖健康生命，保障水资源的可持续利用和水环境承载能力。2008 年，水利部发布《城市水系规划导则》（SL431-2008），住房和城乡建设部联合国家质量监督检验检疫总局发布了《城市水系规划规范》（GB 50513-2009），成为城市水系规划编制的依据。

那么，什么是城市水系和城市水系规划呢？《城市水系规划导则》中给出了定义：城市水系是指城市规划区内河流、湖库、湿地及其他水体构成脉络相通的水域系统。这里的河流指的是江河、沟、渠等，湿地主要指有明确区域命名的自然和人工湿地，城市其他水体主要指河流、湖库、湿地以外的城市洼陷地域，城市内大的水坑及与外部水系相通的居住小区和大型绿地中的人工水域。

城市水系规划是指以城市水系为规划对象，综合考虑城市人口密度、经济发展水平、下垫面条件、土地资源和水资源等因素，对水系空间布局、水面面积、功能定位、水安全保障、水质目标、水景观建设、水文化保护、水系与城市建设关系以及水系规划用地等进行协调和安排，提出城市水系保护和整理方案。城市水系规划对城市规划的影响以及城市规划对水系的要求是城市规划建设不可回避的问题。水系规划在满足水系功能要求的安全，即城市防洪排涝安全、生态用水安全、水环境质量安全等前提下，尽可能地整合、协调城市总体规划发展布局、目标和建设用地的要求，以期提出城市水系规划切实可行的方案。

一、城市水系规划的内容

城市水系规划的内容包括保护规划、利用规划和涉水工程协调规划，具体内容应包括：确定水系规划目标、明确城市适宜的水面面积和水面组合形式、构建合理的水系总体布局，确定水系内的河湖生态水量和控制保障措施、制定城市水质保护目标和水质改善措施，制订水系整治工程建设方案、水系景观建设方案，划定水系管理范围和管理措施，估算水系建设投资等。

1. 保护规划

建立城市水系保护的目标体系，提出水域、水质、水生生态和滨水景观保护的规划措施和要求，核心是建立水体环境质量保护和水系空间保护的综合体系，明确水面面积保护目标、水体水质保护目标，建立污染控制体系，划定水域控制线、滨水绿化带控制线和滨水区保护控制线（蓝线、绿线、灰线，简称三线），提出相应的控制管理规定。

2. 利用规划

完善城市水系布局，科学确定水体功能，合理分配水系岸线，提出滨水区规划布局要求，核心是要建立起完善的水系功能体系，通过科学安排水体功能、合理分配岸线和布局滨水功能区，形成与城市总体发展规划有机结合并相辅相成的空间功能体系。

3. 涉水工程协调规划

协调各项涉水工程之间以及涉水工程与水系的关系，优化各类设施布局，核心是协调涉水工程设施与水系的关系、涉水工程设施之间的关系，各项工程设施的布局要充分考虑水系的平面与竖向关系，特别是竖向关系，避免相互之间的矛盾甚至规划无法落地的问题。

二、城市水系规划的原则

在城市水系规划阶段，要树立尊重自然顺应自然和保护自然的生态文明理念，要从城市水系整体的角度将水系规划与用地规划结合起来进行考虑，综合考虑水安全、水生生态、水景观、水文化等不同的需求，避免各自为政，或走"先破坏、后治理"的老路。在编制水系规划时，应坚持以下原则。

1. 安全性原则

河流对于人类而言，没有了安全，其他的一切都无从谈起。在水系规划中，安全性是规划应坚持的第一原则，要充分发挥水系在城市给水、排水和防洪排涝中的作用，确保城市饮用水安全和防洪排涝安全。安全性原则主要强调水系在保障城市公共安全方面的作用。如城市河道的防洪排涝要满足一定的标准，滨水区的设计要考虑亲水安全，水源地要充分考虑水质保护措施等。

2. 生态性原则

维护水系生态资源，保护生物多样性，改善生态环境。水系的生态性原则主要强调水系在改善城市生态环境方面的作用，要求在水系规划中考虑水系在城市生态系统中的重要作用，避免对水生生态系统的破坏，对已经破坏的，在水系改造中应采取生态措施加以修复，要尊重水系的自然属性，考虑其他物种的生存空间，按照水域的自然形态进行保护或整治。这一原则体现了人水和谐的水生生态文明理念。

3. 公共性原则

人水和谐是一种既强调保护和恢复河流生态系统，也承认了人类对水资源的适度开发利用的"友好共生"理念，那些认为"生态河流"就是要将河流恢复到一种不被人类活动干扰的原生态状态，反对河流的任何开发活动的观念已经被大家认识到是片面和不科学的。特别是城市水系，由于其位于城市这一人类聚集区的特性，更成为城市不可多得的宝贵的公共资源。城市水系规划应确保水系空间的公共属性，提高水系空间的可达性和共享性。公共性原则主要强调水系资源的公共属性，一方面体现在权属的公共性上，滨水区应成为每一个城市居民都有权享受的公共资源，为保证水系及滨水空间为广大市民所共享，不少国家的城市对此制定了严格的法规，在我国，三线的划定，特别是蓝线、绿线的控制，是水系保护的需要，也为水系的公共性提供了保证；公共性的另一方面表现在功能的公共性上，在滨水地区布局的公共设施有利于促进水系空间向公众开放，并有利于形成核心凝聚力来带动城市的发展。如绍兴环城水系、济南护城河沿岸的景观和公共设施建设都带动了当地旅游业的发展，并已成为城市名片。

4. 系统性原则

城市水系规划系统性强调将水体、水体岸线、滨水区三个层次作为一个整体进行空间、功能的协调，合理布局各类工程设施，形成完善的水系空间系统。第一层次是水体，是水生生态保护和生态修复的重点。第二层次是水体岸线，是水陆的交界面，是体现水系资源特征的特殊载体。第三层次是濒临水体的陆域地区即滨水区，是进行城市各类功能布局、开发建设以及生态保护的重点地区。水系规划必须兼顾这三个层次的生态保护、功能布局和建设控制。水体岸线和滨水区的功能布局需形成良性互动的格局，避免相互矛盾，确保水系与城市空间结构关系的完整性。同时，系统性原则还体现在城市水系与流域、区域关系的协调，与城市总体规划发展目标、布局的协调，与城市防洪排涝、给水排水、水环境保护、航运、交通、旅游景观以及与其他专业规划的协调上。

　　水系规划是一项系统工程，正如钱学森院士所说，"无论哪一门学科，都离不开对系统的研究"。在传统的水系和河道建设中，各主管部门缺乏协调，单独行事，水利部门硬化河道、裁弯取直，考虑排洪通畅；市政部门利用河道作为排污渠道；园林部门在河道某一防洪高程以上进行绿化。人们的活动被局限在堤顶或河岸顶的笔直路上；一些政府看到了河道的商业价值，开始侵占河道造地，进行房地产开发。河流慢慢丧失了原有的自然景观，洪涝频发、水污染加剧、生物多样性丧失、河道景观"千河一面"。科学发展观强调经济建设必须保持环境的生态性和可持续发展。城市水系规划应从系统的角度综合考虑城市水安全、水生生态、水景观、水经济、水管理、水文化和水环境治理的多学科内容，在整合不同学科团队规划建议和意见的基础上进行统一与整体的规划。

　　例如，唐山环城水系的规划建设中，就很好地体现了"系统的涉水规划理念"，在规划中明确了规划团队在水系规划中的主导作用，使得规划团队与水利团队的合作顺利进行。同时包含经济学、社会学、文化学、城市规划、建筑设计和风景园林师的规划团队的人员组成，也保障了涉及多学科内容的"系统的涉水规划理念"实施的可能性。在具体规划中，规划团队首先以分解手法，独立解读了各个学科对水系规划的要求。比如，水利视角下的河道规划要解决防洪排水、水质的净化和水的来源与补给。水文视角下的河道规划要解决可用于城市公用的水资源与用水对策（景观及生态用水）。经济学视角下的河道规划要实现社会经济效益的最大化，包括沿河土地的利用与转型下的产业布局、考虑投资与回报的开发模式以及维护的生态景观系统。社会学视角下的河道规划追求资源享受的社会公平性，要求河道景观的均享性。在上述解读基础上，环城水系规划统筹城市设计、景观规划设计、水利设计、土地效益分析、环境福利（公园、城市广场等城市开放空间）的均衡分布和水域与绿地生态系统的整合，合理组织利用目前的河道系统、新建河道的规划与补给水系统，通过协调环城水系景观系统内部各节点空间、桥梁与道路设置等和外部其他系统之间的关系，发挥景观系统的最大效益，实现周边产业布局合理化、生态功能最优化、社会经济效益最大化、后期管理维护轻松化的目标。

　　5. 特色化原则

　　城市水系规划应体现地方特色，强化水系在塑造城市景观、传承历史文化方面的作用，形成有地方特色的滨水空间景观，展现独特的城市魅力，避免生搬硬套、人云亦云。特色化原则强调的是因地制宜，可识别性。

　　绍兴的环城河整治工程于1999年动工建设，2001年竣工，全长12.2 km。外与浙东古运河、鉴湖相连，内与城区河道相通，历史久远，文化深厚。经整治以后的环城河景区沿古老的环城河两岸，面积达114万m²，其中水域60万m。碧水绿地串起八大景区（稽山园、鉴水苑、治水广场、西园、百花苑迎恩门、河清园、都泗门），景区内以不同的方式展现着绍兴特有的历史文化，如璀璨明珠串成的项链镶嵌于古城四周，凸显出"不出城廓而获山水之怡，身居闹市而有林泉之致"的古城特色，区内有20余处大小广场是市民晨练的集聚地，还有酒楼、茶座、旅游购物网点和健身活动点，以及环城河水上游览专线，是市民休闲娱乐的好去处，同时也成为绍兴市接待参观、考察的主要场所。2004 年，环城河获得全国最佳人居范例奖，荣获国家级水利风景区称号。

唐山市环城水系工程通过新建 13 km 的凤凰河与南湖生态引水渠相连，并与南湖、东湖、凤凰湖相通，形成河河相连、河湖相通的水循环系统，形成环绕中心城区的长约 57 km 的环城水系，整个水系分为 8 个主题功能区，即郊野自然生态区、城市形象展示区、工业文化生活区、湿地生态恢复区、现代都市文化景观区、滨河大道景观区、都市休闲生活区和湿地修复景观区，构筑起"城中有山、环城是水、山水相依、水绿交融"的宜居生态城市。

上述工程都具有独特的可识别性，这些可识别性更多是依靠体现河与城市的历史文化而显示出其独特性和不可复制性。

第二节　水系保护规划

一、城市水域面积保护

城市水面的功能和水面规划原则。

城市水面规划应根据城市的自然环境地理位置水资源条件社会经济发展水平、历史水面比例、城市等级、人们生活习惯和城市发展目标等方面的实际情况，并考虑国际先进经验和国内研究成果，确定符合城市现状发展水平和发展需求的适宜水面面积和水面组合形式，提出城市范围内河流、湖泊、水库、湿地以及其他水面的保持、恢复扩展或新建的要求。

1. 城市水面的功能

城市水面对社会经济及生态系统有着重要的作用，具体有以下功能。

（1）防洪排涝

在城市中，暴雨径流首先由地面向排水系统汇集，再排放到城市河湖中，如果城市水面面积较大，相应的调节能力就越大，可起到调蓄部分洪水的作用，并调节洪水流量过程，降低洪峰峰值流量，为洪水下泄提供一定的安全时间，缓解河道排洪压力。

（2）提高环境容量

水体具有一定的纳污能力和净污能力，在城市水生生态系统中，水域的大小决定水环境容量，水面面积越大，水体越多，水环境容量就越大，在同样排放污染物的条件下，水环境质量就越好，开阔的湖、塘可以沉淀水体中部分颗粒物质以及吸附于其上的难降解污染物质。

（3）健康保健

空气中的负离子可以促进人体合成和储存维生素，被誉为"空气维生素"。负离子还具有降尘、灭菌、防病、治病等功能，一般来说，空气中的负离子浓度在 1 000 个 /m³

以上就有保健作用，在 8000 个 /m³ 以上就可以治病。水的高速运动会产生负离子，城市水面中的喷泉、溪流跌水等，提高了空气中负离子的产生量，对促进市民健康起到了积极的作用。

（4）景观功能

水体变化的水面，多样的形态，水中、水边的动植物，随着时间而变换的景物，在喧嚣的城市里给人们提供了或清新，或灵秀，或广阔，或安静的愉悦感受，形成了具有吸引力的景观。

（5）文化功能

在人类活动的作用下，城市水面不仅是单纯的物质景观，更是城市中的文化景观，人们除维持生命需水外，还有观水、近水、亲水、傍水而居的天性，对水的亲近与关注使水与社会文化结下了不解之缘。以水咏志的诗句更是赋予了水生命的特征，有关水与漂泊、水与归家、水与失意、水与心境的诗句则带给人们无穷的联想和启示，这使水获得一种文化属性。比如，有些城市在历史中留下的护城河，人们只要看到它就会想起远古的战争、攻城与防守等，这些水面承载了特定的历史和文化。

（6）生态功能

水面是城市中最活跃、最有生命力的部分，它在水生生态系统和陆地生态系统的交界处，具有两栖性的特点，并受到两种生态系统的共同影响，呈现出生态的多样性。它不仅承载着水体循环、水土保持、蓄水调洪、水源涵养、维持大气成分稳定的功能，而且能调节湿度、温度，净化空气，改善小气候，有效调节城市生态环境，增加自然环境容量，促进城市健康发展。

（7）经济功能

在现代城市规划中，水面有着重要的作用，有时候甚至影响城市规划布局和社会经济发展的趋势。一个地区水面的建设或治理往往会带动周边的地产升值，促进片区的经济发展。城市水体的总量和水面的组合形式影响着城市的产业结构和布局。水与经济越来越密不可分。

2. 城市水面规划的原则

水面是城市重要的资源。适宜的水面面积有利于改善城市的生存环境，提高城市品位，创造良好的投资环境，加快城市的可持续发展。在城市水面规划时，应遵循以下原则。

（1）严格保护和适当恢复的原则。应严格保护规划区内现有的河湖水面，规划水面不得低于城市现状水面面积，禁止填河围湖工程侵占水面，对于历史上侵占的水面，在条件允许的情况下，可采取措施恢复原有状况；

（2）统筹考虑和合理布置的原则。应统筹考虑确定城市适宜的水面面积率和城市水面形式，根据城市自然特点和水系功能要求，合理布置河道、湖库、湿地、洼陷结构等；

（3）因地制宜和量力而行的原则。应根据城市地理位置、历史水面状况、水资源条件、城市发展水平等方面的因素，因地制宜，量力而行，不应生搬硬套，盲目扩建；

（4）与经济社会发展相协调的原则；

（5）有利于景观生态建设的原则。

二、水域保护规划

（一）蓝线保护

蓝线是水域的控制线，明确水域的控制范围，在水系规划中划定蓝线时，应符合以下规定：有堤防的水体，宜以堤顶临水一侧的边线为基准划定，无堤防的水体，宜按防洪排涝设计标准所对应的洪（高）水位划定，对水位变化较大，而形成较宽涨落带的水体，可按多年平均洪（高）水位划定，对规划新建水体，其水域控制线应按规划的水域范围线划定。

2005 年 12 月，建设部发布了《城市蓝线管理办法》，于 2006 年 3 月 1 日正式实施，对城市蓝线的管理进行了明确的规定，明确了管理责任人、蓝线划定的原则、蓝线内的控制要求。《城市蓝线管理办法》中明确规定：国务院建设主管部门负责全国城市蓝线管理工作。县级以上地方人民政府建设主管部门（城乡规划主管部门）负责本行政区域内的城市蓝线管理工作。编制各类城市规划，应当划定城市蓝线。城市蓝线由直辖市、市、县人民政府在组织编制各类城市规划时划定。城市蓝线应当与城市规划一并报批。划定城市蓝线，应当遵循以下原则。

1. 统筹考虑城市水系的整体性、协调性、安全性和功能性，改善城市生态和人居环境，保障城市水系安全；

2. 与同阶段城市规划的深度保持一致；

3. 控制范围界定清晰；

4. 符合法律法规的规定和国家有关技术标准、规范的要求。

在城市蓝线内禁止进行下列活动：

1. 违反城市蓝线保护和控制要求的建设活动；

2. 擅自填埋、占用城市蓝线内水域；

3. 影响水系安全的爆破、采石、取土；

4. 擅自建设各类排污设施；

5. 其他对城市水系保护构成破坏的活动。

（二）水生生态保护

河流形态具有变动性，但又具有持续性和规则性，冲蚀的地方会产生洼地，淤积的地方会产生沙洲，物理性质的河流形态结合生物性质的生命，就是河流生态系统，也就是生物、水、土壤随时间与空间而变化的关系。水域的地理、气候、地质、地形、生物适应力因时因地而异，从而造就出丰富的水域生态特色。

水域生态单元由水力、地形、地质、河流形态、生物栖息地、河廊、生物所组成。

健康的水生生态系统通过物理与生物之间，以及生物与生物之间的相互作用，具有自我组织和自净作用，并为水生生物、昆虫、两栖类提供生长、繁殖、栖息的健康环境。

水生生态保护规划应划定水生生态保护范围，提出维护水生生态系统稳定及生物多样性的措施。水生生态保护区域的设立主要是保护珍稀及濒危野生水生动植物和维护城市湿地系统生态平衡、保护湿地功能和湿地生物多样性，这些区域一部分已经被批准为自然保护区或已被规划为城市湿地公园，对那些尚未批准为相应的保护区但确有必要保护的水生生态系统，应在规划中明确水生生态保护范围。

自然特征明显的水体涨落带是水生生态系统与城市生态系统的交错地带，对水生生态系统的稳定和降解城市污染物，以及促进水生生物多样性都具有重要的作用，但在城市建设过程中，为体现亲水性和便于确定水域范围，该区域自然特征又很容易被破坏，因此未列入水生生态保护范围的水体涨落带，宜保持其自然生态特征。

水生生态保护应维护水生生态保护区域的自然特征，不得在水生生态保护的核心范围内布置人工设施，不得在非核心范围内布置与水生生态保护和合理利用无关的设施。

（三）水质保护

水系功能的健康可持续运行，水量与水质是两个重要条件。由于水体污染、水质下降导致的水质性缺水越来越受到广泛关注，因此水系规划必须把水质保护作为一项重点内容。传统的污水治理规划更多的是对规划区域的污水的收集与集中处理，并未建立起针对不同水体功能、水质目标、水污染治理之间的关系。水系规划中的水质保护内容应根据水体功能，制定不同水体的水质保护目标及保护措施。

1. 水体功能区划分

《地表水环境质量标准》（GB3838-2002）依据地表水水域环境功能和保护目标，按功能高低依次划分为五类：

Ⅰ类，主要适用于源头水、国家自然保护区；

Ⅱ类，主要适用于集中式生活饮用水地表水源地一级保护区、珍稀水生生物栖息地、鱼虾类产卵场、仔稚幼鱼的索饵场等；

Ⅲ类，主要适用于集中式生活饮用水地表水源地二级保护区、鱼虾类越冬场、洄游通道、水产养殖区等渔业水域及游泳区；

Ⅳ类，主要适用于一般工业用水区及人体非直接接触的娱乐用水区；

Ⅴ类，主要适用于农业用水区及一般景观要求水域。

对应地表水上述五类水域功能，将地表水环境质量标准基本项目标准值分为五类，不同功能类别分别执行相应类别的标准值。水域功能类别高的标准值严于水域功能类别低的标准值。同一水域兼有多类使用功能的，执行最高功能类别对应的标准值。

2. 水质目标

水质保护应明确城市水系水质保护目标，制定水质保护措施。水质保护目标应根据水体规划功能制定，满足对水质要求最高规划的功能需求，并不应低于水体的现状水质类别。

指定的水质保护目标应符合水环境功能区划，与水环境功能区划确定的水体水质目标不一致的应进行专门说明。同一水体的不同水域，可按照其功能需求确定不同的水质保护目标。

3. 水质保护措施

水质保护措施应包括城市污水的收集与处理、面源污染的控制和处理、内源污染的控制措施，必要时还应包括水生生态修复等内容。

（1）城市污水的收集与处理

水质保护首先应保证城市污水的收集与处理，要做到达标排放。目前，城市污水收集处理率已成为国家发展规划和城市发展规划的一项约束性目标，城市的污水收集与处理率必须满足目标要求。

污水处理厂的选址应优先选择在城镇河流水体的下游，必须选择在湖泊周边的，应位于湖泊出口区域。

污水处理等级不宜低于二级，以湖泊为尾水受纳水体的污水处理厂应按三级控制。污水一级处理：又称污水物理处理，是指通过简单的沉淀、过滤或适当的曝气，去除污水中的悬浮物，调整 pH 及减轻污水的腐化程度的工艺过程。处理可由筛滤、重力沉淀和浮选等方法串联组成，除去污水中大部分粒径在 $100\mu m$ 以上的颗粒物质。筛滤可除去较大物质；重力沉淀可除去无机颗粒和相对密度大于 1 的有凝聚性的有机颗粒；浮选可除去相对密度小于 1 的颗粒物（油类等）。废水经过一级处理后一般仍达不到排放标准。

污水二级处理：是指污水经一级处理后，再经过具有活性污泥的曝气池及沉淀池的处理，使污水进一步净化的工艺过程。常用的有生物法和絮凝法。生物法是利用微生物处理污水，主要除去一级处理后污水中的有机物；絮凝法是通过加絮凝剂破坏胶体的稳定性，使胶体粒子发生凝絮，产生絮凝物而发生吸附作用，主要是去除一级处理后污水中无机的悬浮物和胶体颗粒物或低浓度的有机物。经过二级处理后的污水一般可以达到农灌水的要求和废水排放标准，但在一定条件下仍可能造成天然水体的污染。

污水三级处理：又称深度处理，是指污水经二级处理后，进一步去除污水中的其他污染成分（如氮、磷、微细悬浮物、微量有机物和无机盐等）的工艺过程。主要方法有生物脱氮法凝集沉淀法、砂滤法、硅藻土过滤法、活性炭过滤法、蒸发法、冷冻法、反渗透法、离子交换法和电渗析法等。

（2）面源污染的控制和处理

近年来，随着点源污染逐步得到治理，面源污染对水环境的危害性受到人们的普遍关注，面源污染研究已成为国际上环境问题研究的活跃领域。

面源污染受降雨、土壤类型、土地利用类型和地形条件等的影响，具有间歇性、地域性和不确定性。农业的大面积、分散性收集处理措施不够等特征，使农业成为面源污染的重要来源。农业面源污染问题研究成为环境科学、水文学、生态学、土壤学以及土地科学等学科的研究热点。

目前，国内外一些国家和地区已把农业面源污染防控作为水质管理的必要组成部分，并提出了各种行之有效的控制措施。纵观已有研究成果，当前国内外面源污染控制总体思路比较一致，也就是仅靠单一的控制措施无法彻底防控农业面源污染，因此对农业面源污染防控措施的研究开始从单一措施演变到多方法、多角度、多层次的综合措施，即通过建立污染控制措施体系进行控制。通过利益相关者等控制主体，采用工程措施、技术措施科学规划、政策法规、管理和监测等多种控制手段，从源头、过程和终端等不同环节来控制不同类型的农业面源污染。

城市河流的面源污染，主要是以降雨引起的雨水径流的形式产生的，径流中的污染物主要来自雨水对河流周边道路表面的沉积物、无植被覆盖裸露的地面、垃圾等的冲刷，污染物的含量取决于城市河流的地形、地貌、植被的覆盖程度和污染物的分布情况。因此，就河流的水质保护来说，对面源污染的控制也可以理解成对该河流周边降雨径流污染的控制。

城市河流面源污染的突出特征是污染源时空分布的分散性和不均匀性、污染途径的随机性和多样性、污染成分的复杂性和多变性。面源污染控制按污染物所处位置的不同，分为源头的分散控制和末端的集中控制。

①源头的分散控制。

污染物源头的分散控制，就是在各污染源发生地采取措施将污染物截留下来，避免污染物在降雨径流的输送过程中溶解和扩散，使污染物的活性得到激活。通过污染物源头的分散控制措施可降低水流的流动速度，延长水流时间。对降雨径流进行拦截、消纳、渗透，可减轻后续处理系统的污染处理负荷和负荷波动，对入河的面源污染负荷能起到一定的削减作用。

城市河流周边地区绿地、道路、岸坡等不同源头的降雨径流的控制技术措施主要包括下凹式绿地、透水铺装、缓冲带、生态护岸等。在选用技术措施时，可依据当地的实际情况，单独使用一种或几种技术配合。

下凹式绿地：对于河流周边入渗系数较低的绿地，为了更多地消纳地表径流，可采用下凹式绿地。现状绿地与周围地面的标高一般相同，甚至略高，通过改造，使绿地高程平均低于周围地面 10 cm 左右，保证周围硬质地面的雨水径流能自流入绿地。绿地表面种植草皮和绿化树种，保证一定的景观效果；绿地下层的天然土壤改造成渗透系数大的透水材料，由表层到底层依次为表层土、砂层、碎石、可渗透的底土层，以增大土壤的储存空间。根据实际情况，在绿地中因地制宜地设置起伏地形，在竖向上营造低洼面。在绿地的低洼处适当建设渗透管沟、入渗槽、入渗井等入渗设施，以增加土壤入渗能力，消纳标准内降水。这种既能保持一定的绿化景观效果，又能净化降雨径流的控制措施，具有工艺简单、工程投资少、不额外占地等优点。

透水铺装：河流两侧人行步道和滨河路路面，可以采取在路基土上面铺设透水垫层、透水表层砖的方法进行渗透铺装，以减少径流量，对于局部不能采用透水铺装的地面，可按不小于 0.5% 的坡度坡向周围的绿地或透水路面。

缓冲带：水体周边缓冲带一般沿河道、湖泊水库周边设置，利用植物或植物与土木工程相结合，对河道坡面进行防护，为水体与陆地交错区域的生态系统形成一个过渡缓冲，强调对水质的保护功能，以控制水土流失，有效过滤、吸收泥沙及化学污染、降低水温、保证水生生物生存、稳定岸坡。合理的植被配置是实现缓冲带有效控制径流和控制污染的关键。根据所在地的实际情况，进行乔、灌、草的合理搭配，既要考虑灌、草植物的阻沙、滤污作用，又要安排根系发达的乔、灌木以有效保护岸坡稳定、滞水消能。选择植物时要重视本地品种的使用，兼顾经济品种，尽可能照顾缓冲带经营者的利益。

生态护岸：通过构建不同类型的生态护岸，如植草护坡、三维植被网护岸、防护林护岸技术、生态混凝土护坡、自然石护坡、石笼护坡等生态护岸型式，固土护岸、增大土壤的渗透系数、重建和恢复水陆生态系统，尽可能地减少水土流失，提高岸坡抗冲刷、抗侵蚀能力，对降雨径流进行拦阻和消纳。

②末端的集中控制。

少量经源头分散控制措施作用后仍存在的污染源会汇流成一股，集中进入水体，故需要在汇流口面源污染的末端实施集中控制，进一步减少进入河流的污染物。

末端技术以人工湿地为主。在降雨径流的入河汇流口，多数以雨箅箕的形式出现，可以根据周边的环境，利用雨水入河口的小部分土地构建小型的人工湿地，在入河口底部通过堆积碎石、播种植物的方式拦截入河雨水中的污染物质，即在汇流口附近铺上碎石，使污水在流入河道前先经过碎石床，利用碎石上的生物膜对水体进行净化，对进入河中的径流做最后的过滤净化处理。湿地构建时考虑其景观美化功能，以各种观叶、观花的湿地植物为主，使建造的小型人工湿地与周边的环境相协调。

以清华大学为主联合其他单位组成的课题组于2000年在滇池流域开展了系统的面源污染控制技术研究与示范。经过近4年的攻关，在面源污染控制关键技术与设备、工程实施、软件开发、污染控制示范工程建设与运行等方面取得了一系列重要研究成果，为我国大规模面源污染控制提供了有益的经验和探索。

研究中提出以新型人工复合生态床技术、地下渗滤污水处理技术、缺氧/好氧低能耗生物滤池污水处理技术对村镇生活污水氮磷污染进行处理；采用"序批式进料分阶段温度反馈通风控制"好氧共堆肥技术实现蔬菜废物、花卉秸秆、粪便等多种农村固体废物的无害化处理，并进一步研发了复合肥生产技术，为农业固体废弃物的处置提供了新出路；针对台地水土和氮磷流失控制，开发了适合当地特点的生态工程集成技术，包括植被快速修复技术、生物篱技术、农林复合经营技术植被快速恢复喷播技术和山地径流综合调控技术，运用人工辅助方法缩短植被自然演替过程，修复生态系统的结构和功能，从而达到控制水土和氮磷流失的目的；开发了适合滇池流域面源污染控制的精准化施肥成套技术，大幅度减少流域集约化种植的蔬菜、花卉、农田氮磷化学肥料的投入量，达到施肥用量和比例合理、肥效高、缓效和保护耕地的目的；针对暴雨径流和农田排灌水氮磷污染问题，研发了大流量多功能复合型固液旋流分离技术和设备，能够在大流量处理条件下对微固体颗粒进行有效去除；开发了表面流入工湿地和沸石潜流湿地组合工艺，实现了功能互补，提高了暴雨径流处理中整体除氮效果；利用可视化编程技术、GIS空间信息技术、RS技术以及数据库管理技术开发了面源污染模拟与控制决策支持系统，这一综合性软件系统可应用于不同尺度下的流域面源污染现状评价，并可为在规划和管理层次上的面源污染控制管理提供决策支持。

《三峡库区农业面源污染控制技术体系研究》中提出，作为举世闻名的特大型水利工程，三峡工程的生态环境效应成为国内外关注的重大问题，尤其以库区水质为焦点所在，而面源污染则是受纳水体水质恶化的重要原因之一。随着三峡工程的竣工与运营，其生态环境效应亦随之逐步突显，部分支流出现"水华"现象，库区农业面源污染问题日益突出。研究根据库区生态环境特点和农业面源污染发生特征，结合库区农户生活生产方式以及地形地貌、土地利用、种植作物等条件，提出了既能有效控制污染发生，又能使经济投入最小化，也适宜库区的控制技术体系。针对三峡库区生态环境特点和农业面源污染发生特征，紧扣农业面源污染发生来源，采取源头控制、过程阻断和末端调控相结合的综合防控思路，以"水、土、热、气、肥"5要素的综合控制为主线，根据农村生活区——农业生产区——消落带生态屏障区（简称消落区）3个空间层次，提出了农村居民点——旱坡地——水田——消落区多重拦截与消纳农业面源污染技术体系，以期对三峡库区农业面源污染控制战略决策提供科学依据，从而有力地促进库区生态与经济的同步建设和协调发展，形成经济发展与环境保护的良性循环。

（3）内源污染的控制措施

内源污染是指在底泥中污染物向水体释放造成的污染以及底泥污染导致的底栖生态系统破坏等。内源污染主要是由于外源性污染物持续输入或高浓度的污染物瞬间输入而造成的。在超出水体自净能力后，水体中污染物沉积到底泥中，并在沉积物表面发生物理吸附或与沉积物中的铁铝氧化物及氢氧化物、碳酸盐、硅酸盐等矿物表面发生化学吸附，成为水体污染物的储存场所。

内源污染的危害表现与底泥中的主要污染物种类有关。氮磷营养盐含量较高的底泥往往加重了水体富营养化程度和治理难度，对于重金属和有机物污染较为严重的底泥而言，除向水体释放的溶解性重金属和有机物污染物外，其危害的方式更加直接。由于风浪、水力学扰动、生物扰动等因素悬浮泛起的悬浮污染沉积物（Resuspended ContaminatedSediments，简称RCS）成为产生危害的主要载体。而在实际水体环境中，也观测到RCS对生物体的危害。Sundberg等研究发现，在底泥疏挖施工过程中成年鱼类的基因毒性生物标记物明显增加，其原因就是成年鱼类从RCS中积累的有机污染物可能传递给了鱼卵，而不仅仅是由于底泥疏挖等工程引起的扰动。有研究表明即使在水力学条件较为稳定的情况下，污染严重的底泥也会向水体中释放大量污染物，并会产生严重的生态危害。

目前，内源污染治理技术主要有底泥疏挖、引水冲刷、原位控制技术等。

①底泥疏挖。

底泥疏挖是治理内源污染的重要措施，其通过挖除表层污染底泥并对底泥进行合理处置来去除湖泊水体中的污染物，控制底泥中污染物的释放以及营养物质的生物可利用性，增强底泥对水体的净化能力。底泥疏挖定义为：用人工或机械的方法把富含营养盐有毒化学品及毒素细菌的表层沉积物进行适当去除，来减少底泥内源负荷和污染风险的技术方法。

河、湖底泥疏挖属于环保疏挖，其工程要求比一般的疏挖工程高，是在充分考虑环境效益的基础上进行的高精度疏挖。河、湖底泥疏挖具有疏挖量小、污染物含量高、疏挖深度和边界要求特殊、疏挖过程中产生二次污染等特点。

如果在施工中采取的疏挖方案不当或技术措施不力，将会带来严重的后果。可能带来的问题主要如下。

A.底泥间隙水中的营养盐再次释放重新进入水体，释放的污染物质可能在水流作用下扩散进入表层水体，破坏水体中氮磷营养元素的平衡，导致湖泊富营养化程度进一步恶化；

B.疏挖过程将会影响湖泊水环境原有的水生生态系统，破坏底栖生物的生存环境，影响湖泊水生生态系统的恢复；

C.底泥疏挖后，如果底泥没有得到妥善的处理，底泥中的营养物质、重金属、有毒有害物质有可能被雨水冲刷，随径流进入其他水体，对周边地表水体和地下水体造成二次污染。

②引水冲刷。

引水冲刷是受污染水体修复的一种物理方法，稀释作用、冲刷作用和动水作用是引水工程净化湖泊水体的主要作用。其中，稀释作用是引水工程改善水环境最主要的作用，引水工程通过引入污染物和营养盐浓度较低的清洁水来稀释水体，降低水体中污染物和营养盐的浓度，抑制藻类的生长，有效控制水体富营养化程度；冲刷作用能洗去水体中的藻类，降低藻类生物量，增加水体的透明度；动水作用增强了水体的动力，使水体由静变动，激活水体，增加了水体的复氧能力，从而加强水体的自净能力。

③原位控制技术。

污染底泥原位控制技术主要是在水体内部利用物理、化学或者生物方法减少污染底泥的体积，减少污染物量或降低污染物的溶解度、毒性或迁移性，并抑制污染物释放的底泥污染控制技术，主要包括底泥覆盖、化学钝化、曝气复氧以及生物修复等技术。

底泥覆盖技术主要通过在污染底泥上放置一层或多层覆盖物，实现水体和污染底泥的隔离，阻止底泥污染物向水体释放。覆盖物主要选用未污染的底泥或砂砾、人造材料等。

化学钝化技术主要采用化学试剂将污染物固定在沉积物中，例如投放铝盐、铁盐、石灰石和飞灰等；在富营养化湖泊治理中，最常用的钝化剂主要有硫酸铅和偏硝酸钠，因为硝盐与磷发生络合反应生成的络合物虽十分稳定，但成本偏高。另外，投加钝化剂的生态风险一直饱受争议。

曝气复氧技术是通过人工曝气向处于缺氧/厌氧环境的水体进行复氧，通过增加水体溶解氧含量来提高有机物的好氧分解速率和硝化速率，并氧化底泥中的还原性耗氧物质、促进水生生物生长，降低底泥污染物含量，进而改善水质。

生物修复技术是利用微生物来降解沉积物中的污染物。这一技术主要有添加电子受体和投加工程菌两种手段。添加电子受体实际上是一种化学增氧技术，通过投加硝酸盐类等含氧量高的化合物，改变沉积环境的氧化还原电位，同时补充有机物分解所需氧量，抑制氨、硫化氢等厌氧代谢产物的生成。但添加化学药剂这一处理方式一直以来都难以被公众接受。投加工程菌即在沉积物表面投加具有高效降解作用的微生物和营养物，它以微生物的代谢活动为基础，通过对有毒有害物质进行降解和转化，修复受破坏的生态平衡，以达到治理环境的目的。微生物修复的关键是能针对处理体系中的污染物找到相应的高效降解菌株。有报道显示，黏细菌、中性柠檬酸菌、硝化细菌和玉垒菌组合等能通过释放毒藻素或激发食藻生物的繁殖，达到一定的杀藻或抑藻效果。但也有观点认为，投加外来菌种进行修复时，水体中土著微生物与外来菌种进行生存竞争，导致外来菌种的生物量和生物活性下降，水体净化效果下降。因此，目前越来越多的研究者采用无毒且不含菌的生物制剂对景观水体进行修复，生物制剂可以激活原本已经存在于水体中的微生物，使它们大量繁殖进而治理水体富营养化。

4. 水生生态修复措施

水生生态系统以水生植物为坚实基础构成相互依存的有机整体，包括水体中的微生物、水生植物、水生动物及其赖以生存的水环境。水生植物包括沉水植物、浮叶植物、漂浮植物、挺水植物、湿地植物等，能吸收水体或底泥中的氮、磷等营养物质，吸附、截留（藻类等）悬浮物，同时植物的茎秆、根系附着种类、数量繁多的微生物，具有活性生物膜功能和很强的净化水质能力。另外，沉水植物是整个水体主要的氧气来源，给其他生物提供了生存所需的氧气。水生动物包括鱼、虾、蚌、螺蛳等，它们直接或间接地以水生植物为食，或以水生微生物为食，延长了生物链，增强了生态系统的稳定性。水生微生物包括细菌、真菌和微型动物，它们摄食动、植物的尸体及动物的排泄物，将有机物分解为植物能吸收的无机物，提供植物生长的养料，净化水质。在整个水生生态系统中，水生植物为不同层次的生物提供了生活的空间，也为不同的生物直接或间接地提供了食物，离开了它们，生物链就会变得相当脆弱。稳定的水生生态系统可对水中污染物进行转移转化及降解，使地表水体具有一定的生物自净能力。

水生生态修复是指通过一系列保护措施，最大限度地减缓水生生态系统的退化，将已经退化的水生生态系统恢复或修复到可以接受的、能长期自我维持的、稳定的状态水平。随着水生生态修复理论的不断完善和深入，水生生态修复技术发展较快且不断成熟。为了加速已被破坏的水生生态系统的修复，除依靠水生生态系统本身的自适应、自组织、自调节能力来修复水生生态系统外，还可以通过一些辅助人工措施为水生生态系统的健康运转服务。辅助人工措施通常包括重建干扰前的物理环境条件、调节水和土壤环境的化学条件、减轻生态系统的环境压力、原位处理采取生物修复或生物调控的措施、尽可能保护水生生态系统中尚未退化的组成部分等过程。其中生物生态修复是关键的一环。

水体的生物生态修复技术，是利用培养、接种微生物或培育水生植物和水生动物，对水中污染物进行吸收降解、转化及转移，使水体得到净化的技术。该技术是对自然界自我恢复能力、自净能力的一种强化，具有以下优点。

（1）处理范围广、污染物去除率高、时间短、效果好；

（2）生物生态水体修复的工程造价相对较低，不需耗能或低耗能，运行成本低廉；

（3）属原位修复，可使污染物在原地被清除，操作简便；

（4）不产生二次污染，对周围的环境影响小。

生物生态修复技术分为微生物净化、植物净化、动物净化、生物净化等，就治理水体污染技术发展趋势而言，趋向于多种技术集成。而具体由哪几种技术集成，则要根据治理水域的污染性质、程度、气候、生态环境条件和阶段性或最终的目标而定。在生物生态修复技术中，水生植物的修复尤为重要。

生物生态修复必须和污染源控制相结合，采取的技术线路可归纳为"高强度治污，自然生态恢复"。即先投入大量的物力、财力、人力对河湖流域的污水进行截留并统一进行处理，达标后排放，再利用河湖水体的自我调节机能进行生态修复。在黑臭水体中，除厌氧菌外，其他微生物无法生存。水体生态功能丧失殆尽的河道，则必须先采取生态调水、底泥生态疏浚、人工增氧、生物酶制剂和外源微生物投放等工程措施，改善水体质量，为后续生物生态净水技术的介入创造条件。

董悦、霍姮翠等对中国 2010 年上海世博园区后滩湿地底泥利用沉水植物进行生态修复作了研究。他们利用伊乐藻、狐尾藻、轮叶黑藻、金鱼藻、苦草、微齿眼子菜、菹草、马来眼子菜等沉水植物构建了 5 种不同的沉水植物群落，于 2009 年 8 月至 2010 年 8 月对沉水植物覆盖度与生物量，以及底泥有机质（OM）、总氮（TN）、总磷（TP）的分布与变化进行了动态监测。结果表明：沉水植物群落覆盖度、生物量有明显的季节变化，总体呈升高趋势，且与底泥 OM、TN、TP 呈正相关；底泥经修复后，OM 质量分数、TN 和 TP 质量比分别比背景值降低 61.9%~79.7%、78.7%~83.9%、32.3%~42.7%；底泥有机指数从IV级（有机污染）降至II级（较清洁），降低了水体富营养化的风险；2010 年 8 月，各净化区沉水植物群落数量特征均高于 2009 年 8 月，I 区的伊乐藻、狐尾藻、轮叶黑藻、金鱼藻群落以及 II 区的苦草、金鱼藻、轮叶黑藻对营养物的去除效果较其他净化区显著；底泥 OM 质量分数、TN 质量比在垂直的 0~30 cm 内分布较一致，TP 质量比在 0~15 cm 内降低，在 15~30cm 内升高。研究表明，后滩湿地沉水植物群落系统对底泥营养盐修复效果明显，沉水植物群落逐渐趋于稳定，具有一定的可持续性。

北京市新凤河水环境治理工程是世界银行贷款北京环境二期项目中的一项。该项目在水质保护方面采用了全面、综合的措施，首先对沿河的污水排放口进行了截流和收集，统一输送到黄村污水处理厂进行处理。在水资源日益紧张的情况下，该项目利用了污水处理厂的二级排放水，通过人工湿地进一步进行处理，使其达到了Ⅳ类水质标准，可作为河道补水的水源。结合景观绿化，设立了堤坡过滤带，对顺坡面入河的雨水等污染进行了进一步的渗透过滤。通过底泥疏浚清淤、水生植物种植等措施降低了内源污染，这些措施进一步促进了水生生态修复，取得了良好的效果。

三、滨水空间控制

滨水空间是水系空间向城市建设陆地空间过渡的区域，其主要作用表现在：一是作为开展滨水公众活动的场所来体现其公共性和共享性；二是作为城市面源污染拦截场所和滨水生物通道来体现其生态性；三是通过绿化景观、建筑景观与水景观的交相辉映来展现和提升城市水环境景观质量。因此，完整的城市滨水空间既包括滨水绿化区，也包括必要的滨水建筑区，为有利于明确这两个范围，分别用滨水绿化控制线和滨水建筑控制线进行界定，也就是我们常说的绿线和灰线。

1. 滨水绿化区

对滨水绿化区的宽度进行明确规定比较困难，需要结合具体的地形地势条件、水体及滨水区功能、现状用地条件等多个因素综合确定。具体划定时，可以参照以下的一些研究成果和有关规定。

参照《公园设计规范》关于容量计算的有关规定，人均公园占有面积建议不少于30~60m²，人均陆域占有面积不宜少于30m²，并不得少于15m²。因此，当陆域和水域面积之比为1：2时，水域能够被最多的游人合理利用。该规范还要求作为带状公园的宽度不应小于8m。

沟渠两侧绿化带控制宽度应满足沟渠日常维护管理和人员安全通行的要求，单边宽度不宜小于4 m。

"科技部武汉水专项研究"中水生生态系统方面的研究成果认为：如果滨水绿化区域面积大于水体面积，在没有集中的城市排入污水时，水生生态系统将能够维持自身稳定并呈现多样化趋势。

对于历史文化街区（如周庄、丽江古城）等，由于保护和发扬历史文化的要求，应结合历史形成的现有滨水格局特征进行相应控制。

结合滨水绿化控制线，布局道路可有利于实现滨水区域的可达性和形成地理标识。

有堤防的水体滨水绿线为堤防背水一侧堤角或其防护林带边线。

无堤防的江河滨水绿线与蓝线的距离需满足：水源地不小于300 m，生态保护区不小于江河蓝线之间宽度的50%，滨江公园不小于50m并不宜超过250m，作业区根据作业需要确定。

无堤防的湖泊绿线与蓝线的距离需满足：水源地不小于300 m；生态保护区和风景区绿线与蓝线之间的面积不小于湖泊面积，并不得小于50 m；城市公园绿线与蓝线之间的面积不小于湖泊面积的 50%，并不得小于 30 m 和不宜超过 250 m；城市广场不得小于 10m 并不宜超过 150m；作业区根据作业需要确定。

2.灰线控制

在绿线以外的城市建设区控制一定范围的区域，对该区域的建设提出规划建设控制条件，以符合滨水城市的景观特色要求；该区域的外围控制线即为灰线。灰线的制定主要是从滨水区开发利用的角度来对城市建设进行控制和指导，通过灰线区域的土地利用规划和城市设计，塑造独具特色的滨水城市景观。

灰线一般不宜突破城市主干道；滨河滨湖道路作为城市主干道的，其灰线范围为该主干道离河一侧一个街区；灰线距滨水绿线的距离不小于一个街区，但不宜超过 500m。港渠两侧是否控制灰线可根据实际需要确定，滨渠绿线之间的距离小于 50 m 的可不控制灰线。

第三节　河流形态及生境规划

一、河流形态规划

城市生态河流规划设计中，可根据天然河流的空间形态分类，综合考虑当地自然环境条件与城市总体规划目标的平衡契合，寻求最优设计。天然的河流有凹岸、凸岸，有浅滩和沙洲，它们既为各种生物创造适宜的生境，又可降低河水流速、蓄滞洪水，削弱洪水的破坏力。

河流平面形态设计要满足城市防洪的基本要求，体现河流的自然形态、保护河流的自然要素。设计中，尊重天然河道的形态，师法自然，可根据区域地形特点设计为自然型蜿蜒曲折的形态，创造多样化水流环境，营造城市中的绿色生态环境。多样化的水深条件有利于形成多样化的水流条件，是维持河流生物群落多样性的基础，蜿蜒曲折的河道形式可加强岸边土壤植被、水的密切接触，保证其中物质和能量的循环及转化。

河流横断面设计以自然型河道断面为主，以过洪基本断面为基础，改造为自然断面形态，避免生硬的梯形、矩形断面。河岸两侧布置人行步道和种植带。河边可种植树木，为水面提供树荫，重建常水位生态环境。在合适位置交替布置深潭、浅滩，既可满足过洪要求，又可满足景观效果。

河流纵向上有陡有缓，尽量少设高大的拦河建筑，必须设置时，要为鱼类洄游设置通道，在跌水的地方尽量改造为陡坡。河道纵向断面塑造有陡有缓的河流底坡，尽量放缓边坡，为两栖类生物上岸创造条件。采用生态护岸，为生物创造生长、繁殖空间。河岸上尽量保持 20m 以上的绿化廊道，为生物迁徙提供走廊。

2.生境规划

生境是指生物生存的空间和其中全部生态因子的总和，河流生境又被称为河流栖息地，广义上包含河流生物所必需的多种尺度下的物理、化学和生物特征的总和,狭义上包河流纵向上有陡有缓,尽量少设高大的拦河建筑,必须设置时,要为鱼类洄游设置通道,在跌水的地方尽量改造为陡坡。河道纵向断面塑造有陡有缓的河流底坡,尽量放缓边坡,为两栖类生物上岸创造条件。采用生态护岸,为生物创造生长、繁殖空间。河岸上尽量保持20m以上的绿化廊道,为生物迁徙提供走廊。

二、生境规划

生境是指生物生存的空间和其中全部生态因子的总和,河流生境又被称为河流栖息地,广义上包含河流生物所必需的多种尺度下的物理、化学和生物特征的总和,狭义上包括河床、河岸、滨水带在内的河流的物理结构,包括的基本物质有阳光、空气、水体、土壤、动物、植物、微生物等。

城市河流是城市生态环境的重要组成部分,有水才有生命,有水才有生机。传统水利上讲,河流的主要功能是防洪排涝,随着经济的发展和生活水平的提高,人们意识到河流还有其生态景观、文化和经济价值,河道的功能是多样化的。健康的河流应该有多种水生生物和动植物,能承载一定的环境容量,有自净功能,其形态上蜿蜒曲折,水面有宽有窄,水流有急有缓,而且保持流动。河流良好的水体环境还需要依靠优良的水质作为保障。

传统水利上,多偏重防洪功能,将河流与周边环境割裂开来,为了减小糙率,衬砌了河道。生态水利设计则重新沟通河流、植物、微生物与土壤的关联,河坡上种植树木和植物可以充分地涵养水分,它也增强了河流的自净功能。河坡的生态化改造,对水土保持和洪涝灾害的预防有利。一旦有洪水发生,河坡上的植物和土壤能够最大量的蓄积洪水,避免了水资源的流失,同时也减少了下游洪水的威胁。生态河坡的改造,沟通了水、陆,为动植物的生存和繁衍提供了更恰当的栖息地,并为野生动物穿越城市提供了生物走廊。在不影响防洪的前提下,在河边建一些微地形,可改变河水的流态,使得水流有急有缓,更加接近天然河流的特性;也为水生生物提供庇护场所,是鱼儿产卵的绝佳之地。这些微地形对于增加水中日溶解氧的含量很有帮助,溶解氧的增加对避免水体富营养化有极大贡献。

设计中可采用的多样化生境要素如下。

蜿蜒的岸线——蜿蜒的河岸形成急缓不同流速区。缓流区适合贝、螺类的生长,急流区为某些鱼类提供上溯条件。

浅滩、深潭——浅滩和深潭是构成河流的基本要素。在浅滩和深潭中,分别生活着不同的水生生物,所以浅滩和深潭是形成多样水域环境不可缺少的重要条件。浅滩中由于水流湍急,河床中的细沙被水流冲走,砾石间空隙很大,成为水生昆虫及附着藻类等多种生物的栖息地,而这又吸引了以此为食物的鱼类。同时,浅滩还是一些虾、鱼的产卵地。深潭水流缓慢,泥沙容易淤积,不利于藻类生长,是鱼类休息、幼鱼成长及隐匿的避难所。在冬季,深潭还是最好的越冬地点。大量研究表明,河流浅滩和深潭的位置是相对的,随河流主河槽的摆动而发生相应的变化。

瀑布、跌水——为水体中补充氧气，并可提高河流局部区域空气湿度。但是高差较大的跌水会阻断鱼类洄游的路径，需要考虑为其提供洄游设施，布置鱼道等。

河心洲——自然的河流在激流的出口处会由于泥沙淤积，形成河心洲。河心洲是多种生物栖息生存的安全场所（人类不易到达）。

洄水区、洼地——洄水区和洼地处泥沙淤积、植物繁茂，同样形成与干流不同的水环境，成为喜欢静水和缓慢水流生物的栖息地。

丁坝、巨石——丁坝和巨石改变水流的方向，引导落淤，可以形成河滩洼地和静水区等多样的河道环境。

滩地——滩地是水、岸的过渡带，具备水、土、空气三大要素，是多种生物栖息的场所，更是两栖类动物的通道。

河畔林——河畔林在水面上形成树荫，使河水温度发生微妙的变化，为鱼类等水生生物提供重要的栖息场所。同时，河畔林树叶上还生活着各种昆虫，昆虫偶尔落入水中，是鱼类的重要食物。秋天，枯叶飘落河上，沉积在河底，又成为水生昆虫的筑巢材料和食粮，伸展在水面上的树枝还是食鱼鸟类的落脚点。

水生植物。水生植物为多种动物提供栖息场地和食物，有些还可起到净化水质的作用。常见的净水植物种类有芦苇、香蒲、水葱、灯心草、菖蒲莎草、荆三棱等。

生态堤防护岸一萤火虫通常栖息在植被繁茂、水流清澈的小溪浅滩中，如果河水被污染或者河岸被混凝土固定，萤火虫就无法生存。当然萤火虫生息的地方，也适合青蛙、蜻蜓等小动物的生息。生态堤防护岸有足够的缝隙空间，覆土后可以生长茂密的植被，萤火虫、鱼类会把卵产在这里。

河流生态治理在形态上的设计应本着实事求是、切实可行的原则。在城市周边河流未治理河段，尽量塑造自然型河流，保证形态和生境的多样性。城市内部往往受到区域限制，河流形态布置受限，尽量以生态修复为主。

第四节　水系利用规划

城市水系利用规划应体现保护和利用协调统一的思想，统筹水体、岸线和滨水区之间的功能，并通过对城市水系的优化，促进城市水系在功能上的复合利用，城市水系利用规划应贯彻在保护的前提下有限利用的原则，满足水资源承载能力和水环境容量的限制要求，并能维持水生生态系统的完整性和多样性。

一、水体利用

城市水体对城市运行所提供的功能是多重的，城市水源、航运、滨水生产、排水调蓄、水生生物栖息、生态调节和保育、行洪蓄洪、景观游憩等都是水系可以承担的功能。这些功能应在水系规划中得到妥当的安排和布局，不可偏重某一方面，而疏漏另一方面的发展和布局。应结合水资源条件和城市总体规划布局，按照可持续发展要求，在分析各种功能需求基础上，合理确定水体利用功能。

（一）确定水体功能的原则

在水体的诸多功能当中，首先应确定的是城市水源地和行洪通道，城市水源地和行洪通道是保证城市安全的基本前提，对城市水源水体，应当尽量减少其他水体功能的布局，避免对水源水质造成不必要的干扰。

水生生态保护区，尤其是有珍稀水生生物栖息的水域，是整个城市生态环境中最敏感和最脆弱的部分，其原生态环境应受到严格的保护，应严格控制该部分水体承担其他功能，确需安排游憩等其他功能的，应做专门的环境影响评价，确保这类水的生态环境不被破坏。

位于城市中心区范围的水体往往是城市中难得的开敞空间，具有较高的景观价值，赋予其景观功能和游憩功能有利于形成丰富的城市景观。确定水体的利用功能应符合下列原则。

1. 符合水功能区划要求；

2. 兼有多种利用功能的水体应确定其主要功能，其他功能的确定应满足主要功能的需求；

3. 应具有延续性，改变或取消水体的现状功能应经过充分的论证；

4. 水体利用必须优先保证城市生活饮用水水源的需要，并不得影响城市防洪安全；

5. 水生生态保护范围内的水体，不得对其安排对水生生态保护有不利影响的其他功能；

6. 位于城市中心区范围内的水体，应保证其必要的景观功能，并尽可能安排游憩功能。

同一水体可能需要安排多种功能，当这些功能之间发生冲突时，需要对这些功能进行调整或取舍，应通过技术、经济和环境的综合分析进行协调，一般情况下可以先进行分区协调，尽量满足各种功能布局需要；当分区协调不能实现时，需要对各种功能需求进行进一步分析，按照水质、水深到水量的判别顺序逐步进行筛选，并符合下列规定。

1. 可以划分不同功能水域的水体，应通过划分不同功能水域实现多种功能需求；

2. 可通过其他途径提供需求的功能应退让无其他途径提供需求的功能；

3. 水质要求低的功能应退让水质要求高的功能；

4. 水深要求低的功能应退让水深要求高的功能。

（二）水体水位控制

一般情况下，水位处于不断的变化之中，水位涨落对城市周边的建设，特别是对周边城市建设用地基本标高的确定有重要的影响，故水位的控制是有效和合理利用水体的重要环节。江、河等流域性水体，以及连江湖泊、海湾，应将水文站常年监测的水位变化情况，统计的水体历史最高水位、历史最低水位和多年平均水位，以及防洪排涝规划要求的警戒水位、保证水位或其他控制水位，作为编制水系规划和确定周边建设用地高程的重要依据。

同时应符合下列规定。

1.已编制防洪、排水、航运等工程规划的城市，应按照工程规划的成果明确相应水体控制水位；

2.工程规划尚未明确控制水位的水体或规划功能需要调整的水体，应根据其规划功能的需要确定控制水位。必要时，可通过技术经济比较对不同功能的水位和水深需求进行协调。

常水位控制：有些城市水系规划喜欢把常水位确定得比较高，以减小水面和堤顶或地面的高差，从而利于亲水或呈现更好的景观效果。水系规划中确定常水位时需要注意，常水位并非越高越好，需要结合现状地形条件、周边规划高程、防洪要求等综合确定，特别是需要修建堤防的河流，常水位一般不宜高于洪水位，以免人为造成安全隐患；一般水系规划中应要求雨污分流，但对于一些老城区，无法实现雨污分流，对某些水体有纳污要求时，常水位的确定还要考虑污水排放的要求。为保证常水位的稳定，一般需要规划雍水建筑物，建筑物的形式一般以溢流式为主，在有防洪要求的河道，应选择启闭快速、灵活的闸门形式，以保证防洪安全。

调蓄水位：在水位确定中，当水体有调蓄要求时，调蓄水体的水位控制至关重要，通常应在其常水位的基础上进行合理确定，但也必须同时充分考虑周边已建设用地的基本标高情况。一般情况下，调蓄水体与城市排水管网相通，如要起到调蓄的作用，必须使城市雨水和污水能够顺利排入水体，由于城市的排水管网覆土一般不小于1~1.5 mm，因此调蓄水体的最高水位应低于城市建设标高1.5 m以上，才能满足一般的调蓄需要。

行洪（排涝）水位：当城市河道有防洪排涝要求时，河道满足某一规划标准的防洪排涝水位应尽可能满足其承担防洪排涝片区的雨水汇入。当个别雨水管网不能汇入，可能形成局部倒灌时，应与雨水规划协调设置强排措施。

江、河等流动性较强的水体，以及规模较大的湖泊、水库等水体，其水位就比较难以控制。对于这种水体，根据水文站常年监测的水位变化情况，明确水体的历史最高水位、历史最低水位和多年平均水位三种水位情况，以利于周边建设用地的建设标高等指标的确定。

（三）城市水功能区划和水质管理标准

1.水功能区划

水功能区是指为满足水资源合理开发利用、节约和保护的需要，根据水资源的自然条件和开发利用现状，按照流域综合规划、水资源保护和社会发展要求，依其主导功能划定范围并执行相应的水环境质量标准的水域。

我国水功能区划分为两级，一级水功能区包括保护区、保留区、开发利用区、缓冲区。二级水功能区是对一级水功能区中的开发利用区进一步划分，划分为饮用水水源区、工业用水区、农业用水区、渔业用水区、景观娱乐用水区、过渡区、排污控制区。

2.各级水功能划区条件及应执行的水质标准

（1）一级水功能区

保护区的划区应具备以下条件。

①国家级和省级自然保护区范围内的水域或具有典型生态保护意义的自然环境内的水域；

②已建和拟建（规划水平年内建设）跨流域、跨区域调水工程的水源（包括线路）和国家重要水源地的水域；

③重要河流的源头河段应划定一定范围水域以涵养和保护水源。保护区水质标准应符合现行国家标准《地表水环境质量标准》GB 3838 中的Ⅰ类或Ⅱ类水质标准，当由于自然、地质原因不满足Ⅰ类或Ⅱ类水质标准时，应维持现状水质。

保留区的划区应具备以下条件。

①受人类活动影响较少，水资源开发利用程度较低的水域；

②目前不具备开发条件的水域；

③考虑可持续发展需要，为今后的发展保留的水域。保留区水质标准应符合现行国家标准《地表水环境质量标准》GB3838 中的Ⅲ类水质标准或应按现状水质类别控制。开发利用区的划区条件应为取水口集中、取水量达到区划指标值的水域。由二级水功能区划相应类别的水质标准确定。

缓冲区的划区应具备以下条件。

①跨省（自治区、直辖市）行政区域边界的水域；

②用水矛盾突出的地区之间的水域。缓冲区水质标准应根据实际需要执行相关水质标准或按现状水质控制。

（2）二级水功能区

饮用水水源区的划区应具备以下条件。

①现有城镇综合生活用水取水口分布较集中的水域，或在规划水平年内为城镇发展设置的综合生活供水水域；

②每个用户取水量不小于取水许可管理规定的取水限额。饮用水水源区的一级保护范围按Ⅱ类水质标准，二级保护范围按Ⅲ类水质标准进行管理。Ⅱ类水质标准的功能区应设置在已有和规划的生活饮用水一级保护区内，该区范围为：集中取水口的第一个取水口上游 1000 m 至最末取水口的下游 100 m；潮汐水域上、下游均为 1000 m；湖泊、水库的范围为取水口周围 1 000 m 范围以内。Ⅲ类水质标准的功能区应设置在现有和规划生活饮用水二级保护区范围内，生活饮用水二级保护区的下游功能区界应设置在生活饮用水一级保护区、珍贵鱼类保护区、鱼虾产卵场水域下游功能区界上，其功能区范围为根据水域下游功能区界处的水质标准，采用水质模型反推至上游水质达到Ⅲ类功能区水质标准中类标准最高浓度限值时的范围。也可根据水质常年监测资料，综合分析评价后确定Ⅲ类水质标准的功能区范围。湖泊和水库的饮用水二级保护区设置在一级保护区外 1000m 范围。

工业用水区的划区应具备以下条件。

①现有工业用水取水口分布较集中的水域，或在规划水平年内需设置的工业用水供水水域；

②每个用户取水量不小于取水许可管理规定的取水限额。

工业用水区按Ⅳ类水质标准进行管理，Ⅳ类水质标准的功能区应设置在工业用水区已有或规划的工业取水口上游，以保证取水口水质能达到Ⅳ类水质标准。

农业用水区的划区应具备以下条件。

①现有农业灌溉用水取水口分布较集中的水域，或在规划水平年内需设置的农业灌溉用水供水水域；

②每个用水户取水量不小于取水许可实施细则规定的取水限额。

农业用水区水质标准应符合现行国家标准《农业灌溉水质标准》GB 5084 的规定，也可按现行国家标准《地表水环境质量标准》GB 3838 中的Ⅴ类水质标准确定。Ⅴ类水质标准的功能区设置在已有的农业用水区，其范围为农业用水第一个取水口上游 500 m 至最末一个取水口下游 100 m 处。

渔业用水区的划区应具备以下条件。

①天然的或天然水域中人工营造的鱼、虾、蟹等水生生物养殖用水水域；

②天然的鱼、虾、蟹、贝等水生生物的重要产卵场、索饵场、越冬场及主要洄游通道涉水的水域。

渔业用水区水质标准应符合现行国家标准《渔业水质标准》GB 11607 的有关规定，也可按现行国家标准《地表水环境质量标准》GB3838 中的Ⅱ类或Ⅲ类水质标准确定。

景观娱乐用水区的划区应具备以下条件。

①休闲、娱乐、度假所涉及的水域和水上运动场需要的水域；

②风景名胜区所涉及的水域。

景观娱乐用水区水质标准应符合现行国家标准《地表水环境质量标准》GB 3838 中的Ⅲ类或Ⅳ类水质标准。

排污控制区是指生产、生活废污水排污口比较集中的水域，且所接纳的废污水对水环境不产生重大不利影响。排污控制区的划区应具备以下条件。

①接纳废污水中的污染物为可稀释降解的。

②水域稀释自净能力较强，其水文、生态特性适宜于作为排污区。

排污控制区应设置在干、支流的入河排污口或支流汇入口所在区域，城市排污明渠、利用污水灌溉的干渠，入河排污口所在的排污控制区范围为该河段上游第一个排污口上游 100m 至最末一个排污口下游 200m。排污控制区的水质标准应按其出流断面的水质状况达到相邻水功能区的水质控制标准确定。

过渡区的划区应具备以下条件。

①下游水质要求高于上游水质要求的相邻功能区之间；

②有双向水流，且水质要求不同的相邻功能区之间。

过渡区水质标准应按出流断面水质达到相邻功能区的水质目标要求确定。

二、岸线利用

岸线是指水体与陆地交接地带的总称。有季节性涨落变化或者潮汐现象的水体，其岸线一般指最高水位线与常水位线之间的范围，水系岸线按功能可分为生态性岸线、生产性岸线和生活性岸线。生态性岸线是指为保护城市生态环境而保留的自然岸线，生产性岸线是指工程设施和工业生产使用的岸线，生活性岸线是指提供城市游憩、居住、商业、文化等日常活动的岸线。

岸线利用应确保城市取水工程需要。取水工程是城市基础设施和生命线工程的重要组成部分，对取水工程不应只包括近期需求，还应结合远期需要和备用水源一同划定，及早预留并满足远期取水工程对岸线的需求。

生态性岸线往往支撑着大量原生水生生物甚至是稀有物种的生存，维系着水生生态系统的稳定，对以生态功能为主的水域尤为重要，故在确定岸线使用性质时，应体现"优先保护，能保尽保"的原则，对具有原生态特征和功能的水域随对应的岸线优先划定为生态性岸线，其他的水体岸线在满足城市合理的生产生活需要的前提下，尽可能划定为生态性岸线。

生态性岸线本身和其维护的水生生态区域容易受到各种干扰而出现退化，除需要有一定的规模以维护自身动态平衡外，还需要尽可能避免被城市建设干扰，这就需要控制一个相对独立的区域，限制或禁止在这个区域内进行城市建设活动。划定为生态性岸线的区域应符合《城市水系规划规范》的强制性条文规定，即划定为生态性岸线的区域必须有相应的保护措施，除保障安全或取水需要的设施外，严禁在生态性岸线区域设置与水体保护无关的建设项目。

生产性岸线易对生态环境产生不良的影响，在生产性岸线布局时，应尽可能提高使用效率，缩减所占用的岸线长度，并在满足生产需要的前提下尽量美化、绿化，形成适宜人观赏尺度的景观形象。生产性岸线的划定，应坚持"深水深用，浅水浅用"的原则，确保深水岸线资源得到有效利用，生产性岸线应提高使用效率，缩短长度，在满足生产需要的前提下，充分考虑相关工程设施的生态性和观赏性。

生活性岸线多布置在城市中心区内，为城市居民生活最为接近的岸线，因此生活性岸线应充分体现服务市民生活的特点，确保市民尽可能亲近水体，共同享受滨水空间的良好环境。生活性岸线的布局，应注重市民可以达到和接近水体的便利程度，一般平行岸线的滨水道路是人群接近水体最便利的途径，人们可以沿路展开亲水、休憩、观水等多项活动，水系规划应尽量创造滨水道路空间。生活性岸线的划定，应结合城市规划、用地布局，与城市居住和公共设施等用地相结合。水体水位变化较大的生活性岸线，宜进行岸线的竖向设计，在充分研究水文地质资料的基础上，结合防洪排涝工程要求，确定沿岸的阶地控制标高，满足亲水活动需要，并有利于突出滨水空间特色和塑造城市形象。

三、水系改造

水是城市活的灵魂，进行合理的城市水系改造，能使城市特色更加鲜明功能更加健全，有利于实现城市可持续发展目标。建设部仇保兴副部长在 2005 年首届城市水景观建设和水环境治理国际研讨会上曾着重指出，错误的城市水系改造是城市特色、功能退化的主因之一，城市水系改造要走科学之路。城市水系是社会——经济——自然复合的生态系统，对一个城市的水系的设计要上溯及历史文化和经济社会的渊源，下放眼未来，来构建城市的独特性和可持续发展能力。水系改造应遵循一些基本原则，避免盲目改造。

《城市水系规划规范》中提出了水系改造应遵循的原则。

水系改造应尊重自然、尊重历史、保住现有水系结构的完整性，水系改造不得减少现状水域面积总量。

水系改造应有利于提高城市水系的综合利用价值，符合区域水系各水体之间的联系，不宜减小水体涨落带的宽度。

水系改造应有利于提高城市防洪排涝能力，江河、沟渠的断面和湖泊的形态应保证过水流量和调蓄库容的需要。

水系改造应有利于形成连续的滨水公共活动空间。

规划建设新的水体或扩大现有水体的水域面积，应与城市的水资源条件和排涝需求相协调，增加的水域宜优先用于调蓄雨水径流。

一些城市的水系改造中增加了水系的连通，以促进水体循环和水资源利用，取得了较好的效果。但是也存在一些盲目的连通，特别是在行洪河道中增加的十字交叉的四通型连通，给水流的控制和河道管理带来了不便，应尽量避免。

当前，城市水系的综合治理和改造越来越受到重视。许多城市制定专项规划，重整城市水系，实现江、河湖泊的水系连通，取得了许多成功经验。

1. 明尼阿波利斯公园体系（Minneapolis Park System）

明尼阿波利斯（Minneapolis）位于美国中部明尼苏达州，是密西西比河航线顶端的人口港，东与州首府圣保罗市隔河相望，两市合称"双子城"（Twin Cities）。明尼阿波利斯的历史与经济发展都与水密切相关，"Minne"在印第安语中意为"河流"，"apolis"在希腊语中意为"城市"。正如这一名称所示，明尼阿波利斯拥有丰富的水资源，全市分布有20 多处湖泊和湿地，以及密西西比河、众多的溪流与瀑布，水域面积为 58.4 平方英里（约151.3km²），占市域总面积的 6%。

早在 1883 年，明尼阿波利斯市议会就成立了第一届明尼阿波利斯公园和休闲委员会（Minneapolis Park and Recreation Board，简称 MPRB），并请当时著名的景观设计师克里夫兰（Horace w.s.Cleveland）制定公园体系的总体规划。克里夫兰是美国公园运动的先驱之一，他的设计原则是"一定要使最初的设计和布局展现出来这里的本质特征，而这种需要并不是通过装饰和装潢就可以弥补的"。他把"水"作为重要的自然特色和设计的核心，设计了一个线形的开放空间系统，沿密西西比河两岸修建宽阔的林荫道，与南部的明尼哈哈瀑布相接，并向西延续，将明尼哈哈河沿线的小溪和湖泊组成的天然水系串联起来，形成一个"大环"（Grand Rounds）和连续的园路（Parkway）。园路包括人行/慢跑道，自行/轮滑道和机动车道，连接了湖泊、密西西比河滨和居民区、商业区。实际上，除了哈里特湖（Lake Harriet），大多数湖泊当时已经干涸和淤塞。这些湖泊被清淤、深挖，或重新改变形状和创造新的湿地，湖泊水位由管道、泵站和渠道组成的排水系统控制，并连接密西西比河。当其他城市正忙于填湖造地之时，明尼阿波利斯却完整保留了超过1 000英亩（1英亩=4047 m²，下同）的湖泊和公园。1906~1935年，继克里夫兰之后，公园监管者西奥多·沃思（Theodore Wirth）负责完成克里夫兰提出的公园系统，他疏浚湖泊、整理堤岸、控制洪泛、增加铺装，购买了数千英亩的公园用地，将许多社区公园吸收到原有的公园系统中，并将"大环"向北一直延伸到市中心北面的密西西比河，为最终形成完整的环状公园体系奠定了基础。

现在的公园体系成为明尼阿波利斯引以为豪的"城市名片"，是城市的绿肺、市民最喜爱的休闲活动场所。总面积超过6400英亩（约2 600 hm²），4 800英亩（约1940 hm²）陆地和1 600英亩（约650 hm²）水面，有14条连接廊道、12个湖泊公园、9处历史建筑古迹、70个邻里公园、11个各种主题花园、2个鸟类禁猎区。公园由密西西比河两岸大部分滨水区和三条重要的支流构成，由一个约60英里（约1600 m）长的"大环"园路串联起来。这个环线还连接了49个休闲和社区中心、7个高尔夫球场、2个溜冰场、4个游泳池、2个水上乐园和6个轮滑场等众多游憩设施。其中，"湖链"区是公园体系7个主题区的精华，主要由哈里特湖（Lake Harriet）、卡尔霍恩湖（Lake Calhoun）、群岛湖（Lake of the Isles）及雪松湖（Lake Cedar）组成。哈里特湖景色秀美，水质清澈，是极受欢迎的野餐目的地，以家庭活动为主题特色；卡尔霍恩湖水面开阔，以运动为主题，是水上、冰上运动的乐园；群岛湖原为湿地，经过疏浚并与卡尔霍恩湖连通后形成岛湖，被作为鸟类禁猎区；雪松湖因其岸边生长的铅笔柏而得名，湖岸边大量的浅水植物使之充满野趣。湖沿岸大都设有园路，与周边社区道路融为一体，从城市的任何地方都可以快捷地进入。同时，各种花园、运动场地、休闲设施等因地制宜地布置在风景公路沿线，以便最大限度地向公众开放。

2. 桂林"两江四湖"环城水系改造

桂林是闻名遐迩的风景游览城市和全国首批历史文化名城。水是桂林的城市之魂、城市之命脉。宋代即有"桂林山水甲天下"及"千峰环野立，一水抱城流"的千古佳句。随着历史的变迁和经济的发展，桂林的城市水系遭到严重破坏，水质污染严重。

为了改善城市水环境，突出城市特色，桂林市决定大做水文章，于1998年正式启动了开挖水道，沟通漓江、桃花江与内湖（桂湖、榕湖、杉湖及木龙湖）的环城水系改造工程，即"两江四湖"工程。通过开挖木龙湖、内湖清淤截污、引水入湖、修建生态护岸和防洪排涝工程、拆除水系周边旧房，以及恢复整理文物古迹、配置园林绿化景观等一系列的环境综合整治,将市中心的四湖和漓江、桃花江两江贯通,形成中心城区的环城水系。由于"四湖"与漓江、桃花江水面的高差分别为 3.5 m 和 4.5 m,在木龙湖、榕湖、桃花江等 3 个出口分别兴建了木龙潮升船机、春天湖船闸和象山升船机,将两江与四湖连通,以提升四湖水位;拆除原"四湖"上的 8 座旧桥,重建 10 座不同建筑结构形式和风格的新桥,实现了全线通航。

原来的湖泊被改建为各具特色的公园。桂湖在历史上是宋代城西护城河,以植物为主题,是集名树、名花、名草名园、名桥于一体的博览园;榕湖与杉湖为宋代南护城河,沿岸有大量的历史建筑和名人故居,具有浓厚的人文氛围;木龙湖依托宋代东镇门、宋城墙遗址等历史人文景观,自然山水与历史文化相融合;而漓江、桃花江犹如一幅百里画卷,展现了桂林的秀美山水和人文民风。"两江四湖"环城水系使"死水"变"活水",从根本上改善了内湖水环境质量,水质从劣Ⅴ类提高到Ⅲ类,不仅满足了环境要求,而且实现了环城水系的水上通航,使桂林城市中心区真正形成了"人在城中、城在景中、城景交融"的格局。

"两江四湖"城市水系改造成功后,市中心区优美的生态环境立即在全国旅游界引起了反响,桂林在国内外的旅游知名度进一步得到了提高。同时,桂林市也获得多项殊荣。2005 年,"两江四湖"荣获国家 4A 级景区、广西十佳景区称号。"两江四湖"夜游是除漓江外桂林最大亮点之一,且夜游"两江四湖"已经成为桂林市夜游市场的新的品牌代表。

3.武汉"六湖连通"水系改造

武汉地处长江与汉水交汇处,历史上曾是云梦泽国,素有"百湖之市"的美誉,有着独特的城市特色和景观。由于局部经济利益驱动和保护意识淡薄,蚕食和破坏湖泊的现象时有发生,造成水系分割、功能萎缩、水污染严重,临湖建设问题突出,武汉正面临着"优于水而忧于水"的尴尬境地。

从 20 世纪 80 年代起,武汉市从种草养鱼到截污清淤,从污水处理到湿地建设,经历了曲折发展的治水历程。在此过程中人们逐渐认识到,保护利用湖泊的根本在于注重水生生态功能的修复和水环境的综合治理,应在修复措施、自然重塑、人文彰显等方面进行多元开发,发挥湖泊的复合功能。2003 年,武汉市将"以水治水、引江入湖"列为国家重大科技专项"武汉水专项"的一个重要课题,申请在湖泊资源丰富的汉阳地区开展"水污染控制技术与治理工程"的技术研究和示范工程。

汉阳地区原有大小湖泊 30 多个,现尚有月湖、莲花湖、墨水湖等 13 个自然湖泊。

"六湖连通"水系网络规划改造现有 8 条明渠,新建 8 条明渠,总长共计 45.8 km,将墨水湖、南太子湖、北太子湖、龙阳湖、三角湖后官湖等 6 个天然湖泊连接贯通,形成纵横交错的河网水系。内部河网水系通过墨竹港连通后官湖,通过琴断口小河连通汉水,通过东风闸和东风泵站连通长江,形成"襟江带湖"的内外连通水系。其中,墨水湖规划为市级公园,是主城区的生态中心,是"六湖连通"云梦泽水文化的重要组成部分;龙阳湖规划为市级公园,以生态绿化功能为主,形成环境优美的湿地公园和都市休闲度假基地;

北太子湖规划为区级公园，是三环线生态隔离廊道的重要组成部分；南太子湖规划为市级体育公园，为康体娱乐旅游区；三角湖规划为市级公园，为休闲度假区；后官湖规划为都市发展区六大生态绿楔之一，是环城游憩带的重要休闲度假区。同时，在六湖地区共布置了 109 座桥梁，将开通水上旅游线路。

"六湖连通"及生态修复工程自 2005 年启动以来，已新建、改造节制闸、桥梁、渠道；完成水体修复和各类湿地恢复；完成琴断小河 4 km 水上生态游示范段，初步形成了"六湖连通"雏形。"六湖连通"为武汉水环境治理和水景观建设指明了方向，不仅可借长江、汉江活水，以动治静、以清释污、以丰补枯，实现江湖互通，缓解城市水质型缺水矛盾，也能为市民提供多样化的游憩空间，形成各具特色的滨水景观，促进武汉水文化发展。该项目完全实施后，将实现"一船摇遍汉阳"的美妙设想。

四、滨水区利用规划

城市滨水区有赖于其便捷的交通条件和资源优势，易于人口和产业集聚，历来都是城市发展的起源地。滨水区作为城市中一个特定的空间地段，其发展状况往往与城市所处区位、城市化阶段以及当地城市发展战略紧密相关。水的功能从起初仅满足人类的农业生产、生活需要，到工业化时代依托水岸线进行工业布局，再到后工业化时代承载城市景观生态系统服务、水文化、游憩功能等，体现了滨水区功能的多样化。

20 世纪 70~80 年代，世界许多城市在建设潮流中，滨水区的建设与城市地位、竞争力和形象联系在一起，滨水地区受到前所未有的重视。北美率先有了城市滨水区的更新，随后这一潮流蔓延至全球各地。现代的滨水城市在世界城市滨水区更新的大潮下，需要对滨水区域传统的发展模式进行反思，立足于给这些区域带来新的活力的基点上，对滨水区进行更新。

在国内，近代以来，工业生产一直在国内的城市中成长壮大。尤其是新中国成立后的几十年间，工业的进程大大加快，许多城市的滨水区域成为传统工业的聚集地。改革开放后，中国的城市发展方式也开始向西方的现代城市转型，滨水区开发建设成为各级中心城市挖掘潜在价值、建立形象和提高竞争力的共同手段。

在滨水区开发中，最尖锐的一对矛盾就是开发与保护的矛盾，这一矛盾以环境保护和开发效益表现最为激烈。同时还贯穿着人与自然、政府与市场的相互作用，总体上把这一各方关注的焦点变为各方利益旋涡的中心。

我国的滨水区建设在实践中既取得了很好的效果，也存在着许多问题，甚至失误。主要有以下几个方面。

1. 近年来，随着城市建设和房地产的升温，滨水区以其优越的地理环境和潜在的升值空间，成为众多开发商争夺的热门地块，掠夺性的瓜分使滨水区的土地资源十分紧张，可以留给城市公共空间的土地日渐稀少，用地的稀缺又带来开发强度过高的后果，高楼大厦造成视线不通畅、空间轮廓线平淡，抢景败景现象严重。

2. 许多城市滨水区规划滞后，不能发挥规划的引导作用，各地块独立开发，缺乏有机联系，配套设施自成一套，且多处于低水平状态。这种状况降低了滨水区的整体价值，并且改造成本过高。尤其体现在外部交通联系不便和内部缺乏整体性设计。

3. 大部分的滨水区驳岸注重防洪安全而缺乏生态保护。很多城市河道采用了混凝土、砌石等硬质驳岸，对防洪安全起到重要作用，但却缺乏生态保护。硬质的驳岸阻断了河流与两岸的水、气的循环和沟通，使植被和水生生物丧失了生长、栖息和繁殖的环境，造成了驳岸生物资源的丧失和生态失衡。

4. 城市水体是一个相互连通的系统，在整体水系没有得到系统治理、外围水体水质较差的情况下，城市中心区内的水质基本难以保证。水体的污染和富营养化成为城市水体的新难题，而水质状况直接影响着滨水区的形象和品质。

5. 景观水体往往与自然界中的大水体相连，水位受水体涨落的影响非常大，亲水平台的设计受到制约，常常达不到预想的效果，甚至留下安全隐患。

6. 城市滨水区的改造总是不可避免地要面对老旧的历史建筑和传统空间，大部分改造往往忽视了城市的历史文化传承，大量的拆除、破坏，通过改造焕然一新，但是城市历史的痕迹、记忆也被匆匆抹去，不可能恢复。

7. 城市水体是市民共有的财富，然而在实施过程中，滨水地块的开发商经常将水岸纳入自己私有的领域内，造成滨水公共开放空间的割断。

这些滨水区在建设中出现的问题，究其原因，既有市场无序的因素，也有城市综合管理不力的原因。从滨水区建设的角度看，首先滨水区应有一个统一的规划，避免混乱无序的开发；其次，滨水区规划应是一个系统的规划，要在规划中解决防洪、生态、建设的矛盾和各方控制的要求。应严格按照规划设计管理的相关法律法规，对涉及跨领域跨行政管辖区的部分问题，要由政府统一协调。

从功能角度看，滨水区可以划分为生态型、居住型、商办型、休闲娱乐型和码头广场型。滨水区可由这些功能区单一构成，也可由多种功能复合形成。多种功能的混合带来十分复杂的相关因素，如滨水区的开放性、环境的生态性、绿地系统的构成、景观视线通廊、水岸型式、城市天际线、交通、防汛、亲水平台等。

众多的相关因素使滨水区规划设计显得千头万绪，这些因素之间有的相互包容、有的相互矛盾，梳理好这些要素是规划设计重要的前期工作。在滨水区的利用规划中应综合系统地考虑上述众多要素，避免顾此失彼和考虑缺项的问题。

第五节　涉水工程协调规划

涉水工程主要包括对水系直接利用或保护的工程项目，如给水、排水、防洪排涝、水污染治理、再生水利用，综合交通、景观游憩和历史文化保护等工程，这些工程往往都已经有了相对完备的规划或设计规范，但不同类别的工程往往关注的仅是水系多个要素中的一个或几个方面，需要在城市水系保护与利用的综合平台上进行协调，在城市水系不同资源特性的发挥中取得平衡，也就是要有利于城市水系的可持续发展和高效利用。从水系规划的角度，在协调各工程规划内容时，一是从提高城市水系资源利用效率角度对涉水工程系统进行优化，避免由于一个工程的建设使水系丧失其应具备的其他功能；二是从减少不同设施用地布局矛盾的角度，对各类涉水工程设施的布局进行调整。涉水工程各类设施布局有矛盾时，应进行技术、经济和环境的综合分析，按照"安全可靠、资源节约、环境友好、经济可行"的原则调整工程设施布局方案。

一、饮用水源工程与城市水系的协调

饮用水源包括地表水源和地下水源，是城市的水缸，必须保证其不被污染。

在保护区一定范围内上下游水系不得排放工业废水、生活污水，不得堆放生活垃圾、工业废料及其他对水体有污染的废弃物，水源地周围农田不能使用化肥、农药等，有机肥料也应控制使用。

取水口应选在能取得足够水量和较好的水质，不易被泥沙淤积的地段。在顺直河段上，应选在主流靠近河岸、河势稳定、水位较深处，在弯曲河段，应选在水深岸陡、泥沙量少的凹岸。

水源地规划还应考虑取水口附近现有的构筑物，如桥梁、码头、拦河闸坝、丁坝、污水口以及航运等对水源水质、水量和取水方便程度的影响。

二、防洪排涝工程与城市水系的协调

防洪排涝功能是城市水系最重要的功能，在规划中，要在满足防洪排涝安全的基础上，兼顾城市水系的其他功能。

在规划防洪工程设施时，应本着统筹规划、可持续发展的原则，把整个城市水系作为一个系统来考虑，来合理规划行洪、排洪、分洪、滞蓄等工程布局。在防洪工程规划中，应尽量少破坏或不破坏原有水系的格局，做到既满足城市防洪要求，又不致破坏城市生态环境，应大力倡导一些非工程的防洪措施。

排涝工程是利用小型的明渠、暗沟或埋设管道，把低洼地区的暴雨径流输送到附近的主要河流、湖泊。暴雨径流出口可能和外河高水位遭遇，使水无法排出而产生局部淹没。这就需要在规划中协调二者之间的关系，在规划中，尽可能通过疏挖等方式使排洪河道满足一定的排涝标准。当不能满足时，应提出防洪闸或排涝泵站的规划。布置排水管网时，应充分利用地形，就近排放，尽量缩短管线长度，以降低造价。城市排水应采取雨污分流制，禁止把生活污水或工业废水直接排入自然水体。

三、水运路桥工程与城市水系的协调

1. 滨水道路与城市水系的协调

滨水道路往往沿着城市河流、湖泊的岸线布置道路可布置在地方内侧、外侧及堤顶。滨水道路往往利用河流、湖泊的自然条件，辅助以绿化和景观，设计为景观道路。滨水道路分为车行道和人行道，考虑到汽车尾气及噪声对水体环境的污染，以及道路的安全，车行道往往距离岸线较远。若河流承担生态廊道的功能，车行道的位置则应满足生态廊道的宽度要求，尽量布置在生态廊道宽度之外，避免对生态廊道造成干扰。人行道则可以设置在离水近的地方，甚至是内侧，以增强亲水性。人行道可以结合景观与滨水活动广场水面游乐设施等统一规划布置。

2. 跨水桥梁与城市水系的协调

在规划跨水桥梁时，应尽量布置在水面较窄处，避开险滩、急流、弯道、水系交汇口、港口作业区和锚地。桥梁尽量与河流正交，城市支路不得跨越宽度大于道路红线2倍的水体，次干道不宜跨越宽度大于道路红线4倍的湖泊，桥下通航时，应保证有足够的净空高度和宽度。

3. 码头港口与城市水系的协调

港口选址与城市规划布局、水系分布、水面宽、水体深度、水的流速和流态、岸线的地质构造等均有关系，海港位于沿海城市，应布置于有掩护的海湾内或位于开敞的海岸线上，最好是水深岸陡、风平浪静处。河港位于内地沿河城市，应布置于河流沿岸，内港码头最好采用顺岸式布置，尽量避免突堤式或挖入式带来的影响河流流态、泥沙淤积等问题。海港码头则可根据需要布置成各种形式。

4. 航道、锚地规划与城市水系的协调

我国内河航运发展的战略目标是"三横一纵两网十八线"。航道的发展应与规划发展目标一致。我国各地的航道标准和船型还没有完全统一，随着水运的发展，各大水系会相互衔接，江河湖海会相互连通，形成四通八达的水运体系。因此，需要及早统一航道标准和优化船型。目前，我国很多航道标准较低，需要运用各种措施，通过对水系的治理，提高城市通航能力。

四、涉水工程设施之间的协调

取水设施的位置应考虑地质条件、洪水冲刷和其他设施正常运行产生的水流变化等对取水构筑物安全的影响，并保证水质稳定，尽可能减少其他工程设施运行中对水质的污染。取水设施不得布置在防洪的险工险段区域及城市雨水排水口、污水排水口、航运作业区和锚地影响区域。

污水排水口不得设置在水源地一级保护区内，设置在水源地二级保护区内的排水口应

满足水源地一级保护区水质目标的要求。当饮用水源位于城市上游或饮用水源水位可能高于城市地面时，在规划保护饮用水源的同时应考虑防洪规划。

桥梁建设应符合相应防洪标准和通航航道等级的要求，不应降低通航等级，桥位应与港口作业区及锚地保持安全距离。

航道及港口工程设施布局必须满足防洪安全要求。航道的清障与改线、港口的设置和运行等工程或设施可能对堤防安全造成不利影响，需要进行专门的分析，在确保堤防安全及行洪要求的前提下确定改造方案。

码头、作业区和锚地不应位于水源一级保护区和桥梁保护范围内，并应与城市集中排水口保持安全距离。

在历史文物保护区范围内布置工程设施时，应满足历史文物保护的要求。

第三章　城市水生态系统

第一节　城市化的水文效应

城市化水文效应是一个公众尚未熟知的概念，它是指在快速城市化区域，屋顶和硬质地面等不渗透面积的大幅增加，导致该地区的雨水汇流特征改变的现象，表现为洪水总量增多、洪峰流量加大、洪水汇流时间缩短。这是快速城市化引起的可预见的生态变化之一。

一、城市化对水分循环过程的影响

水分的蒸发凝结降落（降雨）、输送（径流）循环往复运动过程称水分循环。天然流域地表具有良好的透水性，雨水降落时，一部分被植物截留蒸发，一部分降落地面填洼，一部分下渗到地下，涵养在地下水水位以上的土壤孔隙内和补给地下水，其余部分产生地表径流，汇入受纳水体。据北美洲安大略环境部资料记载，城市化前，天然流域的蒸发量占降水量的40%，入渗地下水量占50%。城市化后，由于人类活动的影响，天然流域被开发，植被遭破坏，土地利用状况改变，自然景观受到深刻的改造，混凝土建筑、柏油马路、工厂区、商业区、住宅区、运动场、停车场街道等不透水地面大量增加，使城市的水文循环状况发生了变化。降水量增多，但渗入地下的部分减少，只占降水量的32%，填洼量减少，蒸发减少为25%，而产生地面径流的部分增大，由地表排入地下水道的地表径流量占降水量的比例达43%。这种变化随着城市化的发展、不透水面积率的增大而增大。下垫面不透水面积的百分比愈大，其贮存水量愈小，地面径流越大。

二、城市化对河流水文性质的影响

河流水文性质包括水位、断面、流速、流量、径流系数、洪峰、历时、水质、水温、泥沙等。城市化对河流水文性质的影响是多方面的。

1. 流增加，流速加大

城市化不但降水量增加，雷暴雨增多，而且因不透水地面多，植被稀少，降水的下渗量、蒸发量减少，增加了有效雨量（指形成径流的雨量），使地表径流量增加。城市化对天然河道进行改造和治理，天然河道被裁弯取直、疏浚整治，设置道路边沟、雨水管网、排洪沟渠等，增加了河道汇流的水力学效应。雨水迅速变为径流，使河流流速增大。河道被挤占变窄，也使流速加大。

2. 径流系数增大

径流系数是指某段时间内径流深与降水量之比。表示降水量用于形成径流的有效雨量。径流系数增大，表示城市降水量用于形成径流的有效雨量多，蒸发渗漏量少。据北京市研究，郊区大雨的径流系数为 0.2 以下，而城区大雨径流系数一般为 0.4~0.5。地表流动部分水量增加，对城区河流或排水沟渠的压力加大。

3. 洪峰增高，峰现提前，历时缩短

由于城市化，流量增加，流速加大，集流时间加快，汇流过程历时缩短，城市雨洪径流增加，流量曲线急升骤降，峰值增大，出现时间提前（见图3-1）。同时因地面不透水面积增大，下渗减少，故雨停之后，补给退水过程的水量也减少，使得整个洪水过程线底宽较窄，增加了产生迅猛洪水的可能性。城市排水管道的铺设，自然河道格局变化，排水管道密度大，以及涵洞化排水，排水速度快，使水向排水管网中的输送更为迅速，雨水迅速变为径流，必然引起峰值流量的增大，洪流曲线急升骤降，峰值出现时间提前。据研究，城市化地区洪峰流量约为城市化前的3倍，涨峰历时缩短1/3，暴雨径流的洪峰流量预期可达未开发流域的2~4倍。这取决于河道整治情况和城市的不透水面积率及排水设施等。随着城市化面积的扩大，这种现象也日益显著。如果因城市化而又有城市雨岛效应，则洪水涨落曲线更为陡急。

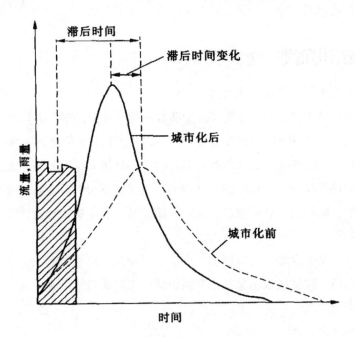

图3-1 城市化前后流过程线的变化

如果河道被挤占，洪水时过水河道缩窄，则洪水频率增加。有人估计过，无控制地利

用河滩地和扩大城市不透水面积，100年一遇的洪水可增加6倍。比如北京市在20世纪50年代，连续降雨100mm，排水河道通惠河的出口流量为40m³/s，而80年代则为80m³/s。据Stall等（1970）对美国伊利诺伊州（Illinois）东中部不同城市化程度（不透水面积所占的百分比）地区溪流排水量速度所作的观测研究，随着城市化的级别升高，其不透水地面所占全区面积的百分比也愈大，雨水向下渗透量愈小，地表径流量愈集中，溪流排水量洪峰愈高。

4. 径流污染负荷增加

城市发展，大量工业废水生活污水排放进入地表径流。这些废污水富含金属、重金属、有机污染物、放射性污染物细菌、病毒等，污染水体。城市地面、屋顶、大气中积聚的污染物质，被雨水冲洗带入河流，而城市河流流速的增大，不仅加大了悬浮固体和污染物的输送量，而且加剧了地面、河床冲刷，使径流中悬浮固体和污染物含量增加，水质恶化。无雨时（枯水期），径流量减少，污染物浓度增大；暴雨时（汛期），河流流速增大，加大了悬浮固体和污染物的输送量，也加剧了河床冲刷，使下游污染物荷载量明显增加。据美国检测资料显示，河流水质污染成分50%以上来自地表径流，城市下游的水质82%受地表径流控制，并受城市污染的影响。据2001年环境统计公报，我国废污水排放总量428.4亿t，其中工业废水排放量200.7亿t，城镇生活污水排放量227.7亿t。生活污水处理率只有18.5%，80%以上未经处理直接排入水域，使河流污染严重，水质恶化。

此外，城市建设施工期间，大量泥沙被雨水冲洗，使河流泥沙含量增大。工业冷却水排放也会使局部水温升高。

三、城市化对地下水的影响

1. 地下水水位下降，局部水质变差

城市不透水区域下渗水量几乎为零，土壤水分补给减少，补给地下含水层的水量减少，致使基流减少，地下水补给来源也随之减少，促使地下水水位急剧下降。2001年，全国186个有地下水水位监测站的城市和地区中，62%的城市和地区地下水水位仍在下降，水质总体较好，但局部受到一定程度的点状或面源污染，部分指标超标，主要污染物指标有矿化度、总硬度、硝酸盐、亚硝酸盐、氰氮、铁、锰、氯化物硫酸盐、氟化物、pH值等。

2. 水平衡失调

城市化、工业化的发展，人口增加，生活水平提高，对水的需求量大增，地表水又受到不同程度的污染，致使供水不足，水资源短缺，于是大量抽取地下水，超过了自然补给能力，使水量平衡失调。

3. 生态环境恶化

如果地下水补给不足且持续的时间较长，则容易引起地下水含水层的衰竭，造成城区地下水水位持续下降，导致地面下沉，引起地基基础破坏，建筑物倾斜、倒塌、沉陷，桥

梁、水闸等建筑设施大幅度位移，海水倒灌，城市排水功能下降，容易发生洪涝、干旱灾害，使生态环境恶化。

第二节 城市河流的生态环境功能

城市河流作为城市生态环境系统中的一种自然要素，其生态功能多种多样，在城市生态环境建设中有着许多不可替代的重要作用。

一、河道的概念、形态特征与功能

1. 河道的概念

河道，即水的通道，是水生态环境的重要载体。自古以来，治河是治水活动的重要内容。人们通过治导、疏浚和护岸等措施，对河流进行治理和控制，以期除患兴利，实现行洪除涝、取水利用、交通航运之目的。我国的江河溪流，源远流长，川流不息，推动着经济社会的文明进步，孕育着灿烂的华夏文化。随着经济社会的快速发展，一方面河道在保障经济生活和建设良好生态环境中的作用越来越大；另一方面由于人类活动的影响，与我们生活生产息息相关的河道却功能退化、水质恶化。水多为患，水少为愁，水脏为忧，此类突出问题集中反映在河道上。人民群众迫切要求整治河道，改善水环境，全社会对河道治理十分关注。开展河道整治是恢复、提高河道基本功能的根本措施，是提高水资源承载力、改善生态环境的有效途径，是打造绿色河道的客观需要。现代化建设的推进，对河道整治提出了新的要求，不仅要继承传统整治技术的精髓，还应树立亲水的理念，营造人与自然和谐的水环境。

2. 河道的形态特征及功能

河道具有行洪、排涝、引水、灌溉、航运、旅游等功能，根据不同的功能要求，设计不同的河道断面形式。主要分为4类：复式梯形、矩形、双层等。

（1）复式断面

复式断面适用于河滩开阔的山溪性河道。枯水期流量小，水流归槽主河道。洪水期流量大，允许洪水漫滩，过水断面大，洪水位低，一般不需修建高大的防洪堤。枯水期可充分开发河滩的功能，根据河滩的宽度和地形、地势，结合当地实际，开发不同利用的功能。如滩地较宽阔，一般可开发高尔夫球场、足球场等大型或综合运动场；河滩相对较窄的，可修建小型野外活动场所、河滨公园或辅助道路等。河滩的合理开发利用，既能充分发挥河滩的功能，又不因围滩而抬高洪水位，加重两岸的防洪压力。

（2）梯形断面

梯形断面占地较少，结构简单实用，是农村中小河道常用的断面形式。一般以土坡为主，有利于两栖动物的生存繁衍。河道两岸保护（或管理）范围用地，有条件的征用，无条件的可采用借田租用等方式，设置保护带，发展果树、花木等经济林带或绿化植树，防止河岸边坡耕作，便于河道管理，确保堤防安全。

位于城镇等人口聚居地周边的河道，在绿化河岸与设置道路时，其合理的布置能充分体现河道安全、休闲和亲水的功能，营造人水和谐的人居环境，提高城镇的品位。

平原河道堤防高度一般不高，设计中可根据不同的地形、地势，考虑挡土墙与河岸景观相结合的方式，采用不同形式和造型的挡土墙，突出水景设计，掩盖堤防特征，使人走在堤边而又无堤之感。

山溪性河道通常洪水暴涨暴落，高水位历时短，流量集中，流速大，对沿河堤坝、农田冲刷严重。堤防断面形式可采用矮胖形断面，允许低频率洪水漫坝过水，确保堤坝冲而不垮，农田冲而不毁。这类堤防可称之为"防冲不防淹堤防"。

（3）矩形断面

平原河网水位一般变幅不大，河道断面设计时，正常水位以下可采用矩形干砌石断面，正常水位以上采用毛石堆砌斜坡，以增加水生动物生存空间，削减船行波等冲刷，有利于堤防保护和生态环境的改善。若河岸绿化带充足，采用缓于 1∶4 的边坡，以确保人类活动安全。这种断面一般适用于城镇、乡村等人居密集地周边的河道或航道。

（4）双层河道

双层河道（上层为明河，下层为暗河）断面通常适用于城镇区域内河，下层暗河主要功能是泄洪排涝；上层明河具有安全、休闲、亲水等功能，一般控制 20cm 左右的水深，河中放养各种鱼类，河道周边建造戏水池、喷水池、凉亭等休闲配套设施，是孩童嬉水玩耍的好地方，也是老人健身养心的好场所。城镇区域内建双层河道，具有较好的安全性和亲水性，可提高河道两岸人居环境和街道的品位，是"人与自然和谐相处"治水理念的体现。

二、河流的概念与生态环境功能

1.河流概述

河流是指在重力作用下，集中于地表凹槽内的经常性或周期性的天然水道的通称。在中国有江、河、川、溪、涧等不同称呼。河流沿途接纳很多支流，形成复杂的干支流网络系统，这就是水系。多数河流以海洋为最后归宿，但有一些河流注入内陆湖泊或沼泽，或因渗漏、蒸发而消失于荒漠中，于是分别形成外流河和内陆河。世界著名的亚马孙河、尼罗河、长江、密西西比河等为外流河，中国新疆的塔里木河等为内陆河。

每一条河流和每一个水系都从一定的陆地面积上获得补给，这部分陆地面积便是河流和水系的流域。实际上，它也就是河流和水系在地面的集水区。

每一条河流都有它的河源和河口。河源是河流的发源地，指最初具有地表水流形态的地方。河源以上可能是冰川、湖泊、沼泽或泉眼。河口是指河流与海洋、湖泊、沼泽或另一条河流的交汇处，经常有泥沙堆积，有时分汊现象显著，在入海、入湖处形成三角洲。在河源与河口之间是河流的干流，一般可划分为上、中、下游 3 段，各段在水情和河谷地貌上各有特色。河流的上游是紧接河源的河谷窄、比降和流速大、水量小、侵蚀强烈、纵断面呈阶梯状并多急滩和瀑布的河段。河流的中游水量逐渐增加，但比降已经和缓，流水下切力已经开始减小，河床位置比较稳定，侵蚀和堆积作用大致保持平衡，纵断面往往成平滑下凹曲线。河流的下游河谷宽广、河道弯曲，河水流速小而流量大，淤积作用显著，到处可见沙滩和沙洲。如长江源于唐古拉山，流经青海、云南、四川、湖北、湖南、江西、安徽、江苏和上海，注入东海，全长 6 300km。习惯上从河源到宜昌为上游，宜昌至湖口为中游，湖口以下为下游，各段差异显著。

河源与河口的高度差称为河流的总落差（例如长江为 6600 多米），而特定河段两端的高度差则是该河段的落差，单位河长内的落差叫做河流的比降，以小数或千分数表示。流域面积是流域的重要特征之一。河流的水量多少与流域面积大小有直接关系。除干燥气候地区，一般流域面积愈大，流域的水量也愈大（如长江流域面积 180.85 万 km^2，年径流总量 $9.6 \times 10^{10} m^3$）。流域的形状对河流水量变化也有明显影响。圆形或卵形流域，降水容易向干流集中，从而引起巨大的洪峰；狭长形流域，洪水宣泄比较均匀，洪峰不易集中。流域的海拔主要影响降水形成和流域内的气温，而降水形式和气温又影响到流域的水量变化。

在地球表面的总水量中，河流中的水量所占的比重很小（占全球总水量的 0.000 1%），但周转速度快（12~20d），在水分循环中是重要的输送环节，也是自然环境中各种物质相互转换的动力之一。

河流是地球表面淡水资源更新较快的蓄水体，是人类赖以生存的重要淡水体。河流与人类历史的发展息息相关。古代文明的发源大都与河流（如尼罗河、黄河等）联系在一起。至今一些大河的冲积平原和三角洲地区（如密西西比河、长江、珠江、多瑙河、莱茵河等）仍是人类社会经济、文化发达的地区。

2. 城市河流生态环境功能

河流的功能有两方面：一是功利性功能，如为生产、生活提供用水，为航运、水上娱乐、养殖等提供水域，为水力发电提供能源等；二是生态环境功能，如为水生生物提供生存环境、对污染物的稀释和自净作用保证河口地区生态系统稳定，以及输沙排盐、湿润空气、补充土壤含水等功能。功利最大性原理驱动人们只注重河流的经济功能，而忽视其本身所具有的生态环境功能。其结果必然导致水资源利用效率不断降低，使得河道水量日益减少，污染日重，环境质量日差。城市河流对城市的繁荣与衰落、对城市社会经济协调发展有着重要的意义。

（1）就近供水的功能

水在人类生活中是不可缺少的物质条件，许多城市人均用水量 400~500L/d 以上，如此庞大的用水量,从就近河道中汲取,具有投资少、成本低、稳定性高等诸多优势。地下水可作为城市水源,但其安全性、稳定性、经济高效性等方面都无法与城市河流相比,因为城市地下水在很多情况下依靠城市河流补给。大量使用地下水还将引起地面沉降,加剧地质与洪涝灾害的发生。远距离调水,供水成本提高。所以,河流是城市居民生活和生产就近取水的最佳水源。

(2)供绿和降温增湿功能

城市绿地诸多生态功能的发挥与城市河流有关。如城市河流两岸、河心沙洲,为城市绿地建设提供了有利的自然条件和物质基础。将河流两岸建成为城市绿带,是城市绿地建设成功的范例。伦敦的泰晤士河、巴黎的塞纳河便是成功的典范。河水的高热容量、流动性以及河流风的流畅性,对减弱城市热岛效应缓和冬夏温差具有明显的调节作用。

(3)提供便捷的交通条件

城市交通是城市生态建设的重要内容。开发城市河流的水运功能,可以缓解城市交通紧张。城市河流两岸以及城市河流穿市而过的分布格局,大面积的开敞空间,为城市交通建设提供了路基,也为防止交通线两侧的大气、噪声污染提供了环境容量。许多城市河流两岸的交通线已经成为城市交通主干线。

(4)提供生物多样性存在的基地

生物多样性包括自然生境多样性、群落多样性、物种多样性。城市河流的自然特征(包括物质特性、形态特性、功能特性)本身,是城市景观多样性的组成部分。河流两岸、河漫滩湿地、河心沙洲,适宜各种生物尤其是两栖类生物的生存,并对污染有一定的自净功能。如果这些地带遭到破坏,环境恶化,甚至部分河流成为污水通道,城市景观质量下降,生物多样性消失,则意味着城市河流生态功能下降,对城市生态环境将产生严重的影响。所以,控制城市河流水污染,保持良好水质,对保护生物多样性的存在,提高城市水生态环境质量,具有重要的意义。

(5)合理开发利用

流经城市的河流同时具有供水排污、通航、风景、娱乐等多种功能。城市规划建设既要充分开发城市河流的各项生态功能,使其更好地为城市发展服务,更要尊重城市河流的自然规律,对河流进行适当的功能定位,协调各类功能,保护城市河流水质,使其能可持续利用。城市一般位于河流的中下游或支流入注主流的河口,当河流穿城而过时,一般上游水质较好,开发为水源要注意保护;中游是承纳城市废污水的河段,可适当开发航运、养殖;下游水质较差,尤其是无污水处理厂的城市,不宜作供水水源,选作水源时,必将因水源污染而加大对水厂或取水点的投资。开发水产养殖必须重视城市污水对养殖的影响。如果污染严重,加上市政建设落后,则作为风景便会失去感官意义而达不到应有的效果,因此,首先要作景观生态治理。只有对河流进行合理开发利用,才能够持续保持河流的生命力,为人类生产生活提供良好的资源和环境。

三、河流生态系统

1. 河流生态系统及其特点

河流生态系统是指河流水体的生态系统，属流水生态系统的一种，是陆地和海洋联系的纽带，在生物圈的物质循环中起着主要作用。河流生态系统包括陆地河岸生态系统、水生态系统、相关湿地及沼泽生态系统在内的一系列子系统，是一个复合生态系统，并具有栖息地功能过滤作用、屏蔽作用、通道作用、源汇功能等多种功能。河流生态系统水的持续流动性，使其中溶解氧比较充足，层次分化不明显。河流生态系统主要具有以下特点。

（1）具纵向成带现象，但物种的纵向替换并不是均匀的连续变化，特殊种群可以在整个河流中再现。

（2）生物大多具有适应急流生境的特殊形态结构。表现在浮游生物较少，底栖生物多具有体形扁平、流线型等形态或吸盘结构，适应性广的鱼类和微生物丰富。

（3）与其他生态系统相互制约关系复杂。一方面表现为气候、植被以及人为干扰强度等对河流生态系统都有较大影响；另一方面表现为河流生态系统明显影响沿海（尤其河口、海湾）生态系统的形成和演化。

（4）自净能力强，受干扰后恢复速度较快。

2. 城市河流生态系统的特征及存在的问题

城市河流生态系统具有自然属性和社会属性两方面的特征。在营养结构方面，自然属性的生产者、消费者和分解者主要是水体中高等和低等的动植物及微生物，在无人为干扰的环境中，可实现正常的营养循环和物质守恒。但由于人类的参与，城市河流生态系统增加了社会属性的生产者，包括排入的城市污水、暴雨雨水及固体废弃物堆放等产生的有机营养物，增加的消费者主要有城市居民生活用水、工业生产用水及城市市政综合用水等。进入河流生态系统的大量营养物质不能完全靠水体中的自然分解者进行分解，故需要人类加强废污水及固体废物的治理，减轻社会生产者给城市河流生态系统带来的压力。

城市河流生态系统受人类影响较大，当其自然属性的分解者不能负担系统中全部能量时，系统将出现大量问题，继而威胁城市生态系统的安全和可持续发展。

（1）城市防洪排涝安全得不到保障，河流生态系统易发生崩溃

近年来，城市规模的扩大及城市化率的提高使降雨强度和汇流过程发生了较大变化；同时，城市排水设施不完善，造成内河水系行洪不畅，加剧了城市洪涝灾害的频繁发生，严重时导致了河流生态系统的崩溃。

（2）城市供水保证率低下，河流生态系统中生产者不足

城市中各行业用水量在不断加大，资源型、水质型及工程型缺水状况益严重，城市供水安全得不到保障，河流生态系统中生产者质量和数量的不足，制约了整个城市的发展。

（3）水环境质量严重恶化，生态系统功能退化

我国城市河流80%以上河段水体质量低于Ⅳ类水质标准,河道水体黑臭现象十分普遍。许多城市将生产废物和生活垃圾倾倒入河流,严重影响水质,造成水生态系统的功能退化。

（4）涉水文化得不到体现,涉水经济开发不力

在我国大多数城市生态系统建设中,水文化建设和水经济开发都得不到重视,城市历史文化底蕴得不到体现,城市文化品位不高。

第三节　湖泊生态系统及其环境功能

一、湖泊生态系统

陆地上相对封闭的洼地中汇积的水体,这种相对封闭的洼地称为湖盆。湖泊是湖盆与运动的水体相互作用的综合体。由于湖中物质和能量的交换,产生了一系列物理、化学和生物过程,从而构成了独特的湖泊生态系统。

湖泊生态系统指湖泊水体的生态系统,属于静水生态系统的一种,它是其内部生物群落与其外部生存环境长期互相作用下形成的一种动态平衡系统。湖泊有生成、发展和消亡的自然过程。在纯自然情况下,湖泊生态系统的演化过程是漫长的。但是,由于人类活动的不断加剧,大大地加速了湖泊的演化过程,使其生命周期迅速缩短。湖泊生态系统的水流动性小或不流动,底部沉积物较多,水温、溶解氧、二氧化碳、营养盐类等分层现象明显;湖泊生物群落比较丰富多样,分层与分带明显。水生植物有挺水型、浮叶型、沉水型植物;植物上生活有各种水生昆虫及螺类等;浅水层中生活有各种浮游生物及鱼类等;深水层有大量异养动物和嫌气性细菌;水体的各部分广泛分布着各种微生物。各类水生生物群落之间及其与水环境之间维持着特定的物质循环和能量流动,构成一个完整的生态单元。随着由湖到陆的演变,湖泊生态系统将经历贫营养阶段、富营养阶段、水中草本阶段、低地沼泽阶段直到森林顶级群落,最终演变为陆地生态系统。不当的人类活动（如围湖造田）将加速这种演变的进程。

过度利用水资源会导致湖泊咸化萎缩和干涸,例如青海湖、艾丁湖、玛纳斯湖、罗布泊等;盲目大规模地围垦导致湖泊水面的缩小乃至消亡,例如江汉湖群、安徽城西湖、太湖周围的小湖等;向湖泊中大量排放污水、污物,导致湖泊富营养化,从而大大缩短了湖泊的生命周期,例如滇池、巢湖等。

湖泊生态的脆弱性,加上人类不合理地利用湖泊资源,使我国绝大多数湖泊的良性生态系统遭受到不同程度的破坏,乃至整个湖泊的消亡。其主要表现如下:盲目围垦,导致湖泊面积缩小,甚至消亡;过度用水,导致湖泊水面萎缩、水质变差;水质污染严重和富营养化过程加速;水利工程和过度捕捞使水产资源枯竭。

　　湖泊不仅具有宝贵的自然资源，还具有独特的功能。一旦湖泊消亡，或者湖泊生态系统恶化，将会给人类的生活和生产造成巨大的影响。例如，云南滇池由于使用不当导致严重的富营养化，直接影响到滇池盆地数百万人的生活和经济活动，一期治理工程虽投入 40 亿元巨额资金，仍不见成效。因此，保护和改善湖泊良好的生态系统已经刻不容缓。

二、湖泊生态系统的生态环境功能

　　湖泊的传统功能一般有如下几种：蓄积水量功能、调节气候功能、饮用水源功能、工农业生产功能、养殖功能、水运功能等，这些传统功能除了养殖、水运功能要适度控制以外，其他功能仍然可以继续发挥作用。

　　1. 湖泊作为一种重要的自然资源，具有蓄洪、供水、养殖、航运、旅游、维护生态多样性等多种功能，在整个经济社会持续发展中起到重要作用。我国大部分浅水湖泊孕育于长江中下游地区，该地区是我国经济增长最快的地区之一，其中太湖流域以 0.4% 的国土、2.9% 的全国人口，创造了占全国 11% 的 GDP 产值，为国家提供了 16% 的财政收入。

　　2. 湖泊对城市气候有很强的调节作用。根据环保专家的说法，1hm² 水面对环境、气候的调节功能相当于 1hm² 森林，从这个意义上讲，湖泊就是城市里的森林，因此填湖也就等于砍掉城市里的树。这个说法并不过分，过度填湖将会带来城市雨量减少，还会加剧城市的热岛效应。另外，湖泊功能已由目前的调蓄、养殖和景观娱乐，逐步调整为景观娱乐调蓄功能。同时，按照建设生态型湖泊与人水和谐的景观要求，为市民提供充分的亲水空间。

　　3. 湖泊的作用是不可替代的。一是维护流域自然属性和生态系统的稳定性，发挥生态功能特别是生物降解功能；二是保持较多类型的湿地，如有涨落区、浅滩、滩涂的湿地是丰富生物多样性的首要条件；三是提高湖泊防洪蓄洪能力，能为蓄洪、排洪提供较大的空间，大大降低洪水的危害；四是为洄游或半洄游性鱼类提供索饵场、繁殖场、育肥场。

　　总之，湖泊是重要的国土资源，具有调节河川径流、防洪减灾、提供生产和生活用水、沟通航运繁衍水生动植物以及改善湖区生态环境等多种功能，对国民经济的发展、人民生活水平的提高和景观环境的美化发挥着巨大的作用。但是长期以来，人们在开发利用湖泊资源时，忽视了对湖泊资源的有效保护和管理，过度开发，不注重环境保护，我国众多湖泊出现了面积萎缩、水质污染和富营养化、洪涝灾害频繁且经济损失越来越大等一系列问题，严重制约了湖泊功能的发挥，湖泊功能效益不断下降，成为影响其可持续发展的"瓶颈"。应及时制定出台湖泊保护的相关法律，依靠法律手段加强对湖泊的保护，科学合理地开发利用湖泊资源，维护湖泊生态环境，有效保障湖泊生态系统的生态环境功能及其他各项功能。

第四节 湿地生态系统及其环境功能

一、湿地的概念、分类及功能

（一）湿地的概念

湿地是指天然或人工、长久或暂时之沼泽地、湿原、泥炭地或水域地带，带有静止或流动咸水或淡水、半咸水或咸水水体者，包括低潮时水深不超过 6m 的水域。因此，湿地不仅是我们传统认识上的沼泽、泥炭地、滩涂等，还包括河流、湖泊、水库、稻田以及退潮时水深不超过 6m 的海水区。

湿地是人类最重要的环境资本之一，也是自然界富有生物多样性和较高生产力的生态系统。它不但具有丰富的资源，还有巨大的环境调节功能和生态效益。各类湿地在提供水资源、调节气候、涵养水源均化洪水、促淤造陆降解污染物、保护生物多样性和为人类提供生产生活资源方面发挥了重要作用。

（二）湿地的类型

1. 沼泽湿地

中国的沼泽约有 1197 万 hm^2，主要分布于东北的三江平原、大小兴安岭、若尔盖高原及海滨、湖滨、河流沿岸等，山区多木本沼泽，平原为草本沼泽。三江平原位于黑龙江省东北部，是由黑龙江松花江和乌苏里江冲积形成的低平原，是我国面积最大的淡水沼泽分布区，1990 年尚存沼泽约 113 万 hm^2。三江平原无泥炭积累的潜育沼泽居多，泥炭沼泽较少。沼泽普遍有明显的草根层，呈海绵状，孔隙度大，保持水分能力强。本区资源利用以农业开垦、商品粮产出为主。大、小兴安岭沼泽分布广而集中，大兴安岭北段沼泽率为 9%，小兴安岭沼泽率为 6%，该区沼泽类型复杂，泥炭沼泽发育，以森林沼泽化、草甸沼泽化为主，是我国泥炭资源丰富的地区之一。若尔盖高原位于青藏高原东北边缘，是我国面积最大分布集中的泥炭沼泽区。特别是黑河中、下游闭流和伏流宽谷，沼泽布满整个谷底，泥炭层深厚，沼泽率达 20%~30%。本区以富营养草本泥炭沼泽为主，复合沼泽体发育。若尔盖高原是我国重要的草场。海滨湖滨、河流沿岸主要为芦苇沼泽分布区。滨海地区的芦苇沼泽，主要分布在长江以北至鸭绿江口的淤泥质海岸，集中分布在河流入海的冲积三角洲地区。我国较大的湖泊周围一般都有宽窄不等的芦苇沼泽分布。另外，无论是外流河还是内陆河，在中下游河段往往有芦苇沼泽分布。

2. 湖泊湿地

中国的湖泊具有多种多样的类型并显示出不同的区域特点。据统计，全国有大于 $1km^2$ 的天然湖泊 2711 个，总面积约 $90864km^2$。根据自然条件差异和资源利用、生态治理的区域特点，中国湖泊可划分为5个自然区域。

（1）东部平原地区湖泊。主要指分布于长江及淮河中下游、黄河及海河下游和大运河沿岸的大小湖泊。面积1km²以上的湖泊有696个，总面积为21 171.6km²，约占全国湖泊总面积的23.3%。著名的5大淡水湖——鄱阳湖、洞庭湖、太湖、洪泽湖和巢湖即位于本区。该区湖泊水情变化显著，生物生产力较高，人类活动影响强烈。资源利用以调蓄滞洪供水、水产业、围垦种植和航运为主。

（2）蒙新高原地区湖泊。面积1km²以上的湖泊724个，总面积为19 544.6km²，约占全国湖泊总面积的21.5%。本区气候干旱，湖泊蒸发超过湖水补给量，多为咸水湖和盐湖。资源利用以盐湖矿产为主。

（3）云贵高原地区湖泊。面积1km²以上的湖泊60个，总面积为1199.4km²，约占全国湖泊总面积的1.3%，全是淡水湖。该区湖泊换水周期长，生态系统比较脆弱。资源利用以灌溉供水、航运、水产养殖、水电能源和旅游景观为主。

（4）青藏高原地区湖泊。面积1km²以上的湖泊1 091个，总面积为44 993.3km²，约占全国湖泊总面积的49.5%。本区为黄河、长江水系和雅鲁藏布江的河源区，湖泊补水以冰雪融水为主，湖水入不敷出，干化现象显著，近期多处于萎缩状态。该区以咸水湖和盐湖为主，资源利用以湖泊的盐、碱等矿产开发为主。

（5）东北平原地区与山区湖泊。面积1km²以上的湖泊140个，总面积为3955.3km²，约占全国湖泊总面积的4.4%。本区湖泊汛期（6~9月）入湖水量为全年水量的70%~80%，水位高涨；冬季水位低枯，封冻期长。资源利用以灌溉、水产为主，并兼有航运发电和观光旅游之用。

3. 河流湿地

中国流域面积在100km²以上的河流有50000多条，流域面积在1000km²以上的河流约1 500条。因受地形、气候影响，河流在地域上的分布很不均匀。绝大多数河流分布在东部气候湿润多雨的季风区，西北内陆气候干旱少雨，河流较少，并有大面积的无流区。从大兴安岭西麓起，沿东北—西南向，经阴山、贺兰山、祁连山、巴颜喀拉山、念青唐古拉山、冈底斯山，直到中国西端的国境，为中国外流河与内陆河的分界线。分界线以东以南，都是外流河，面积约占全国总面积的65.2%，其中流入太平洋的河流面积占全国总面积的58.2%，流入印度洋的占6.4%，流入北冰洋的占0.6%。分界线以西以北，除额尔齐斯河流入北冰洋外，均属内陆河，面积占全国总面积的34.8%。在外流河中，发源于青藏高原的河流，都是源远流长、水量很大、蕴藏巨大水力资源的大江大河，主要有长江、黄河、澜沧江、怒江、雅鲁藏布江等；发源于内蒙古高原、黄土高原、豫西山地、云贵高原的河流，主要有黑龙江、辽河、滦海河、淮河珠江元江等；发源于东部沿海山地的河流，主要有图们江、鸭绿江、钱塘江、瓯江、闽江赣江等，这些河流逼近海岸，流程短、落差大，水量和水力资源比较丰富。我国的内陆河划分为新疆内陆诸河、青海内陆诸河、河西内陆诸河、羌塘内陆诸河和内蒙古内陆诸河5大区域。内陆河的共同特点是径流产生于山区，消失于山前平原或流入内陆湖泊。在内陆河区内有大片的无流区，不产流的面积共约160万 km²。中国的跨国境线河流有以下分布：额尔古纳河、黑龙江干流、乌苏里江流经中俄边境，图们江、鸭绿江流经中朝边境，黑龙江下游经俄罗斯流入鄂霍次克海，额尔齐斯河汇入俄境内的鄂毕河，伊犁河下游流入哈萨克斯坦境内的巴尔喀什湖，绥芬河下游流入俄境内经海参崴入海，西南地区的元江、李仙江和盘龙江等为越南红河的上源，澜沧江出境后称湄公河，怒江流入缅甸后称萨尔温江，雅鲁藏布江流入印度后称布拉马普特拉河；藏西的朗钦藏布、森格藏布和新疆的奇普恰普河都是印度河的上源，流经印度、巴基斯坦入印度洋。还有上游不在中国境内的如克鲁伦河自蒙古境内流入中国的呼伦湖等。

4. 浅海、滩涂湿地

中国滨海湿地主要分布于沿海的 11 个省（区）和港、澳、台地区。海域沿岸有 1 500 多条大中河流入海，形成浅海滩涂生态系统、河口湾生态系统、海岸湿地生态系统、红树林生态系统、珊瑚礁生态系统、海岛生态系统等 6 大类、30 多个类型。滨海湿地以杭州湾为界，分成杭州湾以北和杭州湾以南的两个部分。杭州湾以北的滨海湿地除山东半岛、辽东半岛的部分地区为岩石性海滩外，其他多为沙质和淤泥质海滩，由环渤海滨海和江苏滨海湿地组成。黄河三角洲和辽河三角洲是环渤海的重要滨海湿地区域，其中辽河三角洲有集中分布的世界第二大苇田——盘锦苇田，面积约 7 万 hm²。环渤海滨海尚有莱州湾湿地、马棚口湿地、北大港湿地和北塘湿地，环渤海湿地总面积约 600 万 hm²。江苏滨海湿地主要由长江三角洲和黄河三角洲的一部分构成，仅海滩面积就达 55 万 hm²，主要有盐城地区湿地、南通地区湿地和连云港地区湿地。杭州湾以南的滨海湿地以岩石性海滩为主，其主要河口及海湾有钱塘江口——杭州湾、晋江口——泉州湾、珠江口河口湾和北部湾等。在海湾、河口的淤泥质海滩上分布有红树林，在海南至福建北部沿海滩涂及台湾岛西海岸都有天然红树林分布区。热带珊瑚礁主要分布在西沙和南沙群岛及台湾海南沿海，其北缘可达北回归线附近。目前对浅海滩涂湿地开发利用的主要方式有滩涂湿地围垦、海水养殖、盐业生产和油气资源开发等。

5. 人工湿地

中国的稻田广布亚热带与热带地区，淮河以南广大地区的稻田约占全国稻田总面积的90%。近年来北方稻区不断发展，稻田面积有所扩大。全国现有大中型水库 2903 座，蓄水总量 1 805 亿 m³。另外，人工湿地还包括渠道塘堰、精养鱼池等。

（三）湿地生态系统的功能

1. 湿地是水禽的繁育中心和迁移的必经之地

湿地作为水生动物和鸟类的栖息地，为它们提供了良好的生活环境，其中有很多都是国家级保护动物。

2. 调节气候，净化空气和污水

由于湿地水面蒸发和植物蒸腾作用强烈，能够增加区域湿度，防止气候趋于干燥，从而调节气候。湿地植物通过光合作用，吸收二氧化碳并释放氧气，使空气清新。同时，湿地也能过滤污染物，净化水质。

3.调节水位，削减洪峰和均化洪水过程

由于湿地是低洼地带，故能蓄水，起到调节水位、削减洪峰和均化洪水过程的作用。

4.湿地提供多种植物资源，促进经济发展

湿地生长有不同于陆地旱生植物的挺水型、浮叶型、沉水型等丰富多彩的植物资源，它们的合理利用对许多行业具有积极作用。如芦苇造纸、莲藕的食用，也为开展旅游提供了条件。湿地的水资源可用于灌溉，水草可用于放牧或作为牲畜饲料。

5.湿地具有教学和科研价值

湿地作为特殊生态系统，对人们的教育和科研也很有意义。

二、湿地效益

1.湿地的经济效益

（1）提供水资源

水是人类不可缺少的生态要素，湿地是人类发展工农业生产和城市生活用水的主要来源。我国众多的沼泽、河流、湖泊和水库在输水、贮水和供水方面发挥着巨大效益。

（2）提供矿物资源

湿地中有各种矿砂和盐类资源。中国的青藏蒙新地区的碱水湖和盐湖，分布相对集中，盐的种类齐全，储量极大。盐湖中，不仅赋存大量的食盐、芒硝、天然碱、石膏等普通盐类，还富集着硼、锂等多种稀有元素。中国一些重要油田，大都分布在湿地区域，湿地的地下油气资源开发利用，在国民经济中的意义重大。

（3）能源和水运

湿地能够提供多种能源，水电在中国电力供应中占有重要地位，水能蕴藏量占世界第一位，达 6.8 亿 kW，有着巨大的开发潜力。我国沿海多河口港湾，蕴藏着巨大的潮汐能。从湿地中直接采挖泥炭用于燃烧，以湿地中的林草作为薪材，湿地成为周边农村中重要的能源来源。湿地有着重要的水运价值，沿海沿江地区经济的快速发展，很大程度上是受惠于此。中国约有 10 万 km 内河航道，内陆水运承担了大约 30% 的货运量。

2.湿地的生态效益

（1）维持生物多样性

湿地的生物多样性占有非常重要的地位。依赖湿地生存、繁衍的野生动植物极为丰富，其中有许多是珍稀特有的物种，是生物多样性丰富的重要地区和濒危鸟类、迁徙候鸟以及其他野生动物的栖息繁殖地。在 40 多个国家一级保护的鸟类中，约有 1/2 生活在湿地。中国是湿地生物多样性较为丰富的国家之一，亚洲有 57 种处于濒危状态的鸟，在中国湿地已发现有 31 种；全世界有鹤类 15 种，中国湿地鹤类占 9 种。中国许多湿地是具有国际意义的珍稀水禽、鱼类的栖息地，天然的湿地环境为鸟类、鱼类提供丰富的食物和良好的生存繁衍空间，对物种保存和保护物种多样性发挥着重要作用。湿地是重要的遗传基因库，对维持野生物种种群的存续、筛选和改良具有商品意义的物种，均具有重要意义。中国利用野生稻杂交培养的水稻新品种，使其具备高产、优质抗病等特性，在提高粮食生产方面产生了巨大效益。

（2）调蓄洪水，防止自然灾害

湿地在控制洪水、调节水流方面功能十分显著。湿地在蓄水、调节河川径流、补给地下水和维持区域水平衡中发挥着重要作用，是蓄水防洪的天然"海绵"。我国降水的季节分配和年度分配不均匀，通过天然和人工湿地的调节，贮存来自降雨、河流过多的水量，继而避免发生洪水灾害，保证工农业生产有稳定的水源供给。长江中下游的洞庭湖、鄱阳湖、太湖等许多湖泊曾经发挥着贮水功能，防止了无数次洪涝灾害；许多水库在防洪、抗旱方面发挥了巨大的作用。沿海许多湿地抵御波浪和海潮的冲击，防止了风浪对海岸的侵蚀。中国科学院研究资料表明，三江平原沼泽湿地蓄水达 38.4 亿 m³，由于挠力河上游大面积河漫滩湿地的调节作用，能将下游的洪峰值削减 50%。此外，湿地的蒸发在附近区域制造降雨，使区域气候条件稳定，具有调节区域气候的作用。

（3）降解污染物

工农业生产和人类其他活动以及径流等自然过程带来的农药、工业污染物、有毒物质进入湿地，湿地的生物和化学过程可使有毒物质降解和转化，使当地和下游区域受益。

三、湿地生态系统的保护

湿地是水陆相互作用而形成的自然综合体，处于陆地生态系统和水生生态系统之间的过渡带，与森林、海洋一起并列为全球三大生态系统，被誉为地球之肾，是自然界最富生物多样性的生态景观和人类最重要的生存环境之一。但随着人口急剧增加、湿地的不合理开发利用，湿地退化环境功能下降、生物多样性下降甚至丧失、环境污染加剧、泥沙淤积等环境问题日益突出，使湿地及其效益处于严重的威胁之中。所以，保护和整治受损湿地已成为当务之急。

1. 我国湿地生态系统面临的主要问题

（1）湿地面积萎缩、水资源生态调蓄功能减弱

随着湿地开发利用强度的增加，部分湿地已开始退化甚至丧失。湿地面积减少使湿地调节径流的功能大大下降，旱灾、水灾经常交替发生，引起水位降低和径流增加，湿地自净能力降低。全国由于围垦湖泊而失去调剂库容 325 亿 m³ 以上，每年因此失去淡水蓄量约 350 亿 m³。长江中下游湿地在近 30 年内因围垦而丧失湿地面积 12000km²，丧失率达 34.16%。东北湿地区域内的松嫩平原湿地面积比 20 世纪 50 年代减少了 50% 以上，湖、泡的面积缩小 30% 左右，芦苇沼泽面积约减少 13 300km²，导致蓄水总量减少 127 亿 m³。80

年代三江平原湿地面积比 1975 年以前减少 10% 左右，杭州湾以南滨海湿地区域中的红树林湿地面积已经由 50 年代初的 5 万 km^2 下降至目前的不足 2 万 km^2。中国西部的湖泊因上游截水灌田，湖泊萎缩，水质碱化。蒙新干旱地区湿地区域内的玛纳斯湖湿地约 8 万 km^2，30 年的时间，因上游垦荒截水，已变成干涸的盐地和荒漠。近年来我国洪涝灾害频繁，这与河流湖泊等湿地调蓄洪水功能下降有着直接关系。据不完全统计，1950~1990 年，全国平均每年遭受洪涝灾害的面积达 1457.33 万 km^2，成灾率高达 55%。

（2）湿地退化导致生物栖息地破坏，生物多样性下降

湿地不合理开发利用破坏了水生态系统生态平衡，威胁着水生生物的生境安全，生物多样性严重下降。长江中下游湿地区域内的洞庭湖湿地因围垦和过度捕捞，天然鱼产量持续下降。白鳍豚、中华鲟、达氏鲟、白鲟、江豚等已是濒危物种，某些自然生长的梭鱼也处于濒危状态。其中，洪湖湿地鱼类从 40 年前的 100 余种降为现在的 50 余种。杭州湾以北滨海湿地区域内的双台子河口湿地鱼产量由 20 世纪 50 年代的 870t 下降至 70 年代的 100t 以下。地处青藏高原湿地区域内的青海湖是我国最大的半咸水湖，人类活动逐步引起水体生态环境恶化，导致鱼类资源锐减，影响鸟类和兽类的食物来源。此外，对湿地内的鸟类进行过度猎捕，特别是在迁徙季节进行猎取，导致水禽种群数量大大减少。杭州湾以南滨海湿地区域内的红树林湿地的大面积消失，使许多生物如鱼虾类、蟹类、贝类失去栖息场所和繁殖地。

（3）湿地污染加剧

湿地污染是中国湿地面临的最严重威胁之一。目前，湿地实际上成为工业污水、生活污水和农用废水的承泄区。我国湖泊湿地已普遍受到总氮、总磷等营养物质的点源和非点源污染，富营养化程度严重，部分湖泊湿地汞污染也很严重。根据 1995 年《中国环境状况公报》，全年排放的工业粉尘约为 630 万 t，排入江河的固体废弃物为 636 万 t，其污染程度已构成对主要水体功能的影响。中国流域湿地水质污染主要为有机污染，其中以华北湿地区的淮河流域、海河流域及东北湿地区的松花江流域、辽河流域污染最为严重。据统计，每年有 120 多亿吨工业废水和生活污水排入长江中下游湿地的江湖中，长江干流的局部江段已形成污染带。近年来，杭州湾以北滨海湿地和杭州湾以南滨海湿地污染也在不断加剧，总体上呈恶化趋势。此外，由酸雨造成的天然水体酸化现象，对湿地生态系统也产生了不同程度的危害。

（4）泥沙淤积日益严重

河流、湖泊、水库等水体上游周围引起的水土流失，使河流中的泥沙含量增大，造成河床湖底淤积。华北湿地中的黄河是全球含沙量最大的河流，多年平均含沙量 37kg/m^2、输沙量 1.6 亿 t，成为闻名的"悬河"。长江中下游湿地中的长江泥沙淤积量仅次于黄河，每年约有 2.2 亿 t 泥沙淤积在中下游河床内、4.68 亿 t 泥沙输入海洋。大量的泥沙淤积，使河床抬高，航道变浅，导致湿地面积不断缩小，严重影响了水运的发展。其中鄱阳湖湿地在 1954~1984 年间，平均每年淤积泥沙 0.2 万 ~0.3 万 m^3。洞庭湖湿地每年入湖沙量 1.334

亿 m³，年沉积量 0.98 亿 m³，泥沙淤积率高达 75%，致使湖床平均每年淤高 3.7mm，整个水面面积由原来的 43.5hm² 萎缩到现在的 25.5 万 hm²。青藏高原湿地区域内的青海湖湿地从 1956~1986 年的 30 年内水位下降了 3.16 m。水库是我国重要的人工湿地，目前其泥沙淤积问题也令人担忧。自 1949 年以来，我国已建成 8.4 万座大中小型水库，库容 4000 亿 m³ 以上，现已淤死 1000 亿 m³ 以上。

2. 湿地生态系统的保护措施

（1）建立湿地保护示范基地，加强自然保护区的建设

以生态学理论为指导，遵循自然与社会协调发展，人与自然共存、和谐持续发展的原则，选择典型的湿地类型建立生物多样性保护与持续利用示范基地。贯彻中国自然保护方针，坚持"永续利用与持续发展"的原则，走保护与合理开发利用相结合的道路；维护湿地生物多样性及湿地生态系统结构和功能的完整性，最大限度地发挥湿地生态系统的综合效益。加强法制建设，不断完善地方性法规，杜绝保护区内的偷猎现象，保障珍稀水禽的栖息生境安全。

（2）植树造林，改善区域生态环境

营造防护林带，可改善区域小气候，阻止沙化外延，增加沼泽湿地的生物多样性，增强沼泽湿地生态系统的稳定性。所以，在保护的基础上应大力营造生态保护林和水源涵养林，防止河流上游地区的水土流失，减少湿地泥沙淤积；对水利工程设施进行生态影响评价并建立天然湿地补水的保障机制，将湿地水文变化控制在其阈值内。

（3）维持湿地环境功能，遏制湿地退化

控制湿地开发规模，遏制掠夺性开发，寻求湿地与周边非湿地地区之间互利互惠、克服破坏性干扰、协调发展的途径，保障湿地资源的永续利用和人类的代际公平原则。兴建分洪蓄水工程，排洪与蓄水相结合，保障干旱区湿地的干季水源供应，维持湿地环境功能。积极防治对湿地的污染，协调好开发利用与湿地环境之间的关系，注意人工湿地的负面影响。加强湿地管理，对可再生资源的开发利用要以不破坏其再生机制为前提，维持湿地生态过程，遏制区内湿地生态系统的退化。

（4）建立湿地数据库、湿地信息系统和决策支持系统

利用 3S 技术手段，建立湿地数据库，并进行属性编码，在地理信息系统平台下通过集成，形成湿地信息系统和决策支持系统。此外，属性数据库中还可以输入大量有关污染源的信息，帮助进行空间分析，有效控制和监测点源与面源污染。同时加强科研和生态监测，利用 GIS 强大的空间分析功能，对湿地进行时空分析；建立预测模型和指标模型，通过预定模型实施信息的运转，逐步进行修正和完善，正确指导湿地资源的持续开发利用，促进社会经济与环境的协调发展。

（5）提高公众湿地保护意识，实现公众参与

通过宣传媒体和教育提高公众对湿地生态效益的认识，强化公众的湿地保护意识；开展多种途径的资金筹措，推广湿地生态补偿政策，进而加强湿地调查与基础研究。在环保

部门指引下，让公众积极参与其中，积极地监督湿地的环境状况，自觉保护湿地环境，维护湿地生态系统平衡，达到一种"全民环保"的境界。

第五节　城市水生态系统规划

一、我国城市水生态系统规划的现状

近20年来，由于经济的持续快速发展，用水量和污水排放量急剧增加，水资源短缺和水污染严重为特征的水危机，已经成为我国社会和经济发展中最突出的制约因素。造成以上问题的原因有很多，例如，城市人口增长、工业发展、用水量标准提高造成用水量增加，工业生产工艺落后造成产排污量增加等。但无法回避的一个重要原因是城市水生态系统规划在观念、方法等方面的问题，难以有效地指导城市水生态系统工程的具体实施。

在城市总体规划中，虽然也有给水工程、排水工程、水资源保护等专业规划，但许多是流于形式，给水、排水、再生水以及雨水各子系统完全独立，在规划设计时并不用考虑与其他子系统的关系和协调，也不考虑其他子系统对自身的影响，各专业规划之间缺乏有机的联系。一方面，许多城市的水系统基础设施整体上严重滞后于城市的发展，而局部又过于超前，造成大量资金的积压，资源得不到合理配置和有效利用。如供水设施能力过于超前，设施利用率明显下降，不仅浪费资源，还限制了再生水的利用；污水处理厂过于集中在城市下游，增加了再生水利用的难度；排水及污水处理设施建设严重滞后，并且厂网建设不配套，城市排水不畅，污水处理设施得不到有效利用等。另一方面，一些城市在水资源的开发利用和保护上，宁愿投巨资开发新水源，甚至不惜代价实施跨流域远距离调水，也不愿将精力和资金投在污水处理及再生水利用上，不仅造成了新水源工程的闲置浪费，还在一定程度上助长了多用水、多排水的行为，既浪费了水资源，又加剧了水环境的恶化。一些城市出现重供水轻排水、重水量轻水质、重水厂轻管网、重地上轻地下等急功近利的倾向，在很大程度上也与缺乏系统规划的指导和约束有关。导致现有水系统的能源和资金消耗过大，运行效率不高，已经严重威胁到城市水生态系统，乃至城市系统的可持续发展。

二、城市水生态系统规划的基本思路

1.以建设生态城市为目标，正确认识城市水生态系统中各组成部分的统一性，以水的综合利用作为规划的基点，统筹规划城市水系统。

自然界的水是循环的，在用水之后，必须对水进行再生处理，使水质达到自然界自净能力所能承受的程度，否则累积的大量污染物将会导致水资源危机和水污染现象，从而破坏水的良性循环，不利于城市的可持续发展。从城市生态学的角度看，城市水系统是以水为作用主体，实现城市物流和能流的交换，保持城市生态系统的平衡。从水的循环特征看，城市水系统是水的自然循环和社会循环的耦合系统，天然状态下的水循环系统在一定时期和一定区域内是动态平衡的，当天然水体被城市开发利用进入社会循环时，便组成了一个"从水源取清水"到"向水源排污水"的城市水循环系统，于是原来的平衡被打破。这个系统每循环一次，水量便可能消耗 20%~30%，水质也会随之恶化，甚至变为污水。若将污水排入环境，又会进一步污染水源，从而陷入水量越用越少、水质越用越差的恶性循环之中。

城市水系统规划是对一定时期内城市的水源、供水、用水、排水等子系统及其各项要素的统筹安排、综合布置和实施管理。规划的主要目的是协调各子系统的关系，优化水资源的配置，促进水系统的良性循环和城市健康持续的发展。规划的主要任务是做好水资源的供需平衡分析，制定水系统及其设施的建设、运行和管理方案，真正使城市水系统中的各个子系统集成为系统，体现所谓的综合规划管理。西方发达工业国家从 20 世纪初开始研究城市水系统规划，20 世纪 60 年代的状况与我国目前的状况基本一致，各个子系统之间完全独立，造成水污染加剧。主要应对严重污染现状，70 年代由被动的单项治理转向主动的综合治理，将取水排水结合起来；80 年代以后进入综合防治阶段，将经济发展和水环境保护相协调，加强水环境管理，进行区域水系统综合规划，这一阶段的特点是把水环境视为资源，从维持生态平衡出发，实行城市水系统综合规划，利用市场经济规律并强化政府干预手段来达到保护环境的目的，实现水系统的良性循环。

因此，在城市水生态系统规划中，要树立一个整体概念，从全局出发，以可持续发展为着眼点，综合考虑水资源、用水、排水等组成部分的协调性，为建设生态城市打好基础，实现人与自然的协调发展。

2. 从区域、流域范围合理选择水源，合理布局水系统的各项设施，保证各类用水的协调配置。同时，与城市总体规划相协调，促进区域的整体协调发展。

城市水生态系统既是生态城市系统的一个重要组成部分，又是区域水资源系统的一个子系统。因此，城市水生态系统规划要与城市规划和区域水资源综合规划相协调。水资源开发和水污染控制的实践证明，从大范围全系统来考虑城市水生态系统问题，合理优化配置工程设施，能使区域综合效益最优化。如美国田纳西河流域在统一规划的基础上，经过建设达到了城市防洪、水源利用、水能、水运协调发展的目标。如果只是局部地考虑本城市的需要，"各人自扫门前雪"，则最终只能自食其果。因此，从区域或流域层次上进行城市水系统规划，综合考虑水资源条件、水环境容量、城市水系统设施布局、防洪减灾、污染治理与排放等问题，有着重要意义。

从组成城市的要素特征看，城市实际上是一个由水、电、路、供热燃气、通信、消费等许许多多系统构成的大网络系统。在这个大网络中，水是市政公用设施的重要组成部分，对城市的经济发展、社会稳定和环境改善起着至关重要的作用。但它不是孤立存在的，而是与其他许多网络相互交织、相互促进和相互制约的，如水网服务于消费网，却依赖于电网，也常常受制于路网。相关的网络间需要协调，否则，便可能存在安全隐患，或出现"管线打架"现象，进而导致市政工程建设的重复、返工、浪费等后果。显而易见，城市水网是城市大网络系统中不可分割的有机组成部分，应将其纳入城市大网络系统，统一规划、统一建设统一管理。

我们既要强调城市水生态系统的整体规划和设计，又要有效协调与城市其他规划建设的关系。例如，近十年来，越来越多的案例将土地利用计划与雨水利用、径流污染控制相结合，将城市的土地利用进行分区，在城市的绿化带、植被缓冲带规划中考虑对城市水文的影响；在城市地面硬化中增加渗透铺装；在城市景观设计中，尽可能保持原地形地貌，使用低湿绿地、渗透管渠等渗透设施。另一方面，城市水系统设计的生态化，要求其必须采取因地制宜的原则，与具体的自然系统相结合，与特有的城市结构相结合，从而带来了城市水系统的多样化。多样化的城市水系统不仅可以更好地发挥城市水系统的各种功能（包括娱乐和景观功能），也可以更好地与自然水体相连接，成为自然水体的一部分，而不是将城市景观水体与整个城市的生态系统隔断，进而解决城市水系统目前与其他基础设施之间的冲突问题。

3. 提高城市水生态系统规划的应变性，适应城市可持续发展的要求。

城市化的飞速发展，使得城市水生态系统规划实施的环境变得不稳定，往往是规划实施完成就达到了规划期末的要求，无法满足继续增长的发展需要，进入了返工、规划，再返工再规划的怪圈当中。这就要求城市规划人员树立前瞻、动态的规划思路，进行分阶段规划，每一阶段的规划应体现相应的合理性与完整性，使规划富有弹性，适应城市发展的需要。

在传统城市水生态系统的防洪和排水设施规划设计中，强调采用分流制排水体制，将雨水和污水尽快排出城市，忽视了对城市径流的面源污染控制和雨水资源的利用。但是大量案例表明，现有的城市雨污分流排水体制并不能经济有效地解决暴雨污染负荷问题。随着生态城市建设目标的提出，加上城市径流污染问题的日益突出，要求我们不能一味墨守成规，必须根据当地的降雨、水文和地质状况，经过详细的经济和技术评估后确定排水体制。特别是在老城区排水管网改造中，由于涉及的方面多，问题复杂，社会矛盾大，投资估算困难，风险高，应该对各种因素进行长期综合评估，制定因地制宜的合理的改造方案。同样的策略也应当应用于混合管网（由于混接、乱接与错接，雨水管接纳污水、污水管网接纳雨水）的改造问题上。

4. 重视治污和再生水回用技术的应用，建立城市水生态系统良性循环机制，实现城市水资源可持续利用，为建设生态城市打好基础。城市化进程的加快，加剧了城市的水资源危机和水环境危机，城市污水的再生利用是开源节流、减轻水体污染程度、改善生态环境解决城市缺水问题的有效途径之一。从未来生态城市建设发展趋势看，推行清洁生产，应该强化源头和过程控制，应是我们的指导方向。目前，我国尚未建立城市污水再生利用规划指标体系。在城市建设总体规划中，虽然进行了城市的水系统规划，但在水资源的综合利用方面缺乏统一的规划，尤其是城市污水再生利用规划，这势必会造成重复建设和决策失误。所以，城市污水再生利用应纳入城市总体规划以及城市水资源合理分配与开发利用计划，在综合平衡科学论证的基础上，针对城市实际情况进行总体规划，确定其应有的位置和作用。在再生水水质、使用用途、处理程度、处理流程输水方式的选择上，要综合平衡、远近结合，既要满足功能要求和用水水质需求，又要因地制宜、经济合理。过高的目标与要求，将可能适得其反。城市污水的收集与处理是城市污水再生利用的重要前提条件，目前我国的城市污水管网规划建设严重滞后于城市发展，二级生物处理率不到15%。故强化城市污水管网与污水处理规划建设是推动城市污水再生利用的关键。但是我们对污水再生利用的认识不够，在缺水时优先考虑的是调水，而且绝大多数城市污水处理厂的规划、设计与建设目标是达标排放，往往没有考虑污水的大规模再生利用。因此，今后城市污水处理厂的建设，既要满足区域水污染控制要求与相应的排放标准，也要考虑城市污水的再生利用需求，真正达到清洁生产无害化。

三、城市水生态系统规划的内容和步骤

1. 城市水生态的调查

根据规划目标与任务，收集城市及所处区域的自然资源与环境、人口经济、产业结构等方面的资料与数据。资料与数据的收集不仅要重视现状、历史资料及遥感资料，而且要重视实地考察取得的第一手资料。

城市水生态调查的主要目的是调查收集规划区域的自然、社会、人口与经济的资源与数据，为充分了解所规划城市的生态过程、生态潜力与制约因素提供科学依据。

在进行城市水生态规划时，首先必须掌握规划城市或规划范围内的自然、社会、经济特征及其相互关系。尽管规划的目标千差万别，但实现规划目标所依赖的城市及区域自然环境与资源的基础往往是共同的，通常包括自然环境与自然过程、人工环境、经济结构、社会结构等；所需资料包括历史资料、实地调查、社会调查与遥感技术应用等4类。

通过实地调查获取所需资料，是城市水生态规划收集资料的一种直接方法。尤其是在小城市大比例尺的规划中，实地调查更为重要。

在大城市水生态规划中，不可能对所涉及的范围就所有有关的因素进行全面的实地考察。故收集历史资料在规划过程中占有非常重要的地位。在城市水生态规划中，必须十分重视城市人类活动与自然环境的长期相互影响与相互作用，如资源衰竭、土地退化水体与大气污染、自然生态系统破坏等生态问题均与过去的人类活动有关，而且往往是不适当的人为活动的直接或间接后果。为此，对历史资料的调研尤为重要。

城市水生态规划强调公众参与。通过社会调查，以了解城市各阶层居民对城市发展的要求以及所关心的共同问题或矛盾的焦点，以便在规划过程中体现公众的意愿。同时，还可以通过社会调查、专家咨询，把对规划城市十分了解的当地专家的经验与知识应用于规

划之中。

2. 城市水生态的评价

城市水生态评价的主要目的在于运用城市复合生态系统，从景观生态学的理论与方法，对城市及其周围的资源与环境的性能生态过程特征以及生态环境的敏感性与稳定性进行综合分析，从而认识和了解城市环境资源的生态潜力。

（1）城市生态过程分析

城市生态过程的特征是由城市生态系统以及城市宏观结构与功能所规定的，其自然生态过程实质上是生态系统与景观生态功能的宏观表现，如自然资源及能流特征、景观生态格局及动态，都是以组成城市景观的生态系统功能为基础的。同时，由于城市的工农业、交通、商贸等经济活动的影响，城市的生态过程又赋予了人工特征。显然，在城市生态规划中，受极其密集的人类活动影响的生态过程及其与自然生态过程的关系是应当关注的重点。在可持续城市的生态规划中，往往需要对城市能流物流平衡、水平衡、土地承载力及景观空间格局等与城市环境保护密切相关的生态过程进行综合分析。

城市复合生态系统的能量平衡与物质循环，是城市生态系统及景观生态能量平衡的宏观表现。由于受密集的经济活动所影响，城市能流过程带有强烈的人为特征。一是城市生态系统营养结构简化。自然能流的结构和通量改变，而且生产者、消费者与分解还原者分离，难以完成物质的循环再生和能量的有效利用。二是城市生态系统及景观生态格局改变。许多城市单元社区及交通"廊道"的增加，成为城市物流的控制器，使物流过程人工化。三是辅助物质与能量投入大量增加以及人与外部交换更加开放。以自然过程为基础的郊区农业更加依赖于化学肥料的大量投入，工业则完全依赖于城市外的原料的输入。四是城市地面的同化及人为活动的不断强化，使自然物流过程失去平衡，导致地表径流进入污水系统以及土地退化加剧，而人工物流过程也不完全，导致有害废弃物的大量产生和不断积累，大气污染、水体污染等城市生态环境问题日益加剧。通过城市物流、能流的分析，可以深入认识城市的生态过程。

（2）城市生态潜力分析

城市生态潜力，是指在城市内部单位面积土地上可能达到的第一性生产水平。它是能综合反映城市生态系统光、温、水、土资源配合效果的一个定量指标。在特定的城市或区域，光照温度、土壤在相当长的时期内是相对稳定的，这些资源组合所允许的最大生产力通常是这个城市绿色生态系统的生产力的上限。通过分析与比较城市及所处区域的生态潜力之现状、土地承载能力，可以找出制约城市可持续发展的主要环境因素。

（3）城市生态格局分析

城市是以自然生态系统为基础，从人类活动中产生的，称之为城市人类景观生态格局，是复合生态系统的空间结构。城市自然和人工景观的空间分布方式及特征，与城市生产、生活活动密切相关，是人与城市自然环境长期作用的结果。无论是残存的自然生态系统，还是人工化的城市景观要素，均反映在该城市所处地域的土地利用格局上。在这种意义上，城市生态规划就是运用城市生态学原理及人工与自然的关系，对城市土地利用格局进行调控。因此，城市复合生态系统的景观结构与功能分析对城市生态规划有着重要的实际意义。

（4）城市水生态敏感性分析

在城市复合生态系统中，不同生态系统或景观要素，人类活动的干扰表现是不同的。有的生态系统对干扰具有较强的抵抗力；有的则恢复能力强，即尽管受到干扰后在结构和功能方面会产生偏离，但很快就会恢复系统的结构和功能；然而，有的系统却相当脆弱，即容易受到损害或破坏，也难以恢复。城市水生态敏感性分析的目的就是分析、评价城市内部各系统对城市密集的人类活动的反应。根据城市建设与发展可能对城市水生态系统的影响，生态敏感性分析通常包括城市地下水资源评价、敏感集水区和下沉区的确定、具有特殊价值的生态系统及人文景观以及自然灾害的风险评价等。

3. 城市水生态的决策分析

城市水生态决策分析的最终目标是提供城市可持续发展的方案与途径，它主要根据城市建设和发展的要求与城市复合生态系统的资源、环境及社会经济条件，分析和选择经济学与生态学合理的城市发展模式及措施。城市水生态决策分析的内容主要包括：根据城市建设与发展的目标分析、资源要求，通过与城市现状资源的匹配分析，即生态适宜性分析，确定初步的方案与措施，最后运用城市生态学、经济学的知识与方法对初步的方案进行分析、评价及筛选等。

（1）城市水生态适宜性分析

城市水生态适宜性分析是城市生态规划的核心，其目标是根据城市环境性能及所处区域的自然资源条件，根据城市发展的要求与资源利用要求，划分水资源与环境的适宜性等级。正因为适宜性分析在水生态规划中的重要性，生态规划的理论与实践工作者均对适宜性分析方法进行了大量探索，创立了许多方法，如整体法、数学组合法、因子分析法及逻辑组合法等。

（2）城市水生态规划方案的评价与选择

由城市水生态适宜性分析所确定的方案与措施，主要是建立在城市环境特征及所处区域资源条件基础上的。然而，城市规划的最终目标是促进城市的可持续发展，特别是改善城市的生态环境条件以及增强城市的可持续发展能力。因此，对初步方案的评价主要包括三方面。

①规划方案与规划目标。在方案评价中，首先分析各规划方案所提供的发展潜力能否满足规划目标的要求。当全部不能满足要求时，通常调整规划方案或规划目标，并做出进一步的分析，即分析规划目标是否合理，以及规划方案是否充分发挥了城市资源环境与社会经济发展的潜力。

②成本—效益分析。每一项规划方案与措施的实施都需要有资源及资本的投入，同时，各方案实施的结果也将带来经济、社会或环境效益。各方案所要求的投入及产出的效益是有差异的。因此，要对各方案进行成本—效益分析与比较，进行经济上的可行性评价，以

便筛选那些投入低、效益好的方案与措施。

③对城市发展潜力的影响。城市建设与发展的结果必然要对城市生态环境产生影响，有的方案与措施可能带来有利的影响，可以改善城市生态环境条件；有的方案或措施可能会损害城市生态环境条件。发展方案与措施的环境影响评价，主要包括对自然资源潜力的利用、对城市环境质量的影响、对城市景观格局的影响、自然生态系统的不可逆分析，以及对城市可持续发展能力的综合效应等几方面。各方案对城市持续发展能力的影响涉及城市生态、经济与自然环境等多方面。

第六节 城市水生态建设

一、城市水生态建设概述

水生态建设，是指有利于防止水生态破坏、维护水生态平衡、促进水生态良性循环的建设。目的是创建安全、健康、舒适和具有生态功能的人工生态环境。

城镇化是现代化的重要标志，2001 年我国城镇化率已经达到 37.66%，到 2030 年世界城市人口将超过 60%，我国城市人口也将达到 60%，超过 9 亿人。城市化对全面建设小康社会，加快推进我国现代化进程具有十分重要的作用。国际上普遍认为，现代城市要建立一套统一管理的道路网、电力网、绿网、水网和信息网 5 大网络，使物流、电流、生物流水流和信息流通畅，这是现代城市产生高经济效益和可持续发展的基础，其中城市水网建设是至关重要的一环。目前城市水生态系统存在着水体污染与水环境恶化、排水系统与污水处理设施滞后、水面面积不足、水文化水景观开发还没有得到应有的重视等诸多问题，可以说水网是现代城市 5 大网络中最为脆弱的一环。

党的"十六大"明确提出了全面建设小康社会的奋斗目标，而城市居住环境，尤其是水环境的改善，是全面建设小康社会的重要内容，已经成为城市居民和政府最为关注和重视的问题。北京、上海、武汉等城市人大代表和政协委员提案都提到了治理水污染，改善水生态问题。武汉市人代会上，东西湖、汉阳、洪山等 3 个代表团不约而同地提交治水议案，呼吁"治理水污染刻不容缓"，"东西湖不应成为污水排放地"，"期待污水变清那一天"。武汉东湖的治理、上海苏州河整治、济南泉城的恢复等，已经成为市民的迫切要求。所以，城市水生态建设代表了人民群众的根本利益。

二、城市水生态建设的原则、目标和内容

在城市水生态系统现状调查评价基础上，根据城市功能定位、总体规划、社会经济发展对水生态建设质量的需求、水资源条件的现实可能性等，提出分阶段水生态建设的目标

和实施方案，以及各项保障措施。

1. 城市水生态建设的原则

（1）以人为本、人水协调的原则

城市水生态建设行动要贯穿以人为本的原则，服从、服务于全面建设小康社会的大局，逐步建立起人水协调的城市水生态系统。通过水景观、水生态、水文化的建设，使城市成为居住舒适、环境美观、水清岸绿、和谐自然的生存和发展空间，生物多样性得到改善。

（2）遵循自然规律和经济规律并重的原则

城市水生态建设行动要尊重生态规律和水资源规律，紧密结合当地水生态系统特点，以恢复、保护为主，以改造、建设为辅，使城市水系成为城市与外部自然界上下沟通的"绿色通道"和"生态走廊"。高度重视水资源条件的现实和可能，尤其是北方城市，要考虑水生态建设对水资源的需求和当地的水资源承载能力，慎重并适宜地进行水生态系统的规划和建设。

城市水生态系统建设既是关系到城市居民生活质量的公益性事业，又是促进经济发展、改善投资环境的基础保障。要区分不同性质的建设活动，根据国家有关产业政策，尊重市场经济规律，建立起既有公益性又有市场化的多方投资广泛参与的城市水生态系统建设模式。

（3）统筹规划、统筹治理的原则

城市水生态建设是一项系统性工程，不仅涉及跨行业的统筹兼顾问题，如防洪安全、排水规划、污染控制、河道整治等，而且涉及城市上下游地区之间的关系、社会经济发展战略布局和人居环境保护等，需要综合考虑。因此要统筹兼顾综合规划。例如，水利工程调度要由传统的城市防洪功能向兼顾保护城市水生态系统功能方面转变，城市河道景观工程建设兼顾河流水生态系统健康和连续性以及防洪安全等。避免顾此失彼，一面建设一面破坏的情况发生。

（4）因地制宜、突出重点的原则

各城市所处的自然环境不同，城市水生态建设行动要与当地宏观背景生态相协调。密切结合当地的生态环境特点、气候特点和水资源条件，避免盲目建设。各城市的经济发展水平不同，城市功能定位也各有侧重，这些对城市水生态建设的途径方式、目标等产生影响，应抓住重点，突出特色，不能一刀切。

（5）分步实施、滚动发展的原则

我国城市发展很不平衡，城市社会经济发展水平还不高，而城市水生态系统受到的破坏却很严重，建设和恢复城市水生态系统的任务可谓任重道远。所以，城市水生态建设是一项长期而艰巨的任务。根据现实和可能，近期应重点放在影响大、投入少、见效快的部分。对于其他方面，本着分步实施滚动发展的原则，分期分批列入计划。

（6）生态建设与城市建设相协调的原则

近几十年，在城市化快速发展的进程中，各地普遍存在着城市规划和建设对社会经济发展考虑较多，而忽视了城市生态，造成对城市水生态系统破坏的现象。因此，城市水生态建设行动既要考虑城市建设的要求，也要对城市建设提出相应的建议和意见。这样才能逐步实现人水和谐的目标。水系是城市的"生态脉络"，应将水系生态建设纳入城市总体建设规划。

（7）政府引导、广泛参与的原则

城市水生态建设行动是一项功在当代、利在千秋的事业，不仅对城市长远发展具有重要的战略意义，更关系到城市居民的生活质量和长远发展。政府在其中要积极引导，以促进城市水生态建设发展的作用；同时还要积极吸引民间资本、海外资本投入城市水生态建设，鼓励社会各界关心并参与城市水生态建设行动。

2. 城市水生态建设的目标

城市水系统建设的总体目标是：根据城市水生态系统存在的主要问题，结合城市发展定位与总体规划，对城市水生态系统涉及的防洪、污水收集处理、水系整治、堤岸改造、旅游娱乐、水质保护、沿岸绿化等统筹规划，提出城市水生态建设行动目标。要求计划目标要科学合理、切合实际，具有可操作性。具体目标包括以下内容。

（1）水质目标

通过行动计划的实施，遏制城市水污染恶化趋势，近期水质基本达到城市水功能区划的要求；中期水平年水质得到全面改善，实现水清的目标，为恢复和重建水生态系统，为近水区经济带、生态带、景观带的建设奠定水质基础。

（2）河道整治目标

通过行动计划的实施，使城市分散、孤立的水系联成流动、循环的水网系统，满足亲水要求，达到水系的连续、整体和通畅的目标。通过堤防建设，提高城市防洪安全水平和景观舒适度，为沿河经济带的建设和腾飞提供水景观支撑。

（3）生态目标

保护现有湖泊湿地，改善城市生物多样性，满足城市居民接近自然的要求。在水质改善的基础上，通过植被体系建设，使沿河植被和水中生物得到初步恢复，做到水清、岸绿，初步实现城市水系生态化。对于具有水文化特色的水系，要结合名胜古迹、旅游景观、水上运动和娱乐等项目，为其提供水环境保障。

3. 城市水生态建设的内容

城市水生态建设的内容主要包括：水体的保护与水生态系统的恢复，包括河、湖、渠、地下水的水量、水质、水生生物等指标；污染控制和治理，包括入河污染源、内源污染、漂浮物等污染物；周边立体植被建设，包括浅水植物、岸边绿化带、乔灌草立体结构、岸边景观等。

城市水生态建设要以水体为核心，以功能全面达标和生物多样性恢复为目标，以污染控制为重点，以河道治理和生态建设为重要手段，以城市水资源规划和生态需水为依据，通过水量调度、防洪工程、河湖整治、河道生态修复、截污治污、沿岸绿化、湿地保护和制度建设等，建立起水安全、水环境、水景观、水文化、水经济、水生态相互协调、有机组合的城市水生态系统，达到城市水生态建设行动计划的最终目标。

三、城市水生态管理

城市水生态建设与生态保护需要健全法制，强化生态管理。即：

1. 完善立法、严格执法。最好能尽快制定自然保护基本法，在国家尚未制定以前，各区域（如省域）应制定和完善生态保护生态建设的地方性法规，并严格执行。

2. 加强宣传教育，提高全民族的生态意识。一是要懂得生态环境保护和自然资源的合理开发利用，不仅涉及国民经济和社会发展，而且关系到国家的安全与生存；二是要认识到资源属国家所有，资源是有价值的，不能无偿使用；三是要认识到人是大自然的组成部分，遵循人与环境和谐规律，善待自然。

3. 实施区域开发建设环境影响评价制度。根据生态规律的负载有额律和协调稳定律，以及协调发展论和可持续发展的理论，区域开发建设及自然资源的开发利用、开发强度不能超出资源环境的承载力，如果只顾眼前利益和需求，过度开发利用自然资源，必将造成生态破坏。所以，要实施区域开发建设环境影响评价制度，生态建设一定要以生态理论为指导，加强区域开发建设环境影响评价工作，并在生态评价指标的筛选和生态影响评价方面着力加强。

4. 对资源开发利用实行全过程控制。环境管理由尾部控制过渡到源头控制，由末端环境管理转变为全过程环境管理，主要理解为对环境污染（特别是工业污染）进行全过程控制。由于"十五"期间开始转变环境保护战略，突出了生态保护与污染防治并重的原则。因此，环境管理必须转变观念，全过程生态环境管理是要对所有经济开发建设过程进行全过程控制。特别要采取有效措施，对森林、草地、水资源、土地资源等自然资源的开发利用进行全过程监控，防止产生新的生态破坏。

5. 切实加强生态监测。在《国务院关于进一步加强环境保护工作的决定》中，要求进行生态监测，建立监测的指标体系。所以在制定城市生态规划时，应以国家的有关法规政策为依据，从本领域的生态特征和环境监测的实际技术水平出发，通过调查评价、专家咨询，建立生态监测指标体系，开展生态监测，为全国生态监测的规范化、制度化奠定基础。

6. 运用经济手段保护生态环境。随着经济体制改革的深入，市场机制在中国经济生活中的调节作用越来越强。应更多地运用经济手段强化生态管理，达到保护生态环境的目的。例如，按照资源有偿使用的原则，征收资源开发利用补偿费生态补偿费，并试行把自然资源和环境纳入国民经济核算体系，积极创造条件试行环境成本核算，促使开发建设单位努力降低开发过程中对生态环境的破坏程度。

第四章 城市生态水利工程总体安全设计

第一节 防洪排涝安全

我国城市化发展速度十分迅猛，目前城市人口已占总人口的 30% 左右，预计到 2020年前后可达到 50%~60%。这就意味着城市的人口和财产要大量增加，城市规模要不断扩大，表现在城市防洪方面主要有两方面的问题。

1. 城市致灾因子加强：主要表现在随城市扩大，地表覆盖面积增加，即不透水面积增加，透水面积缩小。相对同样降雨，地表径流加大，发生内涝的因素增加。同时由于城区地下水补给减少，加剧地面沉降，排涝困难，城市下垫面的变化是大城市内涝不断发生的主要原因。

2. 城市相对于灾害脆弱化：有人认为随着城市的现代化，城市的防洪排涝能力也自然有所加强，事实正相反，越是现代化的城市，对城市洪涝灾害的承受能力越差。主要表现在以下方面：

（1）城市人口与财产密度加大，同样的洪涝所造成的生命财产损失加大；

（2）城市地下设施，如交通、仓库、商场、管线等大量增加抗洪涝能力较差；

（3）维持城市正常运转的生命线系统发达，如电、气、水、油、交通、通信、信息等网络密布，一处发生故障将产生较大面积的辐射影响。

城市河道一般是排洪除涝的主要通道，因此在设计过程中更要重视防洪功能的实现。特别是城市河道往往具有景观、休闲等多重功能，要充分认识和辨清防洪安全在其所具有的复合功能中占据的主导地位，其他功能的实现必须以防洪功能为基础。在实际工作中，这些具体功能之间可能会存在一些差异甚至矛盾，需要通过调查和研究予以协调，选择最符合可持续发展要求的治理方法。

防洪、排涝、排水三种设计标准的关系。

目前，在我国大部分城市，城市防洪与城市排水分别属于水利和市政两个行业，在学术研究上，两者也分别属于水利学科和城市给排水学科。而一个城市的防汛工作则由这两个行业合作完成。市政部门负责将城区的雨水收集到雨水管网并排放至内河、湖泊，或者直接排入行洪河道；水利部门则负责将内河的涝水排入行洪河道，同时保证设计标准以内的洪水不会翻越堤防对城市安全造成影响。为了保证城市防洪排涝安全，两个部门各有自己的设计标准。市政部门采用的是较低的重现期标准，一般只有 1~3 年一遇，有的甚至一年几遇。而水利部门有两种设计标准，分别是防洪标准和排涝标准，其重现期一般较高，范围也很宽，防洪标准可从 5 年一遇到最高万年一遇。在工作中，对于城市防洪、城市排涝以及城市排水三种设计标准的概念往往比较模糊，容易弄混。

要搞清楚城市防洪、排涝及排水三种设计标准的区别，先要明白洪灾与涝灾的区别。按水灾成因划分，洪灾通常指城市河道洪水（客水或外水）泛滥给城市造成的严重损失，而涝灾则是指由于城区降雨而形成的地表径流，进而形成积水（内水）不能及时排出所造成的淹没损失。为了保护城市免受洪涝灾害，需要构建城市防洪排涝体系。

一个完整的防洪排涝体系包括防洪系统和排涝系统。防洪系统，是指为了防御外来客水而设置的堤防、泄洪区等工程设施以及非工程防洪措施，建设的标准是城市防洪设计标准；而排涝系统包括城市雨水管网、排涝泵站、排涝河道（又称内河）、湖泊以及低洼承泄区等，城市管网、排涝泵站的设计标准一般采用的是市政部门的排水标准，排涝河道、湖泊等一般采用水务部门的城市排涝设计标准。

城市防洪标准的制定，是一项涉及面很广的综合性系统工程，它与城市总体规划、市政建设以及江河流域防洪规划等联系密切，城市防洪标准分级只采用"设计标准"一个级别。

在规划设计上，排水管网采用的是将暴雨强度公式计算的一定重现期的流量作为设计标准，这个重现期是指相等的或更大的降雨强度发生的时间间隔的平均值，一般以年为单位。按照《室外排水设计规范》规定，重现期一般采用 0.5~3 年，重要干道、重要地区或短期积水即能引起较严重后果的地区，一般采用 3~5 年，更重要的地区还可以更高，如北京天安门广场的雨水管道，是按照特别重要的排水标准采用设计重现期等于 10 年进行设计的。

城市防洪、排涝及排水三种设计标准的区别与联系主要表现在以下几个方面。

1. 适用情况不同。

城市排涝设计标准主要应用于城市中不具备防洪功能的排涝河道、湖泊、池塘等的规划设计中，主要计算由区域内暴雨所产生的城市"内涝"；而城市防洪标准主要应用于城市防洪体系的规划设计，包括城市防洪河道堤防、泄洪区等，沿海城市还包括挡潮闸及防潮堤等。其涉及的范围不但包括区域内暴雨所产生的城市"内涝"，还包括江河上游地区及城市外围产生的"客水"。城市排水设计标准主要应用于新建、扩建和老城区的改建、工业区和居住区等建成区，它以不淹没城市道路地面为标准，对管网系统及排涝泵站进行设计。

2. 重现期含义的区别。

城市防洪设计标准中的重现期，是指洪水的重现期，侧重"容水流量"的概念；城市排涝设计标准与城市排水设计标准中的重现期，是指城市区域内降雨强度的重现期，更侧重"强度"的概念。

另外，城市排涝设计标准和城市排水设计标准中的重现期的含义也有区别。城市排涝设计标准中的重现期采用年一次选样法，即在 n 年资料中选取每年最大的一场暴雨的雨量组成 n 个年最大值来进行统计分析。由于每年只取一次最大的暴雨资料，所以在每年排位第二、第三的暴雨资料就会遗漏，这样就使得这种方法推求高重现期时比较准确，而对于低重现期其结果就会明显偏小。城市排水设计标准中暴雨强度公式里面的重现期采用的是年多个样法，即每年从各个历时的降雨资料中选择 6~8 个最大值，取资料年数 3~4 倍的最大值进行统计分析，该法在小重现期时可以比较真实地反映暴雨的统计规律。

3. 突破后危害程度不同。

洪水对整个流域内经济社会的危害程度要远远大于一场暴雨对一个城市的危害程度。如 1998 年嫩江、松花江发生的超历史记录的大洪水，损失巨大。据初步统计，受灾县（市）达到 88 个，受灾人口 1733 万人；被洪水围困人口 144 万人，紧急转移人口 258 万人，进水城镇 70 个，积水城镇 73 个，淹没耕地 5193 万亩，死亡牲畜 137 万头，全停产工矿企业 3742 个，洪水淹没油井 4100 口，铁路中断 32 条次、中断时间 3658h，中断各级公路 1512 条次，冲毁铁路桥涵 101 座、公路桥涵 7457 座，毁坏铁路 61.51km、公路 8601km，毁坏水库 124 座，毁坏堤防 3390km，冲毁水文站 67 个，直接经济损失达 480 亿元。这样的损失是流域内任何一个城市出现超标准的暴雨对该城市造成的内涝损失所无法比拟的。

值得注意的是，从 20 世纪 90 年代以来的水灾统计资料看，涝灾在水灾损失中所占的比例呈增长趋势，这一特点在南方流域中下游平原地区和城市表现得尤为突出。经分析，在我国水灾损失中，涝灾损失约为洪水的 2 倍。究其原因，主要是随着城市化进程的加快，城市向周边地区高速扩张，这些地区又往往是低洼地带，城市不透水面积的增加，导致地表积涝水量增多，加之在城市发展过程中对涝水问题往往缺乏足够的认识，排涝通道和滞蓄雨水设施不充分，因而造成一旦发生较强的降雨就出现严重内涝的情况。

4. 外洪内涝之间具有一定程度的"因果"关系。

城市外来洪水和城市内涝之间存在相互影响、相互制约、相互叠加的关系：行洪河道洪水水位高，则涝水难以排出；而城市排涝能力强，则会增加行洪河道的洪水流量，抬高河道水位，加大防洪压力和洪水泛滥的可能性；当出现流域性洪水灾害时，平原发生洪水泛滥的地区通常已积涝成灾，如 1931 年、1954 年、1998 年洪水期间，长江中下游洪水泛滥区多为先涝后洪，遭受洪灾的圩垸，80%~85% 都已先积涝成灾，洪水泛滥则使其雪上加霜。

城市防洪标准与城市排涝标准的接近程度与流域面积的大小有关，流域面积越小，二者标准越接近，这是由于越小的流域内普降同频率暴雨的可能性越大。在一个较大流域内，不同地区可能发生不同重现期的暴雨，整个流域下游河道形成的洪水的重现期可能大于流域内大部分地区暴雨的重现期，而两者的关系还取决于各地区排涝设施的完善程度。对于小流域来说，二者常常等同。

据统计，目前我国有防洪任务的城市 642 座（未计港澳台地区），其中只有 177 座城市达到国家防洪标准，占有防洪任务城市总数的28%；而另外还有465座城市低于国家规定的防洪标准，占总数的72%。随着我国各地经济的发展，越来越多的城市把城市防洪排涝体系建设提上了重要议程，大约已有440座城市制定了防洪规划。在城市防洪体系的建设中，一定要正确处理好"防外洪"与"排内涝"之间的关系，依据作为保护对象的城市的重要程度及破坏后果，合理确定不同区域不同河道相应的防洪、排涝及排水设计标准，保证各个城市的防洪排涝安全，把超标准洪涝灾害对城市的威胁降到最低。

第二节　亲水安全

"亲水设计"一词是现代景观设计的概念，也是现代景观设计的重要内容之一，是为了满足人们亲水活动的心理要求，建造现代城市亲水景观和亲近自然的居住环境而提出的。亲水设计的内容通常根据人们亲水活动的范围而确定，常见的亲水活动主要有岸边戏水、水边漫步、垂钓和其他活动。因此，亲水设计更多体现的是亲水设施和场地的设计，例如，水边阶梯与踏步、水边散步道、栈道与平台休憩亭与座椅等。

亲水设计按照利用者的活动方式和相应的配套设施，可分为以下几种类型，如表4-1所示。

表4-1　亲水活动及设施的类型

名称	活动类型	主要内容	设施
近水、触水型	河溪戏水	在浅滩、小溪戏水	小溪、浅滩、台阶、小道
观赏型	游览欣赏	在滨水区行走游览	水边小道、散步道
休闲、散步型	陶冶性情	以放松的心情散步、休憩	散步道、座椅、广场、栈道
运动、健身型	水上活动	在河岸边利用水面娱乐	散步道、广场、阶梯踏步
大型文化娱乐活动	传统性、季节性活动	在滨水区举行传统活动及众多人的聚集活动	多功能广场、坡道、河滩、草坪、边滩

在提倡近水和亲水设计的同时，不应忽略安全问题，狭义的亲水安全指的是在接近、接触水的水边部位应考虑采取防范性的安全设施，避免在亲水区发生跌倒溺水事故。广义的亲水安全除考虑采取安全防护设施避免人员伤亡外，还应满足人们戏水、玩水等与水接触时水质的达标与否。

一、亲水水质要求

（一）水质评价指标

根据功能要求，选定相应的水质标准作为评价标准，通过取样采用合理的评价方法对水体中的高锰酸盐指数、总氮、总磷、色度、pH 和浊度等指标进行分析，说明水质达标情况。一般来说，高锰酸盐指数、总氮、总磷、色度、pH 和浊度的大小就代表了水体受污染的程度，也就是说，这些指标的数值是水体是否受到污染以及受污染的程度体现。

1. 氮和磷

氮和磷高含量是景观水体富营养化的根源，景观水质变化的主要原因是太阳光直接照射到池底，加上部分富营养化的生活污水的渗透，极易促进藻类的生长与繁殖。如果藻类的生长不能尽快处理，就会出现藻类疯长的现象，如水体变绿，水的底层变成黑色，甚至透明度降为零。同时，藻类在生长中还与观赏鱼争抢水中的氧气，使观赏鱼因为缺乏氧气而死亡。另外，水体藻类的繁殖会引起水体中溶解氧的消耗，导致水体缺氧并滋生厌氧微生物造成水体发黑发臭。一般来说，水体中出现藻类大量繁殖生长，水质发生恶化，在这种情况下仅靠水体原有的生态系统是难以完成自净的。通过科学研究发现，水菌藻类大量繁殖的原因在于水体中的磷和氮等营养成分。大多数水体的来源主要是补充河水、地下水和雨水，水中含有数量不等的磷和氮等营养元素，且水在空气中自然蒸发，水中的氮磷不断浓缩，加上换水不及时、水体不流动，几乎是一潭"死水"，致使藻类以及其他水生物过量繁殖，水体透明度下降，溶解氧降低，造成水质恶化。

2. 高锰酸盐指数

高锰酸盐指数是指在一定条件下，以高锰酸钾（$KMnO_4$）为氧化剂，处理水样时所消耗的氧化剂的量。水体中的高锰酸盐指数越低，表明景观水的水质越好；水体中的高锰酸盐指数越高，表明景观水受污染状况越严重。

3. 浊度

水中含有泥土、粉砂、微细有机物、无机物、浮游生物等悬浮物和胶体物都可以使水质变得混浊而呈现一定的浊度。水的浊度不仅与水中悬浮物质的含量有关，而且与它们的大小、形状及折射系数等有关。浊度的高低一般不能直接说明水质的污染程度，但水的浊度越高，表明水质越差。

4. pH

水的 pH 也就是水的酸碱度，它主要对水体和水岸边植物的生长产生影响，对水体中动物的生活以及水体中的微生物活动产生影响。

如果水体的 pH 太大或太小，就会使水体中的动植物和微生物不能正常活动，导致整个水体的自净功能瘫痪。

5. 水的色度

水的色度是对天然水或处理后的各种水进行颜色定量测定时的指标。水中溶解性物质和悬浮物两者呈现的色度是表色，水的色度是指去除混浊度以后的色度，是真色。纯水无色透明，清洁水在水层浅时应无色，水层深时为浅蓝绿色。天然水中含有腐殖酸、富里酸藻类、浮游生物、泥土颗粒、铁和锰的颗粒等，所观察到的颜色不完全是溶解物质所造成的，天然水通常呈黄褐色。多数洁净的天然水色度在 15~25 度，色度这一指标并不能清楚地说明水的安全性。

虽然色度并不能准确地表示水体的污染程度，但城市河道水体本身就是供人们欣赏所用的，人们从感官上只会注意水的颜色和味道，所以如果景观水的水体颜色较深的话，常给人以不愉悦感。水质分析结果显示，景观水的水体颜色越深，水体受污染状况越严重。

（二）水处理技术

城市河道水体的水质维护目标主要是控制水体中 COD、BOD_5、氮、磷、大肠杆菌等污染物的含量及菌藻滋生，保持水体的清澈、洁净和无异味。水处理的目的是保证和保持整个景观水域的水质，使水景真正成为提高居民生活品质的重要因素。为了使水景的感官效果和水景的水质指标都能达到景观水景的设计和运行要求，就要有适用的水处理技术对景观水水体进行处理，从而使水景完美地展示出其效果。

1. 物理措施

在景观水处理的技术中，传统的治理方法就是引水换水法和循环过滤方法，尽管这些物理方法不能保证水体有机污染物的降低，彻底净化水质，但其能在短时间内改善水质，是水体净化的首选处理方法。

（1）引水换水

水体中的悬浮物（如泥、沙）增多，水体的透明度下降，水质发浑。可以通过引水、换水的方式，稀释水中的杂质，以此来降低杂质的浓度。但是需要更换大量干净的水，在水资源相当匮乏的今天，势必要浪费宝贵的水资源。换水的效果依补水量而定，维持时间不确定，操作容易。

（2）循环过滤

在水体设计的初期，根据水量的大小，设计配套循环用的泵站，并且埋设循环用的管路，用于以后日常的水质保养。和引水、换水相比较，大大减少了用水量。景观水处理技术方法简单易行、操作方便、运行稳定，可根据水系的水质恶化情况调整过滤周期。仅需要循环设备及过滤设备，运行简单，效果明显，自动化程度高操作较为容易，但需要专人管理。

（3）截污法

对城市河道首先考虑的是控制外源污染物的进入。截污就是指将造成水体污染的各个污染源除去，使水体不再受到进一步的污染，这也是保证水质达标的先决条件。

2. 物化处理

河道水体在阳光的照射下，会使水中的藻类大量繁殖，布满整个水面，不仅影响了水体的美观，而且挡住了阳光，致使许多水下的植物无法进行光合作用，释放氧气，使水中的污染物质发生化学变化，导致水质恶化，发出难闻的恶臭，水也变成了黑色。所以，可投加化学灭藻剂，杀死藻类。但久而久之，水中会出现耐药的藻类，灭藻剂的效能会逐渐下降，投药的间隔会越来越短，而投加的量则会越来越多，灭藻剂的品种也要频繁地更换，对环境的污染也会不断地增加。用化学的方式处理水质，虽然是立竿见影的，但它的危害也是显而易见的。使用灭藻剂，设备成本（循环设备、加药装置）、运行成本（耗电、药剂费用）较高，虽操作较为容易，效果明显，但维持时间短，且需要专人管理。

因此，在采用化学法处理景观水水体时，可以结合物理措施，这样可以使化学法和物理法共同达到最佳处理效果。

（1）混凝沉淀法

混凝沉淀法的处理对象是水中的悬浮物和胶体杂质。混凝沉淀法具有投资少、操作和维修方便、效果好等特点，可用于含有大量悬浮物、藻类的水的处理，对受污染的水体可取得较好的净化效果，城市景观河流、人工湖可以采用此方法。沉淀或澄清构筑物的类型很多，但除藻率却不相同，可以根据实际情况选择合适的处理构筑物。

（2）气浮法

投加化学药剂虽然能使水体变清且成本较低，但该方法并不能从根本上改善水质，相反长期投加还会使水质越来越差，最终使水体成为一潭死水。而气浮净水工艺处理效果显著且稳定，并能大大降低能耗，其对藻类的去除率能达到80%以上。

气浮净水工艺具有如下主要优点：

①可有效去除水中的细小悬浮颗粒、藻类、固体杂质和磷酸盐等污染物；

②气浮可大幅度增加水中的溶解氧；

③易操作和维护，可实现全自动控制；

④抗冲击负荷能力强。

（3）人工曝气复氧技术

水体的曝气复氧是指对水体进行人工曝气复氧以提高水中的溶解氧含量，使其保持好氧状态，防止水体黑臭现象的发生。曝气复氧是景观水体常见的水质维护方法，充氧方式有直接河底布管曝气方式和机械搅拌曝气方式，如瀑布、跌水、喷水等，可以和景观结合起来运行，如喷泉、水墙。研究表明，纯氧曝气能在较短的时间内降低水体中的有机污染，提高水体溶解氧浓度和增加水体自净能力，达到改善环境质量的积极效果。

（4）太阳光处理法

一是在水中加入一定量的光敏半导体材料，利用太阳能净化污水；二是利用紫外线杀菌，紫外线具有消毒快捷、彻底、不污染水质、运作简便、使用及维护的费用低等优点。紫外线消毒的前处理要求高，在紫外线消毒设备前端必须配置高精密度的过滤器，否则水体的透明度达不到要求，影响紫外线的消毒效果。

3. 生化处理

生物界菌种的种类繁多，都有着相当复杂的生理特性，例如有固氮菌、嗜铁细菌、硫化细菌、发光菌等，这些微生物在生态系统中起着举足轻重的作用，离开了它们，自然界将堆积满动植物的尸体，到处都是垃圾。

在水生生态中，作为分解者的微生物，能将水中的污染物（包括有机物，某些重金属等）加以分解、吸收，变成能够被其他生物所利用的物质，同时还要让它能够降低或消除某些有毒物质的毒性。

微生物菌种在水体中，不仅要完成它基本的分解有机物，降低或消除有害物质毒性的作用，还要能将水生植物的残枝败叶转换成有机肥，增加土壤的有机质，并对土壤进行改良，改善土壤的团粒结构和物理性状，提高水体的环境容量增强水体的自净能力，同时也要减少水土流失，抑制植物病原菌的生长。生态水处理无需循环设备的投资，但需增加对微生物培养的费用，包括充氧设备及调节水质的药剂等。

生化处理法的原理是利用培育的生物或培养、接种的微生物的生命活动，对水中污染物进行转移、转化及降解作用，从而使水体得到恢复，也可以称之为生物——生态水体修复技术。从本质上说，这种技术是对自然界恢复能力和自净能力的一种强化。开发生物——生态水体修复技术，是当前水环境技术的研究开发热点。

（1）生物接触氧化

生物接触氧化广泛用于微污染水源水的处理，一般去除 COD_{Mn}、$NH_3\text{-}N$ 分别可达 20%~30% 及 80%~90%。若景观水体的初期注入水和后期补充水中的有机物含量较高，则可利用生化处理工艺去除此类污染物，目前广泛采用的工艺是生物接触氧化法，它具有处理效率高、水力停留时间短、占地面积小、容积负荷大、耐冲击负荷、不产生污泥膨胀、污泥产率低、无需污泥回流管理方便、运行稳定等特点。

（2）膜生物反应器

在反应器中，用微滤膜或超滤膜将进水与出水隔开，并在进水部分培养活性污泥或投入培育好的活性污泥，曝气，其出水水质不仅可去除 COD_{Mn}、$NH_3\text{-}N$，而且浊度的去除率极高。

（3）PBB 法

PBB 法是原位物理、生物、生化修复技术，主要是向水体中增氧与定期接种有净水作用的复合微生物。PBB 法可以有效去除硝酸盐，这主要是通过有益微生物、藻类水草等的吸附，在底泥深处厌氧环境下将硝酸盐反硝化成气态氮，再上升至水面返还大气、抑制与去除水中磷、氮的化学机制虽不相同，但都需要充足的氧，氧是治理水环境的首要条件。所以，PBB 法采用叶轮式增氧机，它具有很好的景观水体治理功能。

（4）生物滤沟法

生物滤沟法是将传统的砂石过滤与湿地塘床相结合的组合处理方法，它采用多级跌水曝气方式，能有效地控制出水的臭味、氨氮值和提高有机物的去除效果。

（5）综合法

将曝气法、过滤法、细菌法、生物法有机地结合起来，以这样的环节处理景观水，将使景观水永远清澈、鲜活，不变质。

4.生态修复法

生态修复法是一种采用种植水生植物、放养水生动物建立生物浮岛或生态基的做法，适用于全开放式景观水体。它以生态学原理为指导，将生态系统结构与功能应用于水质净化，充分利用自然净化与水生植物系统中各类水生生物间功能上相辅相成的协同作用来净化水质，利用生物间的相克作用来修饰水质，利用食物链关系有效地回收和利用资源取得水质净化和资源化、景观效果等综合效益。生态方法通过水、土壤、砂石微生物、高等植物和阳光等组成的"自然处理系统"对污水进行处理，适合按自然界自身规律恢复其本来面貌的修复理念，在富营养化水体处理中具有独到的优势，是目前最常用和用得最成功的生态技术。

（1）生物操纵控藻技术

生物操纵是利用生态系统食物链摄取原理和生物相生相克关系，通过改变水体的生物群落结构来达到改善水质、恢复生态平衡的目的。其实现途径有两种：放养滤食性鱼类吞藻，或放养肉食性鱼类以减少以浮游动物为食的鱼类数量，从而壮大浮游动物种群。有研究认为，平突船卵溞等大型植食性浮游动物能显著减少藻类生物量。而且有试验表明，放养滤食性鱼类可有效地遏制微囊藻水华。在实际应用中，生物操纵控藻技术的操作难度较大，条件不易控制，生物之间的反馈机制和病毒的影响很容易使水体又回到原来的以藻类为优势种的浊水状态。

（2）水生植物净化技术

高等水生植物与藻类同为初级生产者，是藻类在营养、光能和生长空间上的竞争者，其根系分泌的化感物质对藻细胞生长也有抑制作用。日本尝试过利用大型水生植物的生物活性抑制藻类生长。国内研究表明，沉水植物占优势的水体，水质清澈生物多样性高。目前研究较多的水生植物有芦苇、凤眼莲、香蒲、伊乐藻等。浮床种植技术的发展为富营养化水体治理提供了新的思路，该技术以浮床为载体，在其上种植高等水生植物，通过植物根部的吸收、吸附、化感效应和根际微生物的分解、矿化作用，削减水体中的氮、磷营养盐和有机物，抑制藻类生长，净化水质。生态浮床技术进行水体修复试验，水体透明度、TP、TN 等指标均明显好转。利用水生高等植物组建人工复合植被在富营养化水体治理中具有独特优势，但要注意防止大型植物的过量生长，使藻型湖泊转变为草型湖泊，这会加速湖泊淤积和沼泽化，在非生长季节大型植物的腐败对水质的影响会更大。大型水生植物对河道、湖泊的船只通航也有一定影响。

（3）自然型河流构建技术

"亲近自然河流"概念很早就已提出，在工程实践中也得到广泛的应用，这些构建自然型河流思路的共同特点是通过河流生态系统的修复，恢复、提高河流的自净能力。自然型河流构建技术主要包括生物和物理两部分。

多自然型河流构建技术的生物部分：应用的生物主要是水生植物和水生动物。利用水生植物净化河水的原理是利用水生植物如芦苇、水花生、菖蒲等吸收水中的氮、磷，有些水生植物如凤眼莲、满江红等能较高浓度富集重金属离子，芦苇则能抑制藻类生长。此外，水生植物还能通过减缓水流流速促进颗粒物的沉降。利用植物净化水体与自然条件下植物发挥净化河水的作用有不同之处，它必须考虑其中的不足之处。首先，大部分水生植物在冬季枯萎死亡，净化能力下降，对此已有使植物在冬季继续生长的研究报道；其次，植物收获后有处理处置的问题，处置不当，会造成二次污染，目前已有利用经济植物净化水体的报道。生物操纵法则是利用水生动物治理水体污染，尤其是治理富营养化水体。经典生物操纵法的治理对策是：放养食鱼性鱼类控制捕食浮游动物的鱼类，以促进浮游动物种群的增长，然后借助浮游动物遏制藻类，使藻类的叶绿素含量和初级生产力显著降低。

多自然型河流的物理结构：包括多自然型河道物理结构和生态护岸（河堤）物理结构。多自然型河道物理结构建设的思路是还河流以空间，构造复杂多变的河床、河滩结构；富于变化的河流物理环境有利于形成复杂的河流动植物群落，保持河流水生生物多样性。目前，生态护岸常采用石笼护岸、土工材料固土种植基、植被型生态混凝土等几种结构。它们的共同特点是：采用有较强结构强度的材料包覆部分或者全部裸露的河堤或者河岸，这些材料通常做成网状或者格栅状，其间填充有可供植物生长的介质，介质上种植植物，利用材料和植物根系的共同作用固化河堤或者河岸的泥土。生态护岸在达到一定强度河岸防护的基础上，有利于实现河水与河岸的物质交换，有助于实现完整的河流生态系统，削减河流面源污染输入量。

（4）人工湿地

人工湿地是对天然湿地净化功能的强化，利用基质——水生植物——微生物复合生态系统进行物理、化学和生物的协同净化，通过过滤、吸附、沉淀、植物吸收和微生物分解实现对营养盐和有机物的去除。采用由砾石、沸石和粉煤灰填料组成的三级人工湿地净化富营养化景观水体，对总氮、总磷、COD、浊度和蓝绿藻的去除效果很好。利用水平潜流人工湿地修复受污染景观水体，湿地系统对有机物、总氮和总磷均有较好的去除作用，去除率随停留时间的延长而提高，温度、填料和植物种类对处理效果也有很大影响。人工湿地占地面积较大，且填料层易堵塞、板结，限制了其在城市景观水体治理中的应用。

二、滨水景观设计的安全

近年来，城市环境迅猛发展，滨水景观空间一如既往地受到市民喜欢和亲近，而水安全隐患也令人深思，如何在滨水空间中营造既有休闲功能、美观效益，又具备高安全、低隐患的亲水空间环境，是滨水景观设计应重点考虑的问题。现代滨水景观中的亲水景观主要通过以下几种方法来营造。

1. 亲水道路。亲水道路是进深较小，有几米或十几米的长度，也有几百米以及上千米长度的线形硬质亲水景观。

2. 亲水广场。亲水广场进深与长度都有几十至上百米，是大块而硬质的亲水景观。

3. 亲水平台。亲水平台是一种进深较小，宽度只有几米或十几米，长度也只有几十米的小块而硬质的亲水景观。

4. 亲水栈道。这是一种滨水园林线形近水硬质景观，是比亲水道路、亲水广场、亲水平台更加近水的一种亲水景观场所。有时亲水栈道离水面只有十几厘米、二十几厘米，游人可以伸手戏水、玩水。

5. 亲水踏步。这也是滨水园林线形亲水硬质景观，采用阶梯式踏步，可下到水面，阶梯宽 0.3~1.2 m，长几十米至上百米，便于游人安坐钓鱼或休闲戏水。这种亲水踏步比前述各种亲水景观更接近水面，更便于戏水娱乐，更能给人以亲水之乐趣、回归自然之情趣。

6. 亲水草坪。亲水草坪是滨水园林软质亲水景观。设计缓坡草坪伸到岸边，离水面 0.1~0.2m，水底在离岸 2m 处逐渐向外变深，岸边游人可戏水娱乐，伸脚踏水，其乐无穷。岸边可用灌木或自然山石砌筑，既可固岸，又有亲水岸线景观变化。

7. 亲水沙滩。亲水沙滩也是一种软质亲水景观，可容纳大量人流进行各种休闲娱乐。它充分利用滨水资源，创建不同于海滨沙滩的独特休闲空间，为内陆游客提供与众不同的体验。

8. 亲水驳岸。这是一种线性硬质亲水景观。亲水驳岸的特点：驳岸低临水面，而不是高高在上，这种驳岸压顶离水只有 0.1~0.3 m，让游人亲水、戏水。驳岸材料不是平直的线条，而是高低错落的自然石或大小不一的方整石、卵石，自然散置在驳岸线上，取得与周围环境和谐的亲水景观效果。

不论采用哪种方式营造亲水景观，在设计中都要注意亲水的安全性，本书将常见滨水空间内与人行为安全和心理安全相关的因素列举出来，通过分析各个因素的种类和特点，提出在亲水空间设计中所应注意的事项及关注的重点，为今后亲水景观空间设计提供参考。

1. 亲水平台设计。

现有常见的亲水平台大体分为两种，分别是内嵌式和出挑式。内嵌式距离景观水较远，亲水性差，但是能够保证安全性。外挑式亲水平台亲水性较好，但是安全性较差，尤其是相对较深的水体，对在平台上活动的人群存在安全的隐患和心理上的不适感。亲水平台的设计和定位须与场所功能性质相结合，如内嵌式平台适合远望水景，可营造良好的景观观望点；出挑式平台设计可作为亲水、戏水的功能空间，设计中须充分考虑景观水深和水质条件。在进行设计时，首先应满足项目所在地相应的设计规范，比如《公园设计规范》中就明确说明，在近水区域 2.0 m 范围内水深大于 0.7 m，平台须设栏杆。有几十米的小块而硬质的亲水平台，在静水环境可设踏步下到水面，按安全防护要求，一般应设栏杆，在离岸 2 m 以内水深大于 0.70 m 的情况下，栏杆应高于 1.05 m；如果离岸 2 m 以内水深小于 0.7 m 或实际只有 0.30~0.50 m 深，栏杆可以做 0.45 m 高，可以利用座凳栏杆造型，既可供休闲娱乐观光，又有一定安全防护功能。如果实际水深只有 0.30 m，可不设栏杆。一般各处亲水平台，在动水环境下，应设高于 1.05 m 的栏杆。

2. 驳岸设计。

现有常见的驳岸形式大体为草坡入水驳岸、景观置石驳岸、亲水台阶式驳岸、退台式驳岸、垂直立砌驳岸等。

草坡入水驳岸、景观置石驳岸实际较为安全，设计多可结合植物种植营造生态型野趣驳岸，这种驳岸亲水性较好。退台式驳岸整体安全性不够，台地与台地之间也存在安全隐患，设计须结合栏杆和防滑措施。垂直型驳岸空间呆板无趣，并且有一定心理不安的感觉，设计需结合栏杆保证场地安全性，在垂直驳岸上可以营造立体绿化，增添水岸景观性。

3. 安全设施设计。

滨水空间设施从安全性角度上分为栏杆、小品、标示及指示系统等。设施指引着使用者正确、安全的行为方式，承担场地空间的提示与维护的作用，在不同安全系数的滨水空间设置不同特点的设施，以保证使用者的安全。同时在设计中，充分考虑场地功能和使用人群的特点。

栏杆设计，从视觉效果上分为软质形式和硬质形式。软质栏杆能够保证使用者的亲水性，但是无形中怂恿了戏水者的过度亲水行为，存在安全隐患。硬质栏杆安全系数较高，但是会阻碍市民的亲水行为。栏杆从材质上可分为金属栏杆、木质栏杆、混凝土栏杆、石材栏杆、混合型栏杆等。

在栏杆的设计上主要有以下两个问题：一是栏杆尺寸不当，不符合人体工程学尺寸或未达到当地规范要求；二是栏杆的设置位置不当，并未能与其他景观构件形成良好的结合。从亲水空间管理方面，栏杆维护也是至关重要的，不稳固的栏杆安全隐患非常严重，很容易造成市民落水事故。《公园设计规范》中规定：侧方高差大于 1.0 m 的台阶，应设护栏设施；凡游人正常活动范围边缘临空高差大于 1.0m 处，均设护栏设施，其高度应大于 1.05 m；护栏设施必须坚固耐久且采用不易攀登的构造。

景观小品作为直接与人相接触的设施，其尺寸和材料的确定须考虑人的行为习惯和心理习惯。

滨水空间是市民最喜爱的去处，人们往往在游玩尽兴时，忽略了人身安全，所以空间安全标示系统尤为重要。包括水深危险警示牌、临时性安全隐患警示牌、防滑警告牌等多种人性关怀的设施能够保证滨水空间使用者的人身安全。在垂直型驳岸处还可设置小平台或者水下脚踏台等自救设施，以保证不幸落水的使用者能够顺利自救。在滨水空间设计中，还需在合适的位置安排安全的无障碍设施，提高弱势群体的使用安全性。

4. 铺装设计。

铺装材质的确定关乎使用者的步行安全，尤其是在亲水铺装区，铺装上容易溅上水珠，增大了安全隐患。滨水空间主要选用防滑效果较好的铺装材料。常用的铺装材质分为石材、防腐木、植草、混凝土、沥青、金属、玻璃等。其中防腐木、沥青、植草较为安全。石材铺装须选用荔枝面或毛面材质，禁止选用磨光面石材铺装材料。金属和玻璃铺装材料安全系数较低，在滨水场地设计中建议慎用。

为保证安全性，铺装设计中可加入指示性色带或者其他材质的铺装带，以提示游人正确、安全的游憩方向。

5. 照明设计。

滨水空间的照明不但可以保证游人夜间的安全通行，还可以增添滨水空间夜景的魅力。行人在夜间通行时，无充足的灯光照明，有些写在高台边界的警示语无法看见，容易发生意外事故。

照明在形式上分为基础性照明和氛围性照明。色彩心理学显示，冷白色和蓝色灯光具有镇静功效，适合于基础性照明。红色和黄色的灯光对人的刺激和提醒作用比较强，适合烘托气氛。设计师在滨水空间景观设计中，慎用旋转及闪烁的光源，注意眩光问题，在人可触及范围内需使用冷光源。

6. 植物景观设计。

植物是滨水空间重要的景观资源，同时在人行为安全方面起着重要的作用。合理的植物设计，不仅增添空间的色彩化和多样性，还可以保证使用者行为的条理性和安全性。设计可在水边种植绿篱，以形成人与水的隔离。植物还可以结合栏杆、设施共同指引使用者正确的行为方向，以保证使用者的人身安全。

除上述相关因素外，设计师还可以增设安全急救设施、逃生指示牌等，在意外事故发生时，第一时间实施营救或自救。

第三节　生态安全

生态安全指的是相对于传统的城市河道治理，在采取必要的防洪抗旱措施的同时，将人类对河流环境的干扰降低到最小，与自然共存。即在河道的设计中，每一个设计元素都应该为生态恢复创造有利条件，通过人工物化，使治理后的河道能够贴近自然原生态，体现人与自然和谐共处，逐步形成草木丰茂、生物多样、自然野趣、水质改善、物种种群相互依存，并能达到有自我净化、自我修复能力的水利工程。生态化的核心是使河道具有自我净化和自我修复的能力。要想实现这一目标，在设计中要考虑河道的线形设计、断面设计护岸型式、植物的配置等各方面因素，需要结合生态学、工程学、水力学等多种学科的知识，相互补充，形成一套有效的设计方法。一般对河流进行生态设计，应该能达到以下目的。

1. 保护和营造滨河地带多样化的生态系统，要以各种形式对自然进行修补和复原，使人与自然和谐相处。

2. 为生物创造富有多样性的环境条件。在治理后使水生植物、水生动物各种微生物形成一个稳定的系统。

3. 扩大作为生物生存区域的水面和绿化。

4. 形成优美的河道景观，让河流的形态尽量与自然相接近。

复苏真正的河流，构建一条具有本土特色的自然形态河道。进行河流生态设计要考虑的因素很多，这里重点讨论生态流速和植被的抗冲流速2个方面的内容。

一、生态流速

生态流速是指为了达到一定的生态目标，使河道生态系统保持其应有的生态功能，河道内应该保持的最低水流流速。生态目标包括。

1. 水生生物及鱼类对流速的要求，如鱼类洄游的流速、鱼类产卵所需的刺激流速等；

2. 保持河道输沙的不冲不淤流速；

3. 保持河道防止污染的自净流速；

4. 若是人海河流，要保持其一定人海水量的流速等。

二、植被的抗冲流速

图 4-1（a）是英国建筑工业研究与情报协会原型试验结果，图 4-1（b）是英国奈特龙公司资料，图 4-1（e）为国内河海大学所做的试验研究成果。

综合分析，覆盖情况一般的草皮，在持续淹没时间 12h 以内，其极限抗冲流速可达 2m/s 以上。因此，在特别重要的部位，以及流速大于 2 m/s 时，对常水位以上的草皮护岸，应采取加强措施，如采取土工织物加筋、三维网垫植草等措施。

同时应当指出，土壤的结构、植被种类植被生长的密度、不均匀程度等均在不同程度上影响着草皮的抗冲性能。

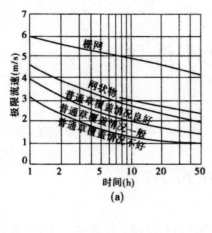

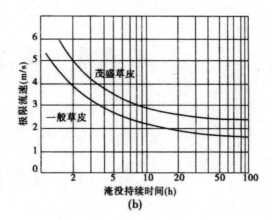

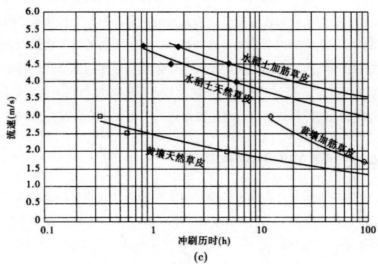

图 4-1　极限抗冲流速

第五章　生态护岸设计

第一节　生态护岸的概念

一直以来，国家都非常重视河道堤防护岸工程，当前自然环境愈加恶劣，要使用现代化技术手段来建设更为稳固的体防护岸，为人民的生命、财产、健康安全等提供保护。伴随水利工程项目的不断增加以及相关要求的提升，河道堤防的施工建设以及后期维护与管理都是非常关键的。当前，在河道堤防工程当中依然有很多问题存在，特别是人为、自然因素逐渐增加的当下，需要更多人力、现代化技术手段等参与到河道堤防的设计建设中，对堤防护岸相关问题进行有效解决，将生态河道的积极作用充分发挥出来。

一、生态河道的堤防护岸工程

河道两侧土壤的地质条件会由于长期被河水所冲击，致使其内部结构、性质方面产生改变。同时沿岸岩石也会被河水所冲击，致使沿岸附近的生态环境逐渐产生变化，但这种变化的速度并不快，是潜移默化的。所以，岸堤在被冲击一段时间以后会变得更为脆弱，如果突然发生洪水或者凌汛等自然灾害，河堤就会产生诸多不稳定性因素，致使决堤情况的产生。堤坝崩溃一般分为：倾倒式、滑落式，其会严重损害河道两岸的设施。这就是说，河道堤防护岸相关工程的设计工作非常关键。

二、当前生态河道的堤防护岸工程中存在的问题

1. 管理手段方面

生态河道的堤防护岸在开展管理工作的时候，缺乏相应的管理制度进行有效指导，管理工作相关措施较为落后。堤防护岸方面的管理工作还使用传统形式的审批、建设以及处理方式，并未意识到巡查、维修工作的重要性。此外，因为堤防护岸设计工作会涉及多个部门，协调工作也非常困难，管理工作中难免会产生混乱、疏漏等。由于很多公共的基础设施在监控方面比较落后，无法形成完整有序的监管机制，信息化管理举措较为落后。

2. 重视程度方面

针对堤防护岸的设计来讲，重视程度也是其出现问题的主要方面，虽然国家已经出台

了很多有关河道管理的法律条例等，可是很多人并未予以高度重视，也没有明确其重要性。这不仅是因为宣导工作落实不到位，人们的法制意识薄弱，会对堤防护岸进行人为破坏，同时也是因为上级领导并未对管理工作的有序开展进行重视，破坏行为并未受到相应惩罚，这会导致堤防护岸的管理工作落实不到位。

3.巡查维修方面

河道的堤防护岸当中存在很多危险隐患，这些隐患如果未获得及时有效的维护与管理，会对其安全性、稳定性产生极为不良的影响。堤防护岸中出现裂缝或者孔洞等诸多问题，如果未获得及时有效的维修，就会产生严重的安全隐患，如果遭遇洪涝灾害，可能会产生崩岸的严重后果。导致这些问题的主要原因有：堤防护岸在实际施工中一般都是就地取材，实际技术也并不是非常先进，施工质量与成效都偏低。堤防护岸的周围环境会产生很大变化，定期巡查工作的落实不到位，导致堤防护岸的维护修理时间比较长。

河道的堤防护岸相关设计非常复杂，其需要很多人的共同努力才能实现，要求相关工作者基于科学技术的快速发展，在河道的堤防护岸中积极应用现代化施工技术，让生态河道能够实现健康、持续的发展，让人和自然能够实现和谐发展。

第二节　生态护岸的发展趋势

建造生态护岸是现代河道治理发展趋势，是融现代水利工程学、生物科学、环境学、美学等学科于一体的水运工程。生态护岸利用植物或者将植物与土木工程相结合，对河道坡面进行防护，有助于对河流水质的改善。以往人们在建造河道护岸时往往只考虑护岸工程的安全性和耐久性，多采用干砌石、浆砌石以及浇注混凝土、预制块等方式，这样修筑的硬质护岸隔断了水生生态系统与陆地生态系统之间的联系，导致河流失去原本完整的结构以及作为生态廊道的功能，影响整个生态系统的稳定，不利于生态环境的保护和水土保持。硬质护岸在外观上也较单调生硬，多数情况下与周边的景观不协调，与目前保护生态环境的发展趋势相违背。因此，做好生态护岸的建设对于创建碧水蓝天、坡绿岸荫、鱼虾洄游的河道生态景观具有十分重要的意义。

生态护岸作为重要的河岸防护工程，在国外已经得到了广泛的应用。这些年，生态护岸在我国也被广泛应用到城市河道治理当中，是一种有别于传统护岸型式的新型护岸。随着社会经济及城市的发展以及城市生态文明建设的要求，河道的建设对护岸工程的要求也越来越高。因此，生态护岸在我国发展速度较快，植被护岸和其他类型的护岸结合使用，形成了各种不同的生态护岸，如土工植草、固土网垫、土工网复合技术、土工格栅、空心砌块生态护面的加筋土轻质护岸技术等。

生态护岸不仅起到保护岸坡的作用，与传统硬质护岸相比，还拥有更好的生态性。同时，生态护岸还具有结构简单、适应不均匀沉降、施工简便等优点，可以较好地满足护岸工程的结构和环境要求。在堤防护坡方面，仍应坚持草皮护坡，堤外滩地植树形成防浪林带。滨海地区的海塘工程，只要堤外有足够宽的滩地，都要考虑以生物防浪为主的措施。因此，在工程效果得到保证、条件允许的地方，应注重生态护岸型式的推广与应用。

我国对河流生态护岸技术的研究从"水利工程"开始逐渐发展到"生态水利学""生态水工学"等，也有从"环境整治""景观设计"等角度出发来研究河道滨水护岸的生态化建设。护岸的生态化建设正在逐渐兴起，有选择性地将植被与工程材料组合使用，从而充分发挥植被和工程材料的组合优势，乃是生态护岸研究的热点。当前对生态护岸技术的研究有如下发展趋势。

1. 研究多集中在植被的选择与搭配、护岸材料的选择、结构形式的优化等方面，对护岸机理的研究还不多。植被护坡、土工材料复合种植基护坡、植被型生态混凝土护坡等护岸形式都是从表观和现象来研究生态化护坡，而较少见到从物质流动、能量流动和食物链关系等角度来研究生态护岸。

2. 生态护岸，除了要重视植被在生态护岸中的作用外，还应重视植物、动物及其他微生物在生态护岸中的作用，而这种系统化的研究尚不多见。生态护岸工程是一个"土壤生物工程"，是土壤保持技术、地表加固技术以及生物技术和工程技术的综合体。目前关于护岸功能的研究主要是针对护岸植物功能、廊道功能和缓冲带功能等的研究。由于护岸处于水陆交界地带，具有非常活跃的物质、能量和信息流动，以及比其他相邻生态系统更为明显的生物多样性特征，因此今后应该对护岸的综合功能进行广泛深入的研究。

3. 在生态护岸的设计和施工过程中，过于依赖以往的经验，而缺乏定量化的分析与评价。我国的生态护岸是从"水利学"演变而来的，长期以来在设计和施工中多注重已有的工程实践和经验，缺乏相应的系统理论指导，同时也未能及时总结已有的宝贵经验并使之理论化。随着人类活动的增加，施加于河道环境的压力愈来愈大，以后的河道护岸建设更需要实现生态化。因此，对生态护岸进行定量化分析和评价是当前和今后一段时期内的迫切需要。

4. 生态护岸综合了生态，经济、社会和景观等多种功能，生态护岸技术是囊括了园林、生物、环境工程、土木工程等多种学科的一门交叉学科。因护岸材料、结构形式多种多样，而且受地域和气候的影响，情况也变得较为复杂，目前在理论上的研究滞后于工程应用上的需要，还没有形成统一的规范。不同构成和形式的生态护岸应当在满足水利要求的同时，有统一的规范来给予指导。

生态护岸是现阶段及将来护岸建设的发展趋势和新要求，它也预示着我国的水利工程建设已经发展到了"要还自然于河道"的一个重要历史阶段。在当前大力提倡崇尚自然、重塑生态河道的形势下，越来越多的河道护岸工程要求达到人与自然的和谐统～，既要满足行洪防洪的最基本需要，又尽可能地从生态的、可持续发展的角度来处理河道护岸工作。今后，在生态护岸建设中要尽快地融入一些新材料、新技术和新的设计理念，要用生态的手段来解决生态的问题，切实落实和体现可持续性发展的生态理念，使得河流重现清澈见底、鱼虾洄游、水草茂盛的自然生态之美，从真正意义上实现"人——经济——社会——环境"这一复合生态系统的和谐健康发展。

第三节 生态护岸的功能及特点

所谓生态护岸，是指恢复后的自然河岸或具有自然河岸"可渗透性"的人工护岸。其自然河床与河岸基底具有一定的渗透性，在河岸与河流水体之间，水的交换和调节功能可以得到充分保证，同时具有较好的抗洪强度和丰富的河流地貌。随着社会和经济的发展，河道的护岸也在最初的规范河水流向这一单一功能的基础上，增加了防洪功能以及休闲、观赏和亲水等功能，成为人们生活中多功能的综合服务设施。

一、防洪效应

河流本身就是水的通道，但随着社会和经济的快速发展，河流、湖泊大量萎缩，水面积不断缩小，防洪问题显得更加突出。生态护岸作为一种护岸型式，同样具备抵御洪水的能力。生态护岸的植被可以调节地表和地下水文状况，使水循环途径发生一定的变化。

当洪水来临时，洪水通过坡面植被大量地向堤中渗透、储存，削弱洪峰，起到了径流延滞作用。而当枯水季节到来时，储存在大堤中的水反渗入河，对调节水量起到了积极的作用。此外，生态护岸中大量采用根系发达的固土植物，其在水土保持方面又有很好的效果，护岸的抗冲性能（各类植物护岸可抵御的最大近岸流速、波浪高度和相应的冲刷历时）大大加强。

二、生态效应

大自然本身就是一个和谐的生态系统，大到整个社会，小至一条河流，无不是这个生物链中不可或缺的重要一环。当采用传统的方法进行堤岸防护时，河道大量地被衬砌化、硬质化，这固然对防洪起到了一定的积极作用，但对整个生态系统的破坏也是显而易见的，混凝土护坡将水、土体及其他生物隔离开来，阻止了河道与河畔植被的水气循环。相反，生态护岸却可以把水、河道与堤防、河畔植被连成一体，构成一个完整的河流生态系统。生态护岸的坡面植被可以带来流速的变化，为鱼类等水生动物和两栖类动物提供觅食、栖息和避难的场所，对保持生物多样性也具有一定的积极意义。另外，生态护岸主要采用天然的材料，从而避免了混凝土中掺杂的大量添加剂（如早强剂、抗冻剂、膨胀剂等）在水中发生反应对水质和水环境带来的影响。

三、自净效应

生态护岸不仅可以增强水体的自净功能，还可改善河流水质。当污染物排入河流后，首先被细菌和真菌作为营养物而摄取，并将有机污染物分解为无机物。水体的自净作用，即按食物链的方式降低污染物浓度。生态护岸上种植于水中的柳树、菖蒲、芦苇等水生植物，能从水中吸收无机盐类营养物，其庞大的根系还是大量微生物吸附的好介质，有利于水质净化，生态护岸营造出的浅滩、放置的石头、修建的丁坝、鱼道形成水的紊流，有利于氧从空气传入水中，增加水体的含氧量，有利于好氧微生物、鱼类等水生生物的生长，促进水体净化，使河水变得清澈、水质得到改善。

四、景观效应

近 10~20 年来，生态护岸技术在国内外被大量地采用，改变了过去的那种"整齐划一的河道断面、笔直的河道走向"的单调观感，现在的生态大堤上建起绿色长廊，昔日的碧水涟漪、青草涟涟的动态美得以重现。生态护岸顺应了现代人回归自然的心理，并且为人们休憩、娱乐提供了良好的场所，提升了整个城市的品位。

第四节　护岸安全性设计

安全是护岸工程的基本要求，包括可靠的岸坡防护高度和满足岸坡自身的安全稳定要求。

一、岸坡防护高度

按照岸与堤的相对关系，河岸防护可大致分为三类：第一类是在堤外无滩或滩极窄，要依附堤身和堤基修建护坡与护脚的防护工程；第二类是堤外虽然有滩，但滩地不宽，滩地受水流淘刷危及堤的安全，故需要依附滩岸修建的护岸工程；第三类是堤外滩地较宽，但为了保护滩地，或是控制河势而需要修建的护岸工程。第一类和第二类都是直接为了保护堤的安全而修建的，因此统称为堤岸防护工程。

堤岸防护工程是堤防工程的重要组成部分，是保障堤防安全的前沿工程。针对第一类、二类堤岸防护，常按《堤防工程设计规范》来确定堤顶高程。护岸超高计算公式为

$$Y=R+e+A$$

式中：Y——护岸超高；

R——波浪爬高；

e——风壅水面高；

A——安全加高。

二、岸坡防护安全性指标

1. 天然土质岸坡的护岸安全

天然岸坡自身稳定安全与水流流速有关，流速越大，土壤中抗击水流的土粒越容易被水流带走，土层岩性不同，抗击水流的能力也不同，与河道土壤的类别、级配情况、密实程度以及水深有关。

当设计水流流速大于土质允许不冲流速时，土粒随水流流失而形成冲刷，岸坡将被淘蚀，造成塌岸，应当对河段采取岸坡防护措施。

通常岸坡防护应根据河道上下游工程布局、河势以及功能需求，决定采取相应的工程防护措施、生物防护措施或二者相结合的方法进行，以达到经济合理并有利于环境保护的效果。

2. 生物防护岸坡的护岸安全

生物防护是一种有效的防护措施，具有投资省、易实施、效果好的优点，对水深较浅、流速较小的河段，通常多采用生物防护措施。

草皮抵抗水流冲击能力的大小与其根部状态、草面完整状况、土壤结构、植被种类、植被生长的密度、不均匀程度等有很大关系。根据日本相关机构曾经做过的试验结果，只有根的植物防护岸坡的侵蚀深度大于同时有根和叶的岸坡侵蚀深度，侵蚀速度与过水时间长短无关，而与侵蚀深度有关，侵蚀深度与草皮根层厚度有关。

根据相关研究，覆盖情况一般的草皮，在持续淹没时间12h以内，其极限抗冲流速可达 2 m/s。

通常情况下，当流速小于 1.5m/s 时，常遇水位以上岸坡或者淹没持续时间短的河段，可以考虑采用草皮护坡。在特别重要的部位以及流速大于 1.5 m/s 时，常水位以上的草皮护岸，应采取加强措施，如土工织物加筋、三维网垫植草等措施。

3. 工程防护岸坡的护岸安全

工程防护岸坡按型式主要分为坡式、墙式，也有坡式与墙式相结合的混合型式、桩坝式等。工程型式分类不是绝对的，各类相互有一定的交叉。

（1）坡式护岸整体稳定

坡式护岸的整体稳定，应考虑护坡连同地基土的整体滑动稳定、沿护坡地面的滑动及护坡体内部的稳定。

对于沿护坡底面通过地基整体滑动的护坡稳定计算，基础部分沿地基滑动可简化为折线状，用极限平衡法进行计算。

瑞典圆弧法不计算条块之间的作用力，计算简单，简化毕肖普法考虑了条块之间的作用力，理论上比较完备，精度较高，但计算工作量较大。目前，我国的计算机应用已基本普及，简化毕肖普法比瑞典圆弧法坝坡稳定最小安全系数可提高 5%~10%。当土质比较均匀时，护岸的整体稳定宜采用瑞典圆弧法和简化毕肖普法，当地基中存在比较明显的软弱夹层时，容易在这些软弱层中形成滑动，宜采用改良圆弧法。

（2）墙式护岸整体稳定

重力式护岸稳定计算应包括整体滑动稳定计算和挡土墙的抗滑、抗倾、地基应力计算；整体滑动稳定计算可采用瑞典圆弧法，计算时应考虑工程可能发生的最大冲深对稳定的影响。

（3）护岸基础安全

护岸工程以设计枯水位分界，上部和下部工程情况不同，上部护坡工程除受水流冲刷作用外，还受波浪的冲击及地下水外渗侵蚀，同时处在水位变动区。下部护脚工程一般经常受到水流冲刷和淘刷，是护岸工程的根基，关系着防护工程的稳定，因此上部及下部工程在型式、结构材料等方面一般不相同。一般情况下，下部护脚工程应适应近岸河床的冲刷，以保证护岸工程的整体稳定。

通常情况下，直接临水的护滩工程的上部护坡工程顶部与滩面相平或略高于滩面，以保证滩沿的稳定；下部护脚工程延伸适应近岸河床的冲刷，以保证护岸工程的整体稳定。不直接临水的堤防护坡及护岸，要考虑洪水上滩后对护坡和坡脚的冲刷，也要慎重考虑护脚工程。

当河道底无防护时，河道护岸的基础应保证足够的埋深，以保证护岸的安全。基础埋置深度宜低于河道最大冲深 0.5~1 m。

第五节　生态护岸材料

随着经济社会的发展，生态护岸的材料从过去的硬质护坡材料到如今的生态护坡材料，也经历了长足的发展。本书大致将护岸材料分为三类，选取了一些典型材料进行介绍，并对其优缺点进行简要分析。

一、植草、植树等护岸

1. 人工种草护坡

人工种草护坡，是通过人工在边坡坡面简单播撒草种的一种传统边坡植物防护措施。它多用于边坡高度不高、坡度较缓且适宜草类生长的土质路堑和路堤边坡防护工程。

优点：施工简单，造价低廉，自然生态。

缺点：由于草籽播撒不均匀、草籽易被雨水冲走、种草成活率低等，往往达不到满意的边坡防护效果，而造成坡面冲沟、表土流失等边坡病害，抗冲能力较差。

2. 液压喷播植草护坡

液压喷播植草护坡，是国外近十多年新开发的一种边坡植物防护措施，是将草籽、肥料、黏合剂、纸浆、土壤改良剂、色素等按一定比例在混合箱内配水搅匀，通过机械加压喷射到边坡坡面而完成植草施工的。

优点：（1）施工简单、速度快；（2）施工质量高，草籽喷播均匀、发芽快、整齐一致；（3）防护效果好，正常情况下，喷播一个月后坡面植物覆盖率可达70%以上，两个月后形成防护、绿化功能；（4）适用性广。

目前，国内液压喷播植草护坡在公路、铁路、城市建设等部门边坡防护与绿化工程中使用较多。

缺点：（1）固土保水能力低，容易形成径流沟和侵蚀；（2）因品种选择不当和混合材料不够，后期容易造成水土流失或冲沟。

3. 客土植生植物护坡

客土植生植物护坡，是将保水剂、黏合剂、抗蒸腾剂、团粒剂、植物纤维、泥炭土、腐殖土、缓释复合肥等一类材料制成客土，经过专用机械搅拌后吹附到坡面上，形成一定厚度的客土层，然后将选好的种子同木纤维、黏合剂保水剂、缓释复合肥及营养液经过喷播机搅拌后喷附到坡面客土层中。

优点：可以根据地质和气候条件进行基质和种子配方，从而具有广泛的适用性，客土与坡面的结合可提高土层的透气性和肥力，且抗旱性较好，机械化程度高，速度快，施工简单，工期短，植被防护效果好，基本不需要养护就可维持植物的正常生长，该法适用于坡度较小的岩基坡面、风化岩及硬质土砂地道路边坡、矿山、库区以及贫瘠土地。

缺点：要求在边坡稳定、坡面冲刷轻微、边坡坡度大的地方，长期浸水地区不适合。

4. 平铺草皮护坡

平铺草皮护坡，是通过人工在边坡面铺设天然草皮的一种传统边坡植物防护措施。

优点：施工简单，工程造价低、成坪时间短、护坡功能见效快，施工季节限制少。平铺草皮护坡适用于附近草皮来源较易、边坡高度不高且坡度较缓的各种土质及严重风化的岩层和成岩作用差的软岩层，是设计应用最多的传统坡面植物防护措施之一。

缺点：由于前期养护管理困难，新铺草皮易受各种自然灾害，往往达不到满意的边坡防护效果，而造成坡面冲沟、表土流失坍滑等边坡灾害，导致需修建大量的边坡病害整治、修复工程。近年来，由于草皮来源紧张，平铺草皮护坡的作用逐渐受到了限制。

施工要点：

（1）种草坡面防护：草籽撒布均匀。在土质边坡上种草，土表面事先耙松。在不利于植物生长的土壤上，首先在坡上铺一层厚度为5~10cm的种植土，当坡面较陡时，将边坡挖成台阶，再铺新土，种植植物。

（2）铺草皮坡面防护：草皮尺寸不小于20 cm × 20 cm。铺草皮时，从坡脚向上逐排错缝铺设，用木桩或竹桩钉固定于边坡上。

（3）铺草皮要求满铺，每块草皮要钉上竹钉，草皮下铺一层8~10 cm厚的肥土，并要经常洒水养护。

平铺草坪，由于其特点，在边坡比较稳定、土质较好、环境适合的情况下有比较大的优势。

5. 香根草技术

香根草技术，是（Vetivre Grass Technology，简称 VGT）指由香根草与其他根系相对发达的辅助草混合配置后，按正确的规划和设计种植，再通过约 60 天专业化的养护管理后，很快形成高密度的地上绿篱和地下高强度生物墙体的一种综合应用技术。香根草技术适用于土质或破碎岩层不稳定边坡，坡度较大（介于 20°~70°），表层土易形成冲沟和侵蚀、容易发生浅层滑坡和塌方的地方。如山区、丘陵地带开挖或填方所形成的上、下高陡边坡。香根草技术主要材料为香根草、百喜草、百幕大草、土壤改良剂、香根草专用肥等。

优点：（1）根系发达、高强，抗拉抗剪强度分别为 75MPa 和 25MPa，能防止浅层滑坡与塌方；（2）生长速度快，能拦截 98% 的泥沙；（3）极耐水淹（完全淹没 120 天不会死亡）、固土保水能力强、抗冲刷能力强；（4）叶面具有巨大的蒸腾作用，能尽快排除土壤中的饱和水；（5）无性繁殖，不会形成杂草；（6）施工不受季节影响；（7）工程造价适中，比传统浆砌石低。试验表明，香根草根系的抗拉强度较大，而且随根数（集群度）呈线性增大，随根系长度的增大而略有减小。均匀拌入香根草根系的砂质黏土的物理和力学特性有显著的变化，即土的容重变小而土的抗剪强度则有明显的增大。其根系深长绵密，最长可达 5 m，拉张强度大，一行行香根草能像排排钢筋般稳定斜坡、控制洪水侵蚀，效果等同于混凝土护坡，造价却只有混凝土护坡的 1/10。

缺点：（1）地上绿篱较高，缺少草坪的景观效果；（2）不耐阴，不能与乔木套种；（3）只适合黄河以南的地区应用。

香根草生态工程护坡效果很明显，工程实施半年就能产生明显的护坡效果，4 年后生物多样性大幅增加，土壤水分和养分含量都有不同程度的提高，并能明显改善边坡的生态环境，且可以节省大笔的工程经费。根据施工现场情况，可以跟其他技术结合施工，效果会更好，也能起到扬长避短的效果。

植物护坡材料小结：植物护坡材料有着明显的优点，即自然生态、景观效果好。但也有着明显的缺点，即质量不稳定，固土效果受土质、密实度、植物种类根系情况、栽种时间长短等影响，抵抗冲刷的能力较差。应用中可以考虑与其他材料进行组合，如椰网（或椰毯）、三维土工网格等，以增强固土效果，并提高抗冲能力。

二、石材护岸

1. 格宾石笼（护垫）护坡

格宾石笼（护垫）是将低碳钢丝经机器编制而成的双绞合六边形金属网格组合的工程构件，在构件中填石构成主要起防护冲刷的作用。当水流的冲刷流速大于河道的允许不冲流速时，格宾石笼（护垫）不会在水流的冲刷下发生位移，从而起到抑制冲刷发生、保护基层稳定的作用，达到维持堤岸（坝体）稳定的工程目的。

格宾石笼（护垫）的抗冲能力主要来源于两个方面：一方面为格宾石笼（护垫）内部填充石料的抗冲能力；另一方面为钢丝网箱提供的限制填充石料位移的能力。

优点：具有很好的柔韧性、透水性、耐久性以及防浪能力等优点，而且具有较好的生态性。它的结构能进行自身适应性的微调，不会因不均匀沉陷而产生沉陷缝等，整体结构不会遭到破坏。由于石笼的空隙较大，故能在石笼上覆土或填塞缝隙进行人工种植或自然生长植物，形成绿色护岸。格宾石笼（护垫）护坡既能防止河岸遭水流、风浪侵袭破坏，又保持了水体与坡下土体间的自然对流交换功能，实现了生态平衡；既保护了堤坡，又增添了绿化景观。

缺点：可能存在金属的腐蚀、覆塑材料老化、镀层质量及编织质量等问题。所以，在应用中应对材料强度、延展度、镀层厚度、编织等提出控制要求。

2. 干砌石护坡

干砌石护坡是一种历史悠久的治河护坡方法，一般利用当地河卵石、块石，采用人工干砌形成直立或具有一定坡度的岸坡防护结构。

这种护坡的最大特点是：结构形式简单、施工操作方便、工程造价低廉。另外，干砌石护坡具有一定的抗冲刷能力，适用于流量较大但流速不大的河道；对流速较大的河道，可在干砌施工时在石料缝隙中浆砌黏土或水泥土等，并种植草木等植物，可进一步美化堤岸。实际工程中多在常水位以下干砌直立挡土墙，用以挡土和防水冲刷。在常水位以上做成较缓的土坡，并种植喜水的本地草皮和树木。该护坡型式适用于城镇周边流量较大、有一定防冲要求的中小型河道。

3. 浆砌石护坡

浆砌石护坡是采用胶结材料将石材砌筑在一起，形成整体结构的护坡型式。在进行砌石的胶结材料选择时，可根据河道最大流速选择水泥砂浆或白灰砂浆。可用于大江大河（如长江、黄河使用较多）或流速大的堤防护岸。该护坡型式适用于城镇周边流量较大、有较强防冲要求的河道。

优点：结构稳定性较好、整体性好、强度较高、抗冲能力强。

缺点：外观生硬，透水性差，不能生长植物，生态性差。

4. 自然石护坡

自然石是存在于天然河道的天然材料，由于长期受水流冲刷，具有不规则的光滑圆润的表面，没有尖锐的棱角，因此具有较好的景观效果，可以在景观要求较高的浅水区无规则地堆放，也可以有规则地堆砌，形成一种天然亲水的效果。缺点是：由于其散粒体的特性，抗冲能力差，不适宜在流速大的河道护坡中应用。

5. 卵石护岸

卵石是河流中自然形成的圆形或椭圆形的颗粒，由于其颗粒较小，一般用于流速较小、坡度较缓的水边或水下。其景观效果较好，多用于景观要求较高的水域。结合植物种植可凸显自然生态。缺点是抗冲性能差。

三、人工材料护岸

1. 自嵌式挡土墙

自嵌式挡土墙是在干垒挡土墙的基础上开发的另一种结构。这种结构是一种新型的拟重力式结构，它主要依靠挡土块块体、填土通过加筋带连接构成的复合体自重来抵抗动静荷载，起到稳定的作用。

特点：与传统的挡土墙结构相比，自嵌式挡土墙在施工方面具有非常大的优势，可以成倍地加快施工进度以及提高工程质量。同时，自嵌式挡土墙拥有多种颜色可供选择，可以充分发挥设计师的想象空间，给人提供自然典雅的景观效果。挡土墙为柔性结构，安全可靠，可采用加筋挡土墙结构，耐久性强，并且原材料及养护处处讲究环保，产品对人体无任何有害辐射。

2. 水工连锁砖

水工连锁砖的连锁性设计使每一个连锁砖块被相邻的四个连锁砖块锁住，这样保证每一块的位置准确并避免发生侧向移动。连锁砖铺面块能提供一个稳定、柔性和透水性的坡面保护层。混凝土块的形状与大小都适合人工铺设，施工简单方便。

特点：类型统一，不需要采用多种混凝土块，由于每块都是镶嵌在一起的，所以强度高，耐久性好。由于连锁砖属于柔性结构，适合在各种地形上使用，透水性好能减少基土内的静水压力，防止出现管涌现象，可以为人行道、车道或者船舶下水坡道提供安全的防滑面层，并且面层可以植草，形成自然坡面。连锁砖施工方便快捷，可以进行人工铺设，不需要大型设备，维护方便、经济。

3. 植生带（袋）护坡

植生带（袋）护坡：植生带是将含有种子、肥料的无纺布全面附贴在专用 PVC 网袋内，然后在袋中装入种植土，根据边坡形状垒起来以实现绿化。

优点：这种方法的基质不易流失，可以堆垒成任何贴合坡体的形状，施工简单。适合使用在岩面或硬质地块、滑坡山崩等应急工程中，还可做山体水平线与排水沟（能代替石砌排水沟）。

缺点：大面积使用造价很高，植物生长缓慢，需要配套草种喷播技术，才能尽快实现绿化效果。

4. 加筋纤维毯

加筋纤维毯是主要用椰纤维与其他纤维材料复合而成的植生保水层，加上保水剂、植物物种、草炭、缓释肥料，上、下再结合 PP 或 PE 网形成多层结构，厚度在 4~8 cm。其主要应用于山体岩土边坡以及公路、铁路边坡、流速不大的河道边坡等边坡的水土防护。

特点：将加筋纤维毯铺设在坡面上，然后固定，由于土壤表层被纤维毯覆盖，雨水对土壤的冲刷会大大降低，且该产品能给植物根系提供理想的生长环境（保温、更有利于吸水防止表面冲刷、均衡种子的出芽率等），促使植物在不良的条件下生长良好，从而达到绿化且防止水土流失的效果。加筋纤维毯在应用时，不需要撤除，植物可以从纤维毯中生长出来。另外，它可以降解，降解后变成植物生长所需要的有机肥料，非常环保。

5. 浆砌片石骨架植草护坡

浆砌片石骨架植草护坡，是指用浆砌片石在坡面形成框架，在框架里铺填种植土，然后铺草皮喷播草种的一种边坡防护措施。通常做成截水型浆砌片石骨架，以减轻坡面冲刷，保护草皮生长，从而避免了人工种植草坪护坡和平铺草坪护坡的缺点。浆砌片石骨架植草护坡适用于边坡高度不高且坡度较缓的各种土质、强风化岩石边坡。

优点：由于砌石骨架的作用，边坡抗冲刷效果较好，与整体砌石的边坡相比具有较好的生态性。

缺点：人工痕迹较重，不够自然。

6. 土工网垫植草护坡

土工网垫是一种新型土木工程材料，属于国家高新技术产品目录中新型材料。材料中的增强体材料是用于植草固土的一种三维结构的似丝瓜网络样的网垫，质地疏松柔韧，留有 90% 的空间可充填土壤、沙砾和细石，植物根系可以穿过其间，舒适、整齐、均衡地生长，长成后的草皮使网垫、草皮、泥土表面牢固地结合在一起。由于植物根系可深入地表以下 30~40 cm，可形成一层坚固的绿色复合保护层。它比一般草皮护坡具有更高的抗冲能力，适用于任何复杂地形，多用于堤坝护坡及排水沟、公路边坡的防护。

优点：成本低施工方便、恢复植被美化环境等。

缺点：现在的土工网垫大多数以热塑树脂为原料，塑料老化后，在土壤里容易形成二次污染。

7. 生态混凝土护坡

生态混凝土是一种能够适应植物生长、可进行植被作业的混凝土。生态混凝土护坡在起到原有防护作用的同时还拥有修复与保护自然环境、改善人类生态条件的功能，工程性能好，符合"人与自然和谐相处"的现代治水思想，应用前景广泛。

特点：（1）根据植物生长要求选择一定粒径的碎石和砖石，制成多孔的混凝土构件，多孔隙材质透水、透气性好，并可提供必要的植物生长空间，无需设置排水管，简化了施工工序；（2）可改造并利用混凝土孔隙内的盐碱性水环境，还可提供能长期发挥效用的植物生长营养元素并使之得到充分利用，可配合多种绿化植生方式；（3）适合各种作业面、施工简便，不需机械碾压设备，工艺控制简单，适合现浇施工；（4）强度发展快，不受气候和温度等环境因素影响，可自然养护。

优点：（1）能够实现永续性、多样性绿化；（2）同时适应干旱地区气候条件，实现坡面的植被绿化；（3）抗冲刷能力强，具有很强的生态功能和景观功能。

缺点：柔性不够，适应地基不均匀沉降能力较差，在寒冷地区应用时应考虑基层冻土、植物生长抗冻性等不利条件。

8.混凝土预制块护坡

混凝土预制块是一种可人工安装，适用于中小水流情况下土壤水侵蚀控制的混凝土砌块铺面系统。它的优点是可根据需要制作成不同形状、不同重量的块体，以适应不同的要求，外观整齐。缺点是透水性、生态性差。

9.生态土工袋护坡

生态土工袋是将抗紫外线的聚丙烯材料制成袋子，内部根据需要装上各种土料、弃渣，加以改良后作为砌护材料，可以随坡就势进行砌护绿化。其结构柔韧稳定，能适应地基变化带来的结构调整要求，能保持水体通透性，可生长植物，净化水质。生态土工袋护岸已经成为一种环保高效、原生态的护岸材料，可适用于流速不大的岸线防护。

第六节 生态护岸的结构型式

人们生活在社会和自然相互作用的环境中，周围阳光、蓝天白云、绿树和清新湿润的空气与我们息息相关。河流作为构成周围环境的重要因素，对一个城市甚至一个国家的地域空间布局、生活方式有很深的影响。国际上著名的城市总有一条著名的河流与之相随相伴。

目前，国内河道综合整治中，"创建自然型河流"构建人水和谐生态环境逐步深入人心，遵循河流本身的自然规律，释放被强行禁锢在僵直河槽中的河水，使其恢复往日的活力，已成为现代水利工作者的共识。岸坡防护型式与平面形态等设计要素共同构成河流最直观的外在形象。恢复生物多样性环境、蓄洪涵水、连通水岸、保持水陆生态系统的完整性而不被生硬的工法所割裂，是近些年来岸坡防护设计中新的关注点。

一、现阶段护岸设计中存在的问题

现阶段护岸设计中往往存在以下问题和缺陷。

1.岸坡采用观赏性非本土植物较多，不能适应当地气候和土壤条件，植被覆盖率不高，抵抗冲刷能力有限，也增加了工程管理的难度。

2.采用连续硬质防护，虽然抗冲刷效果较好，但是由于土壤无法透过缝隙外漏，不利于水生植物的生长，水体自净能力无从谈起。

3.防护断面形式单一，过度重视岸坡的稳定安全，岸坡防护高度过高，且竖向设计与水位出现频率的适应性差，水位消落带环境单调，不利于水生生态环境的恢复。

4.水陆交际线人工化痕迹很重，在规划设计中即使是弯曲的弧线也是整齐划一的，使水岸边界失去其自然不规则状态。过度重视人类的活动空间而忽略了其他生物生存空间需求。

二、生态护岸设计原则

岸坡防护结构型式、防护材料多种多样，各具不同特点，需根据具体情况分析研究采用，并兼顾工程的环境和生态效应实现工程与生态景观的有机统一。防护设计应遵循下列原则。

1.安全性原则：保证岸坡安全是防护工程的首要任务，必须优先考虑耐久性、抗冲刷性稳定性、防冻胀性等整体性能。

2.生态性原则：充分考虑河岸透水性，在水陆生态系统之间架起一道桥梁，为两者之间的物质和能量交流发挥廊道、过滤器和天然屏障的功能，使河岸具有水质自我生态修复能力和植被覆盖自我调整能力，提高河流承载能力、污染物吸附能力，恢复河流水生生态体系，恢复河道基本功能。

3.断面结构的差异性和可亲水性原则：避免整齐划一、没有变化的断面形式，根据不同的地形条件、河道河势条件，注重与周边环境的整体协调性，关注人们滨水活动空间的集聚程度，采取不同的护岸型式。

4.经济性原则：护岸设计在满足生态修复功能、断面形式景观多样功能、工程结构安全等功能的同时，要兼顾其经济性，尽量能够就地取材，降低工程投资。

三、生态护岸结构设计目标

生态护岸结构设计目标是河岸带生态修复与重建。河岸带是指高低水位之间的河床及高水位之上直至河水影响完全消失的地带。由于河岸带是水陆相互作用的地区，故其界限可以根据土壤、植被和其他可以指示水陆相互作用的因素的变化来确定。河岸带具有明显的边缘效应，是地球生物圈中最复杂的生态系统之一。作为重要的自然资源，河岸带蕴藏着丰富的动植物资源、地表水和地下水资源、气候资源以及休闲、娱乐和观光旅游资源等，也是良好的农林牧渔业生产基地。

根据河岸带的构成和生态系统特征，河岸带的生态恢复与重建包括河岸带生物恢复与重建河岸缓冲带环境的恢复与重建、河岸带生态系统结构与功能恢复等三部分。物种种类和群落是河岸带生物恢复的评价指标。河岸缓冲带是指在河道与陆地的交界区域，在河岸带生物恢复与重建的基础上建立起来的两岸一定宽度的植被，是河岸带生态重建的标志，其主要通过河岸带坡面工程技术、河岸水土流失控制技术等措施，提高环境的异质性和稳定性，发挥河岸缓冲带的功能，在环境、生物恢复的基础上完成河岸带生态系统结构与功能恢复及构建。

岸坡防护工程位置处于河岸带水陆交替之中，是河道治理的一部分，它对于河岸带及其周围毗邻生态系统的横向或者纵向联系的影响越小，越有利于生态系统的恢复和稳定。岸坡防护材料材质应采用环境友好材料，以提高植被覆盖率和水体自净能力，岸坡的防护型式应能为河岸带生态系统的恢复与重建提供最基本的承载基底质。平面上应避免采用单一的防护形式，弱化水陆交际线人工化痕迹，使水岸边界尽量保持自然不规则状态。防护断面设计中，应考虑与水位出现频率相适应，避免岸坡防护高度过高，重视水位消落带环境的创造，留足动物活动迁移的河岸带空间。

四、城市季节性中小河流护岸断面设计

目前，国内相关研究对于河道类型的划分没有统一的标准，本书根据河流所流经区域和河流的季节性将其划分为城市季节性中小河流和大中型天然河流。本书以城市生态水利工程规划设计中常遇的城市季节性中小河流为主介绍其护岸断面设计要点。

城市季节性中小河流一般流经城市人口集聚区，两岸空间小，且居民对于河道的亲水休闲、绿化、景观设施的要求比较高，人们渴望见到天蓝水碧、绿树夹岸、鱼虾洄游的河道生态景观，需要河道内有一定的水深或者生态基流量以还原水面，塑造适宜的水边环境，构造适于动植物生长的水体护岸，促使河道形成浅滩和深潭的自然分布和蜿蜒曲折、宜宽宜窄的水路衔接，提高城市居民的居住环境。

单一的河道断面影响河流环境的生物多样性，河道护岸的断面结构型式应与河道断面的特征水位联系起来，根据水深和水动力特点选择合适的生态防护型式。

护岸设计可根据水位变化频率对护岸防护高度的影响，采用不同的防护材料和防护型式，也可在季节性（暂时性）淹没、间断性淹没、偶尔淹没的河岸带选择草皮护坡或采取加强措施，如采取土工织物加筋、三维网垫植草等措施。

不同的水位分区设置与其相适宜的功能，使防护平面更丰富自然。如在间断性淹没区域设置休闲自行车道或步行道，可以拉近人与水面的距离、近观宜人的滨水植物带景观，远离岸上的喧嚣，使其成为一处美丽静谧的城市"客厅"。

防护设计本身与河道规划设计理念密不可分，它是河道设计的最直接表现。单一的防护断面简单粗放，河水束缚于狭窄的河岸之间，了无生趣。而融入生态治理理念的防护断面设计，拆除硬质护坡，使其边坡放缓，与两岸自然衔接过渡，软质的草皮护坡使水流速度慢下来，并在河道内自由流动，河流又恢复了其原有的活动，蜿蜒曲折成为其自然生态的最有力表现。

受到空间、地域等条件限制的城市河道的护岸设计，没有足够的宽度衔接水面和陆地时，可采用台阶式分层处理。

1. 常水位以上，留相对较宽的腹地，以缓坡为主，也可设多层次的竖向台阶，配合植物种植，使人在不同高度和角度有不同的亲水体验，也可以与水文化结合起来，丰富城市滨河空间的表现形式。

2. 常水位以下，可采用垂直墙式或墙式基础以下为天然卵石护砌的墙坡结合式等，既能使人较近地接触到水面，又能在有限的空间内节省占地。

五、护岸型式分类

《堤防工程设计规范》（GB 50286-2013）按护岸工程的布局、型式等方面特点将护岸工程分为以下四类。

1. 坡式护岸。用抗冲材料直接铺敷在岸坡一定范围形成连续的覆盖式护岸，对河床边界形态改变较小，对近岸水流的影响也较小，是一种常见的护岸型式。我国长江中下游河道水深流急，总结经验认为最宜采用平顺护岸型式。我国许多中小河流堤防、湖堤及部分海堤均采用平顺坡式护岸，起到了很好的作用。

2. 坝式护岸。依托河岸修建丁坝、顺坝、勾头丁坝导引水流离岸，防止水流、潮汐、风浪直接冲刷、侵袭河岸，危及堤防安全，是一种间断性的有重点的护岸型式，有调整水流的作用，在一定条件下常被一些河岸、海岸防护采用。我国黄河下游因泥沙淤积，河床宽浅，主流游荡、摆动频繁，较普遍地采用丁坝、垛（短丁坝、矶头）以及坝间辅以平顺护岸的防护工程布局。长江河口段，江面宽阔、水浅流缓，也多采用丁坝、顺坝、勾头丁坝挑流促淤，取得了保滩护岸的效果。

3. 墙式护岸。顺河岸设置，具有断面小、占地少的优点，但要求地基满足一定的承载能力。墙式护岸多用于狭窄河段和城市堤防。护坡材料的选择应考虑坚固耐久、就地取材、利于施工和维修，既能满足水流冲刷和自身稳定的要求，也应达到美化环境、增加堤岸的美观及自然性，满足城市防洪工程对景观效果要求高的特点。

4. 其他防护型式。包括坡式与墙式相结合的混合型式桩坝、栖槎坝、生物工程等。桩式护岸，我国海堤过去采用较多，如钱塘江和长江采用木桩或石桩护岸已有悠久历史，美国密西西比河中游还保留有不少木桩堆石坝，黄河下游近年来修筑了钢筋混凝土试验桩坝。生物工程有活柳坝、植草防护等。

以上工程型式分类不是绝对的，各类相互有一定交叉，如坝式护岸在坝的本身护坡部分可以采取坡式、墙式，坝式护岸可采用桩丁坝、桩顺坝、活柳坝等，墙式护岸可采用桩墙式等。

城市水利工程中，采用最多的是坡式护坡和墙式护坡以及这两种护坡的组合。

（一）坡式护坡

坡式护坡即斜坡式的护岸，目前常见的坡式护坡有格宾石笼（护垫）护坡、干砌石护坡浆砌石护坡、土工生态袋、生态混凝土、混凝土砖（常见有六角形混凝土块和连锁水工砖）、土工生态袋护坡等。坡式护岸可以是单一斜坡式、复式以及与其他材料的组合形式。

（二）墙式护坡

为保证边坡及其环境的安全，常常需要对边坡采取一定的支挡、加固与防护措施。墙式护岸具有断面小、占地少的优点，狭窄河段和城市堤岸多采用墙式护岸，挡土高度低于5m时，一般采用重力式挡土墙，用墙体本身重量平衡外力以满足稳定要求，多采用混凝土、浆砌石及石笼等建造，就地取材，构造简单，施工方便，经济效果好，被广泛应用于河道岸坡防护中。

1. 常用墙式护坡型式

墙式护岸的受力大小随挡墙高度增大而增大，一般 3~5 m 高的挡墙多采用混凝土、浆砌石、加筋石笼、加筋挡墙砖等重力式挡墙或混凝土半重力式挡墙形式，高大于 5 m 的挡墙多考虑钢筋混凝土悬臂式或扶壁式挡墙形式。而高小于 3m 的挡墙则有着更多的选择或组合形式。随着城市水利工程对景观和生态的要求越来越高，防护材料也越来越多地选择多种自然生态材料，通常水深小于 1.2 m 时，可采用的材料有舒布洛克挡墙砖（自嵌式挡墙砖）、浆砌景观条石、仿木桩、景观自然石、石笼等多种型式，挡墙的设计也越来越精巧，逐渐由过去传统笨重的水利工程形象向景观园林式挡墙过渡。

2. 墙式护坡的美学设计

水利工程中的墙式护坡，与园林挡土墙有所不同，常在多种水位条件下运用，需要考虑建成及运用期墙前后特征水位的变化对墙体的影响，因此人们往往更重视它的功能性，忽视工程结构的景观化设计。城市河道景观设计的岸坡防护应融入整体风景中去，重视水际部位处理，墙式护坡要根据特征水位的具体条件、场地大小，充分考虑其他景观因素，从立面和平面视觉关系与尺度比例方面进行挡墙层次设计，并注重挡墙材质选用和利用植物配景，以体现水利工程墙式护坡的园林式景观效果。

（1）重视挡土墙的层次设计

水岸线是连接水体与陆地的媒介，也是人与水发生关联、水与环境中各生态系统相互作用的结合部。岸线的处理不能一概而论地硬化成高陡整齐的直立式岸墙，此种隔绝式硬化虽然统一了岸线的视觉关系，却阻隔了水与岸畔的系统关系，阻断了水生生态系统和陆地生态系统边界的相互渗透相互融合的链式网络，不利于人与水的自然和谐。

挡土墙与水体的形态对比和尺度比例关系，是景观形式感的量化反应。水面面积狭小，而岸畔护岸形态高大笨重，就会显得局促、压抑，有坐井观天的感觉；水面面积大，而岸畔护岸形态顺直，缺乏变化，简单平缓，就会显得单调，水面景象松散平淡。护岸采用垂直挡土墙时，挡土墙的形状和高矮影响护岸的整体结构层次，其形态和尺度比例关系上要根据环境特征，与周边形成多种对应关系，这没有固定法则，只有在变化中求规律，在规律中求变化，可具体采用"化高为低、化整为零、化大为小、化陡为缓、化直为曲"的五化手法，使水工挡土墙呈现大小、高低、凹凸、深浅、粗细等变化，改变挡土墙立陡的单一形式，再与植物等相结合，弱化挡土墙的不利视面，增加绿化面积，这样既有利于创造小气候，又有利于提高空间环境的视觉品质。

①挡墙与斜坡结合、化高为低。

高差在 1.5 m 以内的台地，可降低挡土墙高度 0.6~1.2 m。上面部分采用斜坡，用花草、灌木进行绿化。如果坡度较陡，为保证土坡的稳定，可用生态护坡袋等固定斜坡，再用花草、灌木绿化。这样既能保持生态平衡、美观，又省工、省时，减少工程投资。

②化整为零、化大为小。

高差较大的台地，在 2.5 m 以上，做成一次性挡土墙，会产生压抑感，同时也增加了结构安全设计难度，造成整体垮工，应化整为零，分成多阶挡土墙。挡土墙的尺寸也可随之由大变小，中间跌落处平台用观赏性较强的灌木（例如连翘、丁香、榆叶梅、粉刺玫、黄刺玫等）绿化，也可用藤本（例如五叶地锦、野蔷薇、藤本玫瑰等）绿化，形成观赏性很强的空间效果。这种处理方法消除了墙体视觉上的庞大笨重感，使美观与工程经济得到统一。

③化陡为缓。

重力式挡土墙按墙背倾斜形式分别为仰斜式、直立式、俯斜式三种，在相同外部条件下，仰斜式挡土墙承受主动土压力最小，断面小，而且同样高度因采用仰斜式挡土墙，界面到人眼的距离变远了，视野空间变得开阔了，环境也显得更加明快了。

④化直为曲。

根据岸线距离和长度等岸线条件结合周围地形，把挡土墙化直为曲，突出动态，更加能吸引人的视线，给人以舒美的感觉。流畅的曲线使空间形成明显的视觉中心，更有利于突出主要景物。

（2）重视挡土墙的材料质感

色调灰暗的河道混凝土挡土墙岸坡，很难让人驻足停留。选用挡土墙材料时，通常应因地制宜，就地取材，尽量选用自然山石，以节省费用。即使采用混凝土材料，也应尽量与周围环境相协调，在景观比较重要的地段建议对其外立面进行贴面或拉毛处理。

①不使用贴面挡土墙常用自然石材：块石、片石、条石，勾缝或不勾缝，不修凿。可形成凸凹不同的纹络、形状，不同色彩的石材也可以组合，形成不同的图案。这种挡土墙粗犷夺人，富含野趣，变化无穷。也可用舒布洛克挡墙砖、混凝土预制块等，组合拼接成花墙等。

②使用贴面挡土墙：可用自然碎石片、卵石贴面形成图案，组成丰富的色彩、图案、光影、质地的界面。也可在混凝土表面采用竹丝划块，水泥拉毛，用干粘石，留木纹，使用彩粉等使其具有良好的景观效果。

（3）化实为虚，弱化挡土墙功能，提升观赏效果

在适宜的位置利用墙体界面做成画廊、宣传栏、广告栏；也可使墙式护岸与自然山石、假山相结合，浑然一体，化实为虚；可利用地势差使墙式护岸与台阶、花坛、座椅相结合，既节省空间、减少费用，又有很强的观赏性和功能性，或采用攀爬或者藤本类植物对墙面遮盖掩映，分散人们对墙体的注意力，使人们对岸墙产生亲切感。

第六章 城市水环境保护及生态修复

第一节 城市水环境状况及成因

一、城市水环境的概念与构成

（一）城市水环境的概念

环境，总是相对于某项中心事物而言，总是作为某项中心事物的相对物而存在。它因中心事物的不同而不同，随中心事物的变化而变化。中心事物与环境是相互对立、相互依存、相互制约、相互作用和相互转化的，在它们之间存在着对立统一的相互关系。对环境的各种解释都离不开人的活动，简单地说，可将环境解释为以人为中心的有形的活动空间和无形的感觉世界。对环境科学而言，中心事物是"人"，"环境"是指人类生存的环境，是人类周围的客观事物，是相对人类而言的一切自然空间及其要素，包括自然因素，也包括社会因素。

城市环境（Urban Environment），是指影响城市人类活动的各种自然的或人工的外部条件。城市水环境是城市环境的重要组成部分，可以对城市水环境做如下定义：城市水环境是以"人"为中心、城市水体为主体，包括其周围与水体密切相关的自然因素、社会因素的总和。

城市水环境在空间地域上，不仅是水域，还包括滨水地区以及它们的空间领域。我们通常把城市建设用地范围或城市规划区内与水域相邻接的一定区域称为城市滨水区。但是城市滨水区在词义上容易被理解为陆岸部分，而忽略水域部分。就空间地域而言，城市滨水区与城市水环境没有显著的区别，而城市水环境的定义更全面，更符合注重城市环境建设的城市时代特征。

（二）城市水环境地域范围界定

城市水环境是由水域、水际和陆域 3 部分组成的。水域不难界定，城市中大、小各类水体均是水环境的组成部分。因水位变化而高水位淹没、低水位显露的水边地段称为水际，高水位、低水位为两条水际线。如沙滩、滩涂往往是水际范围。

城市水环境中陆域范围难以严格限定，应综合考虑各种因素，包括城市水体的尺度、用地性质、滨水道路、城市历史文化、居民心理意识等诸多因素。一般说来，滨水的建筑用地道路、绿地均可列入水环境的陆域部分。它决定了一些陆域对水体的使用与景观等的影响程度。对于一些水系十分发达的水乡城市，在对城市总体水环境进行规划研究时，整个城市范围都可以认为是城市水环境范围。在范围界定时，陆域过宽导致研究范围太大，内容难以集中，抓不住研究重点；过窄则容易断章取义，缺乏整体性。对于不同类型、不同内容、不同要求的城市水环境规划设计，可根据设计需要而划定水环境中陆域的范围。

（三）城市水环境的构成

城市水环境构成可以从空间、景观生态等方面多角度地进行分析。

1. 空间构成

城市水环境由水域、河床、岸线、岛屿、构筑物、水中植物、滨水游憩场地、滨水交通、滨水建筑等许多要素构成。按其空间领域可以进行如下分类。

（1）水域空间。包括水体、水底与河床、水上空旷的空间。

（2）滨水绿化休憩空间。包括岸线、亲水空间、滨水绿地、滨水步行空间、自然湿地、滨水广场等。

（3）滨水建筑空间。由滨水建筑物、构筑物以及以它们作为主体所形成的空间领域。

（4）滨水设施空间。滨水道路设施码头、堤坝、桥梁及其他水上构筑物。城市水空间是上述各类空间形式相互作用相互依存、有机结合的结晶。

2. 景观构成

景观即视觉景象，可以理解为景和观的统一体。"景"是指一切客观存在的事物，"观"是指人们对"景"的各种主观感受的结果。城市水环境景观构成归纳起来有如下3个方面。

（1）自然景观。指江、河、湖、海等水系及与之相互依存的如自然植被、山岳、岛屿、礁石、滩涂、岸坡等自然地形地貌，以及水中和岸边的生物。

（2）人工景观。主要指滨水建筑物、构筑物及水上或滨水人工设施、绿化与公共开放空间。

（3）活动景观。指那些正在发生的各类城市活动，主要指人的各类活动（水上运动、岸上活动）。

3. 生态构成

城市水环境生态系统是城市生态系统的重要组成部分，其内部也由自然生态、社会生态、经济生态3个子系统，是以人为中心的自然——社会——经济复合的人工生态系统。

（1）城市水环境自然生态系统。自然生态系统是一个庞大的系统，这个系统如撇开大宇宙，可以理解为以地球生命生存为中心的大系统，它包括人类赖以生存的基本物质—环境运行系统，如太阳、空气淡水、森林、气候、岩石、土壤、动物、植物、微生物、矿藏等。

城市水环境自然生态系统只是以城市水陆交界的区域自然特征为主体的生态系统，水体是城市自然生态系统中最主要的生态因素。自然生态要素可分为生物部分和非生物部分，非生物部分有水体、光、大气、岩石等，生物部分包括水中、水滨生物群落。

（2）城市水环境社会生态系统。社会生态系统包括各类人工和人文的因素。社会生态系统以人口为中心，以满足城市居民的就业、居住、交通供应、文娱、医疗、教育及生活环境等需求为目的。既包括居民各类生产、生活、游憩活动的人工物质因素，又包括人口结构、智力结构、政治、体制、意识形态、文化艺术等社会结构及各种人文特征。人工物质因素指城市水环境范围内人工建筑物和构筑物要素，即住宅与公共建筑物、道路桥梁设施、交通运输、市政管网设施、通信设施等。

（3）经济生态系统。以资源流动为核心，包括城市商品流通、货物供应等领域的活动，以产品结构的比例为特征，反映在滨水区土地利用功能布局，如港口码头设置、工业仓库用地、商业贸易中心等。人类是参与城市水环境各个结构系统中最活跃的因素，城市水环境中人与自然的联系直接、突出。这是一个开放的、复杂的系统，水环境地理上具有"边缘"和"枢纽"特征，集聚了比其他地区容量更大、流量更高、速度更快的"生态流"。通过包括物流、能流、信息流、人流的"生态流"的运动，进行系统内部结构与外部环境的不断交换和相互作用，城市水环境才能保持一种生态的平衡，完成城市生态系统的生产、生活和系统持续发展的功能。

二、城市水污染状况、特点及成因

1. 城市水污染状况

目前我国水污染现象日趋严重，水体水质日益恶化。全国有检测的 1 200 多条河流有 850 条受到不同程度的污染，并且有不断加重的趋势。7 大水系中，不适合作饮用水水源的河段达 40%，工业较发达的城镇河段污染突出，城市河段中 78% 不适合作饮用水源。全国 2222 个监测站的监测结果表明（水环境监测覆盖面达到流域面积的 80%、水体纳污量的 80%、流域工农业总产值的 80%、流域人口的 80%，例行监测河段长度占全国河流总长的 80%），7 大水系污染程度由重到轻的排列次序为海河、辽河、淮河、黄河、松花江、珠江、长江，7 大水系普遍受污染，大辽河水系污染严重，海河水系、淮河干流、黄河干流属重度污染。主要的大淡水湖泊污染程度由重到轻的排列次序为巢湖、滇池、南四湖、太湖、洪泽湖、洞庭湖、兴凯湖、博斯腾湖、松花湖、饵海，其中巢湖、滇池、南四湖、太湖污染最重。1998 年，7 大水系以及太湖、滇池和巢湖中，只有 36.9% 的河段达到或优于地表水环境质量Ⅲ类标准，超Ⅴ类水质的达到了 37.7%。大淡水湖泊和城市湖泊均为中度污染，75% 以上的湖泊富营养化加剧。

2000 年，城市工业废水对地表水的污染得到一定的治理，"三河三湖"水质恶化的趋势得到了控制。近岸海域海水水质总体上有所改善，但地表水污染依然普遍，尤其是流经城市的河段有机污染较重；湖泊富营养化问题突出，生态破坏加剧的趋势尚未得到有效遏制。

由于城市化进程的加快，城市河流的水污染从污染类型到污染强度都在加大，中国大陆 80% 以上的城市河流受到污染，氨氮、有机物及重金属污染程度较高。许多大江大河的城市段已达不到 Ⅱ 类水水质标准，鱼虾生物基本绝迹，而代之以适应污染的各类底栖微小生物类群，河流水的颜色、气味均有不同程度的恶化，部分河流甚至成为污水通道。城市景观因水质受到污染，质量下降，严重影响了城市河流两岸居民的身心健康。水质污染导致城市河流及其两岸的生物多样性下降，特别是一些对人类有益的或有潜在价值的物种消失。

城区河道与城区建筑物距离较近，很多生活垃圾和建筑垃圾直接倾泻在河道中。河道沿线的许多中小型企业就近将厂内工业废水和厂区生活污水排放于河道中，所有这些无度使用使河道水质越来越差，河床底泥越来越厚，底部污泥呈厌氧状态，使得整个河道无论在感官上还是在嗅觉上都令人难以接受。

城市河流的生态功能一定程度上依赖于河流水质的清洁，城市河流如果成为城市排污场所，意味着城市河流生态功能的消失，城市河流只剩下排污的功能，对城市的生态建设将是致命的威胁。

2. 城市水污染的特点

（1）污水以居民生活污废水为主

大多数城市属于综合性城市，即居住、商贸、工业混杂在一起，所排放的污水以居民生活污废水为主，工业废水所占比重不大，污水生化需氧量（BOD）一般为 100~150mg/L，化学需氧量（OOD）为 250~300mg/L，悬浮固体物质（SS）为 200mg/L 左右。少部分城市集中了具有地方特色的工业企业，如浙江绍兴集中了大量印染业，富阳市集中了大量造纸业，海宁市制革工业发达，黄岩市精细化工工业较多等，工业废水所占比重较大，则会影响到这些城市的治污结构和规模。

（2）污水排放系统混流制

城市排水系统往往是雨污合流系统，这样的系统在雨季或在地下水位高的时候，大量雨水和地下水进入，使得污水的浓度较低，甚至部分城市的粪便污水是通过化粪池直接排入水体，这类水体的 BOD 浓度低，往往只有 30~40mg/L，对生化处理不利。

（3）影响污水浓度的因素复杂

在气温炎热、水资源丰富以及经济发展水平较高地区，城市的用水量大，排水量也大，城市污水浓度较低。丰富的水资源特性，使水体具有较高的纳污能力。此外，城市水污染特征还表现在污水量昼夜变化大、水质波动大以及污水处理工艺及流程有不同需求等方面。

3. 城市水体污染成因分析

造成城市河流、湖库水环境质量下降的原因是多方面的，污染成因具体分析如下。

（1）城市化率的提高以及人口增加和经济增长的压力

我国人口基数较大，人口增长速度较快，城市化率的迅速提高使得大量人口向城市积聚，对城市资源和环境的压力及影响已成为制约城市环境与经济可持续发展的主要因素。发达国家的经验表明，工业总产值每增加10%，废水排放量即增加0.17%。据此，太湖流域在近年来工业总产值翻2~3番的情况下，工业和生活废水产量增加很大，使得太湖水质自20世纪70年代到90年代普遍下降2~3个等级。全国7大流域水质调查评价结果表明，全流域水体质量最差的是城市河段及城市近郊工矿区河段。这证明了人口及经济增长对城市水环境的影响。

（2）城市工业结构及对废水治理力度不够

我国现阶段对工业企业废水排放都提出了严格的标准，但由于国内很多中小型企业生产工艺落后，管理水平低下，物料消耗高，单位产品污染物排放量过高，造成对水环境的严重影响。另一方面，由于管理不善，国内的很多污水处理设施没有发挥应有的作用，许多企业的治污设施不正常运转或不能有效运转，也是工业废水污染水环境的重要因素。在1999年全国调查的2万多套处理设施中，运行良好的只占到1/3，即使运行较好的，处理量往往也只是设计流量的50%左右。

（3）城市基础设施建设与城市发展不适应

国内城市化水平迅速提高，但城市排水系统未及完善污水处理设施建设缓慢，与城市建设和经济发展不相适应。目前我国城市排水体制虽然在推进"雨污分流"，但"雨污合流"仍然占主导地位，很多老城区难以实现雨污分流。雨季大量的雨水同污水一起进入地表水体，污染城市河流湖泊。加上城市污水集中处理设施建设力度不足，很多城市的污水处理率仅30%左右，大量污水直接进入城市地表水体，对水环境造成极大危害。

（4）城市初雨径流污染未得到有效控制

城市的迅猛发展，城市下垫面的不透水性不断提高，造成城市暴雨径流量的增加；城市经济的发展，汽车数量的增加，城市路面污染物加重，使得初雨径流的水质恶化，造成对城市水体的严重威胁。城区雨水主要有屋面、道路、绿地3种汇流介质，其中路面径流因为交通污染缘故水质较差；屋面雨水径流要视屋面材质而定，水质变化较大；绿地的径流一般水量较小，水质相对较好。据国外有关资料报道，在一些污水点源得到有效控制的城市水体中，BOD，负荷有40%~80%来自降雨产生的径流，成为城市主要的水体污染面源。近年来，对城市雨水利用的研究逐渐增加，一般采用的方法是通过雨水收集、综合处理后进行回用。到目前为止，在国内大多数城市中雨水的利用率很低或根本未加以利用。很多城市，特别是山区城市，暴雨量很大，雨后仍然缺水的原因就是未有效利用暴雨资源。

（5）城市固体废物堆放场渗滤液对城市水环境的影响

城市中每天产生大量的固体垃圾废物，因处理堆放不善或防渗措施不适当，大量含高浓度污染物的渗滤液流入地表水体中或渗透进入地下水中，给城市水环境带来严重污染。除渗滤液污染水体外，城市居民将固体废弃物直接倾倒入城市河流、湖泊中，使地表水受到严重影响，不仅减少水体面积，还危害水生生物的生存，破坏水生态系统的平衡。

（6）城市用水和排水未形成合理的收费标准

水资源的长期无价和价格偏低导致了水资源利用率和回用率很低，未形成节约用水的习惯，没有将水作为一种有限的资源。黄河流域引黄的水资源利用率仅为40%左右（国外为90%），工业用水重复利用率仅为30%，大量水资源被浪费的同时也带来了大量的废水排放。提高城市供水水价后，通过经济杠杆的调节，促进城市居民提高节水意识，工业企业提高用水效率，并加强用水循环以提高重复利用率等。

（7）对严重的城市面源污染缺乏有效的防治措施

目前，城市路面多为不透水的混凝土或沥青路面，道路表面的各种粉尘、汽车油污滴漏和尾气余油、农贸市场和菜场的各类废物、工业生产废物、建筑垃圾、生活垃圾以及大气降落的污染物等将随雨水径流汇入城市河湖，导致水环境质量不断下降，而当下尚缺乏对面源污染有效防治的方法。

（8）不当的水利工程降低了城市水生态系统的净污能力

在城市河流上建立的各种闸、坝等水利工程阻断了自然水体的循环流动，水体对污染物质的稀释和自净能力下降，致使水环境质量下降。

第二节　城市水环境保护目标

一、水功能保护区划的划分与保护标准

（一）水功能保护区划的目的与原则

1. 水功能保护区划的目的

进行城市水生态系统的水功能保护规划的目的是确定城市中各类各级水体的主要功能，按其水体功能的重要性，正确划分出水体等级，依据高、低功能水域分不同标准进行保护；然后按拟定的水域保护功能目标，科学地确定水域允许纳污量，达到既充分利用水体同化自净能力，节省污水处理费用，又能有效地保护水资源和生态环境的目标。同时，科学地划分功能区，并计算允许纳污量之后，可以制定入河排污口排污总量控制规划，并对输入该水域的污染源进行优化分配和综合整治，提出入河排污口布局、限期治理和综合整治的意见，从而保证水域功能区水质目标的实现。

2. 水功能保护区划的原则

为实现城市内水功能区划的目标，需坚持以下原则。

（1）可持续发展的原则。水功能区划应结合水资源开发利用规划及社会经济发展规划，并根据水资源的可再生能力和自然环境的可承受能力，科学合理地开发利用水资源，并留有余地，保护当代和后代赖以生存的水资源与生态环境，保障人体健康和环境的结构与功能，促进社会经济和生态环境的协调发展。

（2）综合分析、统筹兼顾、突出重点的原则。水功能区划应将水系系统作为统一整体考虑，分析河流上下游、左右岸、省界间、市界间、县界间，湖泊水库的不同水域，近、远期社会发展需求对水域保护功能的要求。坚持水资源开发利用与保护并重的原则。统筹兼顾区域水资源综合开发利用和国民经济发展的规划。上游水功能区的划分，要考虑保障下游功能的要求；支流功能区的划分，要考虑保障干流水域的功能要求；当前功能区的划分，不能影响长远功能的开发；对于有毒有害物质，必须坚决在功能区划中去除。水资源不同的开发利用功能要求不同的水质标准，其中以城镇集中饮用水水源地、江河源头水、自然保护区、珍稀鱼类保护区、鱼虾产卵场等为优先重点保护对象。水功能区划要优先考虑其达到功能水质保护标准，对于渔业用水、农业用水、工业用水等专业用水实行统筹安排，分别执行专业用水标准。

（3）合理利用水环境容量原则。根据河流、湖泊和水库的水文特征，合理利用水环境容量，保证水功能区划中水质标准的合理性，既充分保护水资源质量，又有效利用环境容量，节省污水处理费用。

（4）结合水域水资源综合利用规划，水质与水量统一考虑的原则。水功能区划是将水质和水量统一考虑，是水资源的开发利用与保护辩证统一关系的体现。既要考虑水资源的开发利用对水量的需要，又要考虑对水质的要求。

（二）水功能区划的方法

1. 系统分析法

系统分析法主要是采用系统分析的理论和方法，把区划对象作为一个系统，分清水功能区划的层次，进行总体设计。

2. 定性判断法

定性判断法主要是在对河流、湖泊和水库的水文特征、水质现状、水资源开发利用现状及规划成果进行分析和判断的基础上，进行河流、湖泊及水库水功能区的划分，提出符合系统分析要求且具有可操作性的水功能区划方案。

3. 定量计算法

定量计算主要是采用水质数学模型，以定性划分的初步方案为基础，进行水功能区水质模拟计算。根据模拟计算成果确定各功能水质标准，划定各功能区和水环境控制区的范围。

4. 综合决策法

对水功能区划方案进行综合决策，提出水功能区划技术报告及水质指标。

（三）城市水功能区划的分级分类

城市水功能区划应按照新修订的《中华人民共和国水法》的要求进行，区划的分级分类由水利部提出方案，并遵照实施。水资源具有整体性的特点，它是以流域为单元，由水量与水质、地表水与地下水这几个相互依存的组分构成的统一体，每一组分的变化均影响其他组分，河流上下游、左右岸、干支流之间的开发利用亦会相互影响。水资源还具有多种功能的特点，在国民经济各部门中的用途广泛，可用于灌溉、发电、航运供水、养殖、娱乐及维持生态等方面。但在水资源的开发利用中，各用途间往往存在矛盾，有时除害与兴利也会发生矛盾。水功能区划可以在宏观上实现对整个城市乃至区域水资源利用状况的总体控制，合理解决有关水的矛盾，并在整体功能布局确定的前提下，有重点地进行区域水资源的开发利用。

鉴于以上分析，水功能区划在全国范围内采用二级体系，即一级区划（流域级）、二级区划（省级、市级）。其中，一级区划是宏观上解决水资源开发利用与保护的问题，主要协调地区间用水关系、用水部门之间的关系，从长远上考虑可持续发展的需求；二级区划主要协调各市和市内用水部门间用水关系。城市范围的水功能区属于二级区划的范畴。二级区划是对一级功能区（分4类，包括保护区、保留区、开发利用区、缓冲区）中的开发利用区进行划分，分为7类，包括饮用水源区、工业用水区、农业用水区、渔业用水区、景观娱乐用水区、排污控制区、过渡区。

（四）城市水生态系统功能区水质管理标准

根据城市水生态系统中水域的不同使用功能对水质要求各异的特点，制定出相应的水质管理标准和断面设置原则。

1. 饮用水源区

饮用水源区的一级保护范围按Ⅱ类水质标准、二级保护范围按Ⅲ类水质标准进行管理。Ⅱ类水质标准的功能区应设置在已有和规划的生活饮用水一级保护区内，该区范围为集中取水的第一个取水口上游1000m至最末取水口下游100m；潮汐水域上、下游均为1000m；湖泊、水库的范围为取水口周围1000m范围以内。Ⅲ类水质标准的功能区应设置在已有和规划的生活饮用水二级保护范围内。生活饮用水二级保护区其下游功能区界应设置在生活饮用水一级保护区、珍贵鱼类保护区、鱼虾产卵场水域下游功能区界上，其功能区范围为根据水域下游功能区界处的水质标准，采用水质模型反推至上游水质达到Ⅲ类功能区水质标准中Ⅲ类标准最高浓度限值时的范围。也可以根据水质常年监测资料，综合分析评价后确定Ⅲ类水质标准的功能区的范围。湖泊和水库的饮用水二级保护区设置在一级保护区外1000m范围内。

2. 工业用水区。工业用水区按Ⅳ类水质标准进行管理。Ⅳ类水质标准的功能区，应设置在工业用水区的已有或规划的工业取水口上游，保证取水口水质能达到Ⅳ类水质标准处至取水下游100m范围内。根据地表水资源的用途及保护要求，湖泊、水库不设Ⅳ类水质标准的功能区。

3. 农业用水区

农业用水区按Ⅴ类水质标准进行管理。Ⅴ类水质标准的功能区设置在已有的农业用水区，其范围应根据农业用水第一个取水口，上游500m至最末一个取水口下游100m处。考虑农业用水区下游功能区水质要求和河流水资源保护要求，河流的农业用水水质以执行

《地面水环境质量标准》（GB3838-88）中的Ⅴ类水质标准为主，并参照《农田灌溉水质标准》（GB5084-92）。

4. 渔业用水区

珍贵鱼类保护区范围内及鱼虾产卵范围内的水域按Ⅱ类水质标准管理。一般鱼类保护区，按Ⅲ类水质标准进行管理。断面设置应与Ⅰ类和Ⅱ类水质标准的水域相协调。

5. 景观娱乐用水区

景观和人体非直接接触的娱乐用水区按Ⅳ类水质标准进行管理。人体非直接接触的娱乐用水区设置在已有或规划的市级以上政府批准的娱乐用水区范围内。

6. 排污控制区

排污控制区应设置在干、支流的入河排污口或支流汇入口所在区域，城市排污明渠、利用污水灌溉的干渠。入河排污口所在的排污控制区范围为该河段下游第一个排污口上游100m至最末一个排污口下游200m。该区内污染物浓度可以超Ⅴ类水质标准，但必须小于地面水排放标准的限制，并保证过渡区后达到下游的功能区水质要求。

7. 过渡区

过渡区应设置在排污控制区下游至其他功能区的上游段，该区的长短取决于排污控制区和其他功能区的浓度梯度，由数学模拟计算确定，一般长度以不超过100m为宜。如果计算出来的结果太长，那么就要对排污控制区的水质进行重新限制。

二、水质管理指标

自然界中没有绝对纯净的水。无论是天然水还是各种污水，都含有一定数量的杂质。水质是指水和其中所含的杂质共同表现出来的物理学、化学和生物学的综合特征。各项水质指标则表示水中的杂质的种类、成分和数量，是判断水质的具体衡量标准。水质管理指标项目繁多，总共可有上百种，但总体上可划分为物理的、化学的和生物学的3大类。

（一）物理性水质管理指标

物理性水质管理指标主要包括感官物理性状指标（如温度、色度、嗅和味、浑浊度、透明度等）和其他的物质性水质指标（如总固体悬浮固体、溶解固体、可沉固体、电导率等）。

1. 浑浊度

天然水由于含有各种颗粒大小不等的不溶解物质，如泥沙、纤维、有机物和微生物等而会产生混浊现象。水的混浊程度可用混浊度的大小来表示。所谓浑浊度，是指水中的不溶解物质对光线透过时所产生的阻碍程度。故浑浊现象是水的一种光学性质。

浑浊度是天然水和饮用水一项非常重要的水质指标，也是水可能受到污染的重要标志。常用的浑浊度单位有两种，包括使用杰克逊烛光度计测定时使用的杰克逊烛光度单位（Jackson Turbidity Unit，NTU）和使用光电浊度计测定时使用的散射浊度单位（Nephelometric Turbidity Unit，NTU）。两者测得的结果相差不多，但不完全一致，在测定报告中应予以注明。

2. 颜色

纯水是无色透明的，清洁水在水层浅时应为无色，深层为浅蓝绿色。天然水中存在腐殖质、泥土、浮游生物铁和锰等金属离子，均可使水体着色。纺织、造纸和有机合成等工业废水中，常含有大量的燃料、生物色素和有色悬浮微粒等，故常常是使环境水体着色的主要污染源。有色废水常给人以不愉快感，排入环境后又使天然水着色，减弱水体的透光性，影响水生生物的生长。水的色度是评价感官质量的一个重要指标。有异常颜色的水体也是受到污染的一种标志。

水的颜色可区分为"真色"和"表色"两种。真色是水中所含溶解物质或胶体物质所导致，即除去水中悬浮物后所呈现的颜色。表色则是由溶解物质、胶体物质和悬浮物质共同引起的颜色。对于废水和污水的颜色不做真色测定，而常采用文字描述。必要时也可辅以稀释倍数，即在比色管中将水样用无色清洁水稀释成不同倍数，并与液面高度相同的清洁水做比较，取其刚好看不见颜色时的稀释倍数，此即为色度，用稀释倍数来表示。

3. 固体

严格地讲，水中除了溶解的气体外，其他一切杂质，包括有机和无机型化合物都应划入水中固体之列。但在环境工程和水质分析中，水中固体指在一定的温度下将水样蒸发至干时所残余的固体物质总量，所以有时也称做"蒸发残渣"。常用的蒸发烘干温度为103~105℃。在此温度下烘干的残渣保留结晶水和部分吸着水，重碳酸盐转变为碳酸盐，而有机物挥发遗失甚少。这样所得的残渣总量称为"总固体（Total Solids，TS）"，结果以mg/L计。总固体包括溶解物质（DS）和悬浮固体物质（SS）。

（二）化学性水质管理指标

化学性水质管理指标主要包括一般的化学性水质指标（pH值、碱度、硬度、阴阳离子、总含盐量、一般有机物质等）有毒化学性水质管理指标（如各种重金属、氨化物、多环芳烃、各种农药等）和氧平衡指标（如溶解氧DO、化学需氧量生化需氧量、总需氧量等）。

1. 有机物

生活污水和某些工业废水中所含的碳水化合物、蛋白质、脂肪等有机化合物在微生物作用下最终分解为简单的有机物物质、二氧化碳和水等。这些有机物在分解过程中需要消耗大量的氧，故属耗氧污染物。耗氧有机污染物是使水体产生黑臭的主要因素之一。

污水中有机污染物的组成较复杂，现有技术难以分别测定各类有机物的含量，通常也没有必要。从水体有机污染物来看，其主要危害是消耗水中的溶解氧。在实际工作中一般采用生化需氧量（BOD）、化学需氧量（COD，OC）、总有机碳（TOC）、总需氧量（TOD）等指标来反映水中需氧有机物的含量。

（1）生化需氧量（BOD）。水中有机污染物被好氧微生物分解时所需的氧量。它反映了在有氧情况下，水中微生物降解的有机物的量。生化需氧量愈高，表示水中需氧有机污染物愈多。有机污染物被耗氧微生物氧化分解的过程，一般可分为两个阶段：第一阶段主要是有机物转化为二氧化碳、水和氨；第二阶段主要是氨转化为亚硝酸盐和硝酸盐。污水的生化需氧量通常只指第一阶段有机物生物氧化所需的氧量。微生物的活动与温度有关，测定生化需氧量时一般以20℃作为测定的标准温度。一般生活污水中的有机物需20d时间，这在实际工作中有困难。目前以5d作为测定生化需氧量的标准时间，简称5日生化需氧量（用BOD5表示）。据实验研究，一般有机物的5日生化需氧量约为第一阶段需氧量的70%左右，对其他工业废水来说，其5日生化需氧量与第一阶段生化需氧量之差，可以较大或比较接近，不能一概而论。

（2）化学需氧量（COD）。化学需氧量是用化学氧化剂氧化水中的有机污染物时所消耗的氧化剂的量，用氧量（mg/L）表示。化学需氧量越高，也表示水中有机污染物越多。常用的氧化剂主要是重铬酸钾和高锰酸钾。以高锰酸钾作氧化剂时，测得的值称COD_{Mn}或简称OC。以重铬酸钾作氧化剂时，测得的值称COD_{Cr}，或简称COD。如果废水中有机物的组成相对稳定，则化学需氧量和生化需氧量之间应有一定的比例关系。一般来说，重铬酸钾化学需氧量与第一阶段生化需氧量之差，可以粗略地表示不能被需氧微生物分解的有机物量。

（3）总有机碳（TOC）与总需氧量（TOD）。目前应用的5日生化需氧量（BOD_5）测试时间长，不能快速反映水体被有机质污染的程度。有时进行总有机碳和总需氧量的实验，以寻求它们与BOD_3的关系，实现自动快速测定。

总有机碳（TOC）包括水样中所有有机污染物质的含碳量，也是评价水样中有机质污染的一个综合参数。有机物中除含有碳外，还含有氢、氮硫等元素，但有机物全都被氧化时，碳被氧化为二氧化碳，氢、氮及硫则被氧化为水、一氧化碳、二氧化硫等，此时需氧量称为总需氧量（TOD）。

TOC和TOD都是燃烧化学氧化反应，前者测定结果以碳表示，后者则以氧表示。TOC、TOD的耗氧过程与BOD的耗氧过程有本质不同，而且由于各种水样中有机物质的成分不同，生化过程差别也很大。各种水质之间TOC和TOD与BOD不存在固定的相关关系。在水质条件基本相同的条件下，TOC和TOD与BOD之间存在一定的相关关系。

（4）油类污染物。油类污染物有石油类和动植物油脂两种。工业含油污水所含的油大多为石油或其组分，含动植物油的污水主要产生于人的生活过程和食品工业。油类污染物进入水体后影响水生生物的生长，降低水体的资源价值，油膜覆盖水面阻碍水的蒸发，影响大气和水体的热交换。油类污染物进入海洋，改变海面的反射率，减少海洋表层的日光辐射，对局部地区的水文气象条件可能产生一定的影响。大面积油膜将阻碍大气中的氧进入水体，降低水体的自净能力。

随着石油工业的发展，石油类物质对水体的污染愈来愈严重。石油污染对幼鱼和鱼卵的危害很大。石油类污染还能使鱼虾产生石油臭味，降低水产品的食用价值。

（5）酚类污染物。酚类污染物是有毒有害污染物。水体受酚类污染后影响水产品的产量和质量。水体中的酚浓度低时能影响鱼类的洄游繁殖，酚浓度达 0.1~0.2 mg/L 时鱼肉有酚味，浓度高时引起鱼类大量死亡，甚至绝迹。酚的毒性可抑制微生物（如细菌、藻类等）的自然生长速度，有时甚至使其停止生长。

2. 无机性指标

（1）植物营养素。污水中的氮、磷为植物营养元素，从农作物生长的角度看，植物营养元素是宝贵的物质，但过多的氮磷进入天然水体却易导致富营养化。

"富营养化"一词来自湖沼学。湖沼学家认为，富营养化是湖泊衰老的一种表现。湖泊中植物营养元素含量增加，导致水生植物的大量繁殖（主要是各种藻类的大量繁殖），使鱼类生活的空间愈来愈少。藻类的种族数逐渐减少，而个体数则迅速增加。通常藻类以硅藻、绿藻为主转为蓝藻为主，而蓝藻有不少种有角质膜，不适于作鱼料，有一些是有毒的。藻类过度生长繁殖还将造成水中溶解氧的急剧变化。藻类在有阳光的时候，在光合作用下产生氧气；在夜晚无阳光的时候，藻类的呼吸作用和死亡藻类的分解作用所消耗的氧能在一定的时间内使水体处于严重缺氧状态，强烈影响鱼类的生存。在自然界物质的正常循环过程中，也有可能使某些湖泊由贫营养湖发展为富营养湖，进一步发展为沼泽和干地。水体富营养化现象除发生在湖泊、水库中外，也发生在海湾内，但在有水流动的河流中发生较少。

水体中氮磷含量的高低与水体富营养化程度有密切的关系。就污水对水体富营养化作用来说，磷的作用远大于氮。

（2）pH 值。主要是指示水样的酸碱性。pH 值小于 7 是酸性；pH 值大于 7 是碱性。一般要求处理后污水的 pH 值在 6~9 之间。天然水体的 pH 值一般为 6~9，当受到酸、碱污染时 pH 值发生变化，消灭或抑制水体中生物的生长，妨碍水体的自净，还可腐蚀船舶。若天然水体长期遭受酸、碱污染，将使水质逐渐酸化或碱化，从而对正常生态系统产生影响。

（3）重金属。重金属主要是指汞、镉、铬、铅、镍以及类金属砷等生物毒性显著的元素，也包括具有一定毒害性的一般重金属，如锌、铜、钴、锡等。

重金属是构成地壳的物质，在自然界分布非常广泛。重金属在自然环境的各部分均有存在，在正常的天然水体中重金属含量均很低，汞的含量介于 0.001~0.01mg/L 之间，铬含量小于 0.001mg/L；在河流和淡水湖中铜的含量平均为 0.02mg/L，钴为 0.004 3mg/L，镍为 0.001mg/L。

重金属作为有色金属在人类的生产和生活方面有广泛的应用，这一情况使得在环境中存在着各种各样的重金属污染源。采矿和冶炼是向环境中释放重金属的最主要的污染源。通过废水、废气、废渣向环境中排放重金属的工业企业不胜枚举。由于人类活动进入环境的重金属量几乎相当于自然过程中的迁移量，前者常是点源，因而能在局部地区造成严重的污染后果。

（三）生物性水质管理指标

生物性水质管理指标包括细菌总数、总大肠菌群数、各种病原细菌、病毒等。下面简单介绍几种常用的和主要的水质指标。

1. 总大肠菌群数

水是传播肠道疾病的一种重要的媒介，而大肠菌群被视为最基本的粪便污染指示菌群。总大肠菌群数表明水样被粪便污染的程度，间接表明有肠道病菌（伤寒、痢疾、霍乱等）存在的可能性。

2. 病毒

污水中已被检出的病毒有 100 多种。检出大肠菌群，可表明肠道病原菌的存在，但不能表明是否存在病毒及其他病原菌（如炭疽杆菌等），故还需检验病毒指标。病毒的检验方法目前主要由数量测定法和蚀斑测定法两种。

3. 细菌总数

水中细菌总数反映了水体受细菌污染的程度。细菌总数不能说明污染的来源，必须结合总大肠菌群数来判断水体污染的来源和安全程度。

第三节　城市污水的收排及处理系统

一、城市污水的收排管理体制

为了系统地排除和处置各种废水而建设的一整套工程设施称为排水系统。生活污水、工业废水和雨水可以采用两套或两套以上的相互独立的沟道排水系统来进行收排。城市污水的这种不同的收排方式所形成的排水系统称为排水系统的体制，简称排水体制。排水系统主要有合流制和分流制两种系统。

1. 合流制排水系统

合流制排水系统是将生活污水、工业废水和雨水混合在同一套沟道内进行收排的系统，包括两种形式：直排式合流制排水系统和截流式合流制排水系统。

（1）直排式合流制排水系统

直排式合流制排水系统是将收排到的混合污水不经处理和利用，就近直接排入水体。这种系统因将全部污水不经处理直接排入水体，故对水体污染严重。在我国，以往国内老城市几乎都是采用这种收排水系统，结果造成了对水体的严重污染。但系统造价比完全分流制低 20%~40%，不建污水处理厂，所以投资一般较低。

（2）截流式合流制排水系统

截流式合流制排水系统是在原有排水系统的基础上，沿水体岸边增建一条截流干沟，并在干沟末端设置污水厂。同时在截流干沟与原干沟相交处设置溢流井。该系统即使在雨天，也仅有部分混合污水不经处理直接排入水体，故对水体的污染要比直排式合流制有很大的改善。但当雨量增大时，雨水径流相应增加，当来水流量超过截流干沟的输水能力时，将出现溢流，部分混合污水经溢流井直接排入水体。

这种排水系统虽然比直排式有较大的改进，但在雨天仍可能有部分混合污水因直接排放而污染水体。随着环境质量标准的提高，该系统也将逐步不能满足要求。为了克服截流式合流制这一缺陷，可设置水库贮存污水，待雨后再送至污水厂处理，但这通常是一项耗资很大的复杂工程，只有在特殊情况下才采用。

2. 分流制排水系统

分流制排水系统是将污水和雨水分别在两套或两套以上各自独立的沟道内进行收排的系统。排除生活污水或工业废水的污水系统称污水排水系统；排除雨水的系统称为雨水排水系统。因排除雨水的方式不同，分流制排水系统又分为完全分流制、不完全分流制和半分流制 3 种。

（1）不完全分流制排水系统

不完全分流制排水系统只设有污水排水系统，没有完整的雨水排水系统。各种污水通过污水系统送至污水处理厂，经处理后排入水体。雨水则通过地面漫流进入不成系统的明沟或小河，然后进入水体。该排水系统因只建污水系统，不建雨水系统，故投资节省。这种体制适用于地形适宜，有地面水体，可顺利排泄雨水的城镇。发展中的城镇，为了分步投资，可先建污水排水系统，再完善雨水排水系统。我国很多工业区、居住区在以往的建设中采用了不完全分流制排水系统。

（2）完全分流制排水系统

完全分流制排水系统是将各种污水通过污水排水系统排至污水厂，经处理后排入水体，雨水则通过雨水排放系统直接排入水体。该排水系统由于既有污水排水系统，又有雨水排水系统，故环保收益较好。但存在初期雨水的污染问题，其投资一般比截流式合流制排水系统高。新建的城市及重要的工矿企业，一般采用完全分流制排水系统。

（3）半分流制排水系统

半分流制（又称截流式分流制）排水系统既有污水排水系统，又有雨水排水系统。之所以称为半分流制是因为它在雨水干沟上设置雨水跳跃井，以拦截初期雨水和街道冲洗污水进入污水排水系统。当雨水流量不大时，雨水与污水一起送至污水处理厂；当雨水流量超过截流流量时，雨水会跳跃截流口经雨水系统直接排入水体。在生活水平高、环境质量要求高的城镇可以采用。目前在我国尚无实例。

选择合适的排水体制，是城市排水系统规划和设计的重要问题。它不仅从根本上影响排水系统的设计、施工和维护管理，而且对于城市整体的规划和环境保护影响深远。同时，还会影响排水系统工程的初期投资、维护管理费用和总投资。通常排水系统体制的选择，应当在满足环境保护需要的前提下，根据当地的具体条件，通过技术经济比较决定。

总体看来，分流制排水系统比合流制排水系统应用灵活，其建设能配合社会发展的需要，满足环境保护方面的要求。不论污染负荷的加重或环境要求的提高，建成系统较易调整。所以，新建设的排水系统一般采用分流制。但在附近有较大的水体、发展又受到限制的小城镇或在雨水稀少、废水可以全部处理的地区等，采用合流制排水系统，有时也是合理的。

二、城市污水的重复利用——中水系统

1. 城市中水系统概述

城市中水系统，是指将城市污水或生活污水经过一定处理后用作城市杂用或工业用的污水回用系统。中水是再生水的一种，其水质介于一般的自来水和城市污水之间，主要用于农业、部分工业和生活杂用，例如与人体接触较少的厕所冲洗、园林绿化、道路保洁、洗车等的用水以及冷却水和水景补充用水等。中水是 20 世纪 60 年代在国外研究兴起的。近几十年来，建成了大批工程，获得了良好的效果。据不完全统计，日本已建成了上千套中水站，美国 70 年代中水利用量已占总水量的 40% 以上。我国近年来在北京、深圳等地也已建成了一些中水工程。中水系统不仅可以有效节约和利用有限的淡水资源，还可以减少污水和废水的排放量，减轻对水环境的污染，同时还可以缓解城市下水道的负荷运行压力。中水系统节水效益明显，在商业小区可节水 70%，民用住宅节水可达到 30%~40%。中水系统是污水重复利用的主要形式，在我国城市，特别是缺水城市实施中水工程，是发展的必然趋势。

2. 城市中水系统的构成

中水系统由中水原水系统中水处理设施和中水供水系统组成。中水原水系统主要是原水采集系统，如室内排水管道、室外排水管道及相应的集流配套设施。中水处理设施是处理污水达到中水水质标准的设施。中水供水系统用来供给用户所需中水，包括室内外和小区的中水给水管道系统及设施。

中水水源可采用生活污水和冷却水，也可采用雨水甚至工业废水。选择中水水源一般按下列顺序取舍：冷却水、淋浴水、盥排水、洗衣排水、厨房排水、厕所排水。其中前 5 类称为杂排水，前 4 类称为优质杂排水。一般首先应选择优质杂排水作为中水水源，这类排水有机物浓度低，处理简单，成本低。医院污水不宜作为中水水源。

中水水源集流分为部分集流和全部集流，具体有 3 种方式。

（1）全集流全回用方式，即建筑物或小区排放的污水全部集流，处理后全部回用。这种方式节省管道，有利于全部利用污水，但水质污染浓度高，处理流程复杂，故成本高，占地多，适于对已建成的建筑物增设中水系统时应用，也适于城市中水系统。

（2）分质集流和部分回用方式，即优先集流杂排水和优质杂排水，处理后回用于城市杂用。这种方式需室内外两套排水管道（杂排水管道和粪便污水管道），基建投资高，但

中水原水水质好，处理费用低，易于被用户接受，适合于新建城镇、小区、街道和大型建筑物。

（3）全集流、部分处理和回用方式，即把建筑物污水全部集流，但分批、分期修建回用工程，多余污水排放到城市排水管道。这种方式不另增排水管道，可在原为合流制的已建街区或大型建筑中使用，易于分散分批改建和扩建。

3.城市中水系统的分类

中水系统按照规模可以分为建筑中水系统、小区中水系统和城市中水系统。

（1）建筑中水系统

建筑中水系统是将单幢建筑物或相邻几幢建筑物产生的部分污水经适当处理后，作为中水进行循环利用的系统。该方式规模小，不需在建筑外设置中水管道，可进行现场处理，较易实施，但投资和处理费用较高，多用于单独用水的办公楼宾馆等公共建筑。

（2）小区中水系统

小区中水系统是在一个范围较小的地区，如一个住宅区或几个街区联合建设一个中水系统，配套一个中水处理厂，然后根据各自需要和用途供应中水。该方式管理集中，基建投资和运行费用相对较低，水质稳定。

（3）城市中水系统

城市中水系统是利用城市污水处理厂的深度处理水作为中水，供给具有中水系统的建筑物或住宅区。例如对邻近城市污水处理厂的居住小区或高层建筑群，一般可利用城市污水处理厂的出水作为小区或楼群的中水回用水源，该方式规模大、费用低管理方便，但需要单独设置中水管道系统。

对以上3种方式应根据其各自的特点及各地具体情况选择应用。现在很多城市的中水系统多是在一个建筑或几个建筑物建设一个小型中水系统，就近返回供这些建筑物使用。在大中城市建成区，基于各种条件的限制，只能如此。但这种方式管理分散，难以保持水质稳定，也使得环境卫生管理工作的难度相应增加。从现实角度来看，小区中水系统更加有利，特别在新建住宅区、商业区、开发区等。从水资源利用和投资费用来看，城市中水系统更具优势，但牵扯面广，实现难度较大。

三、城市污水处理的基本方法

污水中污染物的成分是相当复杂的，控制处理污水中的污染物质的技术也有很多。不同的污水水质、水量、处理后接纳水体以及是否有回收利用目的、处理程度等要求都决定所采用的处理方法各不相同。污水处理技术按照作用原理，大致可分为物理处理法、化学处理法及生物处理法等。

1.污水的物理处理方法

污水的物理处理方法，就是利用物理作用分离污水中主要呈悬浮固体状态的污染物质。

物理处理方法主要包括重力分离法（如自然沉淀、自然上浮、气浮等）、离心法和筛滤法3种。在处理有机污染废水中，物理法往往用于预处理或一级处理，但随着研究的不断深入，也有一些新的物理方法用于污水处理领域，主要有以下两种。

（1）高磁度分离技术

这是利用高的磁场梯度来分离水中一些污染物质的方法。其原理是利用高梯度磁分离装置，其磁场梯度达1万特每微米，产生的磁力比普通磁分离装置高几个数量级，因此它不仅能轻易地分离铁磁性和顺磁性的物质，而且在投加磁种和混凝剂使磁种及污染物形成磁性的混凝体后，还能有效地分离弱磁性乃至反磁性的物质。在水处理工艺中，水流阻力影响最大，但在高梯度磁分离装置中，颗粒受到的阻力远比磁力小，所以颗粒在比一般沉淀法和过滤法高数十倍乃至上百倍的流速下仍能有效地分离出来。

（2）膜分离技术

这是利用一种特殊的半渗透膜分离水中离子和分子的技术，主要包括反渗透（RO）、纳滤（NF）、超滤（UF）微滤（MF）等。大多数膜分离过程中物质不发生相变化，分离系数大，操作温度在室温左右，所有膜分离过程具有节能、高效的优点。其中纳滤也称纳米过滤，是介于UF和RO之间的一种以压力为驱动力的新型膜分离技术，截断分子量300~1000，具有良好的耐热性，适应pH值范围广，耐有机溶剂的稳定性，最适于有机污水的处理。膜分离技术的发展是非常迅速的，20世纪30年代仅仅是微孔过滤，40年代出现透析技术，50年代发展到电渗析，60年代出现了反渗透，70年代为液膜分离和微滤，80年代出现气体分离膜，90年代发展到以溶液渗透压为推动力的渗透汽化（渗透蒸发）技术，并在继续开发促进新的膜技术如膜蒸馏、膜萃取、亲和膜分离膜反应等。

2. 污水的化学处理方法

污水的化学处理法是利用化学反应的作用来分离、回收污水中处于各种形态的污染物质。如用混凝法使污水中的可溶性或胶体物质变成比重较大的矾花而沉淀去除；用中和法处理酸、碱物质；还有电解、氧化还原、汽提、萃取、吸附、离子交换和电渗析等，这些都是比较常用的化学处理方法。化学处理方法常用于工业废水的处理，也有一些新的方法不断涌现：

（1）将传统的活性炭吸附法与其他处理方法联用，出现了臭氧—活性炭法、混凝—吸附活性炭法、活性炭—硅藻土法等，使活性炭的吸附周期明显延长，用量减少，处理效果和范围大幅度提高。活性炭本身也处于不断发展之中，除颗粒活性炭外，又出现了球形活性炭、高分子涂层活性炭等多种类型。很多氧化剂也用于废水处理，如高锰酸钾、双氧水、氧气、臭氧等，可明显提高传统方法的净化效果。

（2）催化湿式氧化技术（WAO）是20世纪80年代发展起来的处理有机污水的先进技术，它是在高温下用空气或氧气直接将污水中的有机物以及氮、磷等物质氧化分解成二氧化碳、水及氮气等无害物。湿式氧化工艺对于难降解的高浓度有毒有害污水具有很好的处理效果，已成功地用于处理造纸废水、石油化工废水等。

（3）超临界水氧化技术是 20 世纪 80 年代中期出现的。它是利用临界水作为水质，通过氧化剂如氧气、臭氧等来氧化分解有机物，该种技术可以在较短的时间内将大部分有机物彻底分解成 CO_2 和 H_2O 等简单无机物。

3. 污水的生物处理方法

污水生物处理法是 19 世纪末出现的治理污水的技术。生物处理是利用微生物的代谢作用，使污水中易溶解、胶体状态的有机污染物质转化为稳定的、无害的物质。它发展至今，已经成为世界各国处理污水的主要手段，在污水处理领域中占有重要地位。

（1）活性污泥法

活性污泥法处理污水是通过活性污泥与污水形成的混合液，使污水中有机物质同活性污泥中的微生物充分接触后，可溶解性的有机物将被细胞吸附和吸收，进入细胞原生质内，并在胞内酶作用下进行氧化分解。污水中悬浮物和胶态有机物被吸附后，先由微生物在胞外酶作用下分解为溶解性的低分子有机物，再进入细胞内部，通过这样一种相互转移和微生物的新陈代谢，使有机物获得分解，污水得到净化。新的细胞物质合成，活性污泥数量不断增多，将悬浮在废水中的活性污泥进行分离即可获得净化的污水。活性污泥法的主要处理构筑物是曝气池和沉淀池。污水在曝气池停留一段时间后，污水中的有机物绝大多数被曝气池中的微生物吸附氧化分解成无机物。在沉淀池中，成絮状的微生物絮体——活性污泥下沉，而其清液溢流排放。为了保持曝气池中的污泥浓度，沉淀后的部分活性污泥又回流到曝气池中。多年的应用实践表明，此工艺稳定可靠，已经积累了丰富的设计和管理经验，配套设备已经系列化生产。但该工艺容易产生污泥膨胀现象，除磷和脱氮效果差。

（2）A/O 工艺

A/O 工艺是在传统活性污泥法基础上发展起来的缺氧—好氧生物处理工艺。A 段（缺氧段），微生物主要是兼性菌和部分厌氧菌，除降解部分有机物外主要有断链和开环的作用；O 段（好氧段），微生物主要是好氧菌，对脂肪族有机物具有较强的降解性。A/O 工艺能够有效去除 COD、BOD、SS；由于该工艺中好氧池和缺氧池形成硝化—反硝化系统，具有明显的脱氮作用。但需要进行严格的控制，管理水平要求比较高投资较大。

（3）A^2/O 工艺

即厌氧—缺氧—好氧工艺，它根据活性污泥微生物在完成硝化、反硝化以及生物除磷过程对环境条件要求的不同，在不同的池子区域分别设置厌氧区、缺氧区和好氧区。A^2/O 工艺应用较为广泛，已积累有一定的设计和运行经验，通过精心的控制和调节，一般可以获得较好的除磷脱氮效果，出水水质较稳定。但 A^2/O 工艺也有一定的缺点，主要表现为：需分别设置污泥回流系统和内回流系统，尤其是内回流系统，设计回流比往往为 200%~300% 或更大，这将增加投资和运行能耗，而且内回流的控制较复杂，对管理的要求较高。针对上述不足，也有一些改进方法不断出现，在一定程度上或在某一方面使运行效果有所改善。尽管这类工艺流程较长、控制较复杂、投资略高，但相对成熟可靠，处理效果稳定，一般适用于规模较大、具有较高运行管理水平的城市污水处理。

（4）SBR法

SBR法是序列间歇式活性污泥法的简称，是一种按间歇曝气方式来运行的活性污泥法处理技术，又称序批式活性污泥法。SBR技术采用时间分割的操作方式替代空间分割的操作方式、非稳定生化反应替代稳态生化反应、静置理想沉淀替代传统的动态沉淀。运行时，从污水分批进入池中经活性污泥的净化，到净化后的上清液排出池外，完成一个运行周期。SBR的一个完整操作周期有以下5个阶段：进水期、反应期、沉淀期、排水期和闲置期。进水期用来接纳污水，有调蓄池的功用；反应期是在没有进水的情况下，通过曝气来降解有机物，并使氨氮进行硝化；沉淀期是让污泥与水进行分离；排水期用来排放出水和剩余污泥；闲置期是处于进水等待状态。单个SBR池就是一个能自如控制进出水及曝气的反应池。对于连续排放的污水，SBR系统可用几个SBR反应器轮流接纳污水，分批进行处理。对于间歇排放的污水，只要排水间歇期足够长，使SBR反应池能完成反应、沉淀及排水等一连串操作，那么用一个SBR池就能达到处理要求。由此可知，SBR池集调节池、曝气池、沉淀池为一体，不需设回流污泥泵。SBR工艺占地面积省、效率高、运行效果稳定、出水水质好、耐冲击负荷、能够有效控制活性污泥膨胀。但SBR法存在自动控制技术和连续在线分析仪表要求高、运行管理复杂的缺点。

（5）氧化沟法

氧化沟又称连续循环曝气池，是在20世纪50年代由荷兰卫生工程研究所开发的一种工艺技术。该法是活性污泥法的变种工艺，属于低负荷、延时曝气活性污泥法。氧化沟法具有处理工艺及构筑物简单、无初沉池和污泥消化池、泥龄长、剩余污泥少且容易脱水、处理效果稳定等特点。但存在负荷低、占地大的缺点。该工艺有多种变形，如卡鲁塞尔式、奥贝尔式、一体化式等。卡鲁塞尔氧化沟是一种单沟式环形氧化沟，在氧化沟的顶端设有垂直表面的曝气机，兼有供氧和推流搅拌作用。污水在沟道内转折巡回流动，处于完全混合形态，有机物不断氧化得以去除。该氧化沟一般没有独立的沉淀池和污泥回流系统。奥贝尔氧化沟由3个相对独立的同心椭圆形沟道组成，污水由外沟道进入沟内，然后依次进入中间沟道和内沟道，最后经中心岛流出，至二次沉淀池。3个环形沟道相对独立，溶解氧分别控制在0.12mg/L，其中外沟道容积达50%~60%，处于低溶解氧状态，大部分有机物和氨氮在外沟道氧化和去除。内沟道体积为10%~20%，维持较高的溶解氧。在各沟道横跨安装有不同数量的转媒曝气机，进行供氧兼有较强的推流搅拌作用。一体化氧化沟广义上是指，作为生化处理的氧化沟和沉淀池或其他类型的固液分离设施合建为同一构筑物的布置形式。目前国内有的单位推出的一体化氧化沟，主要包括侧沟式和中心岛式两种类型，其特点是集曝气、沉淀（泥水分离）和污泥回滤功能于一体，不设单独的沉淀池。主要优点是节省占地面积。

（6）A/B法

A/B法是吸附生物降解法的简称，是原联邦德国亚探工业大学Bohuke教授于20世纪

70 年代中期开发的一种新工艺。该工艺将曝气池分为高低负荷两段，各有独立的沉淀和污泥回记系统。A 段（高负荷段）以生物絮凝吸附作用为主，同时发生不完全氧化反应，生物主要为短世代的细菌群落，去除 BOD 达 50% 以上；B 段与常规活性污泥法相似，负荷较低，泥龄较长。A/B 法 A 段效率很高，并有较强的缓冲能力。B 段起到出水把关作用，处理稳定性较好。对于高浓度的污水处理，此法具有很好的适用性，并有较高的节能效益。尤其在采用污泥消化和沼气利用工艺时，优势最为明显。但是，A/B 法污泥产量较大，A 段污泥有机物含量极高，污泥后续稳定化处理是必需的将增加一定的投资和费用。另外，由于 A 段去除了较多的 BOD，可能造成碳源不足，难以实现脱氮工艺。对于污水浓度较低的场合，B 段运行较为困难，也难以发挥优势。A/B 法工艺对运行管理有较高的要求，尤其是污泥厌氧消化和沼气利用部分，目前国内成功运行的并不多见。

（7）MBR 法

MBR 是膜生物反应器的简称，是由膜分离技术和传统的生物技术相结合而产生的一种先进、高效的污水生物处理技术。由于膜分离技术代替了传统的二沉池，且其又具有处理水质好而稳定、设备简单紧凑、能耗低、剩余污泥产量少等优点而受到人们的普遍重视。膜生物反应器的基本原理与常规活性污泥法相似，不同的是它结合了高效膜分离技术将活性污泥几乎全部截留在反应器内，实现水力停留时间和污泥泥龄的完全分离，使反应器内微生物浓度大大提高，进而提高装置的容积负荷。具有占地面积小、污染物去除效率高出水水质好、污泥产量低等优点。但对膜的日常维护要求比较高。

第四节 城市水质改善与生态修复技术

城市河湖生态系统对水体中污染物具有稀释和净化能力，如何利用这种能力来改善水环境质量是当前备受关注的问题。当污染物质进入受纳水城后，可以通过物理方法、化学方法和生态方法对水生态系统进行改善和修复。

一、引水稀释净污技术

引水稀释净污是通过工程调水对污染的水体进行稀释，使水体达到相应的水质标准。

（一）引水稀释的基本原理

污染物进入天然水体后，通过物理、化学、生物因素的共同作用，使污染物的总量减少，浓度降低，受污染水体部分或完全恢复现状，这种现象即为水体自净。人们对河流水体的自净能力的度量是 1975 年后"环境容量"定量化后开始应用的，如果人为排放的污染物总量超过环境容量，就会破坏水体环境的平衡。

1. 水体自净机理

水体自净从发生机理来看可分为以下几种。

（1）物理净化。污染物通过稀释、扩散、沉降、挥发、淋洗等作用，浓度降低。

（2）化学净化。通过水体的氧化还原、化合和分解、吸附凝聚、交换、络合等作用，使污染物质的存在形态发生变化和浓度降低。

（3）生物净化。通过水体中的水生生物、微生物的生命活动，使污染物质的存在状态发生变化，污染物总量及浓度降低，最主要的是微生物对有机污染物的氧化分解作用，以及对有毒污染物的转化。

2. 引水对水生态改善机理

引水对水生态改善的机理可从污染物的降解方面进行分析。

（1）污水或污染物排入水体后，可沉性固体逐渐沉至水底形成污泥、悬浮物，胶体和溶解性污染物则混合稀释而逐渐降低浓度。

（2）有机污染物在天然水体中，除了被稀释和扩散之外，还必然会进行生物降解，在适宜条件下，逐步达到无机化，消除其污染的危害；引水后水体水量增加，增强了水的复氧化能力（引入水所带来的溶解氧。引水使河流滞留段水体流动起来，大气中的氧向水中的扩散溶解增加），加快了有机物的分解，降低了污染的危害。由此可见，水体的环境容量与流量成正比，引水使水体水量增加，故而自净能力增强。

（二）引水稀释的作用

引水稀释在综合治理的过程中能起到十分重要的作用，主要表现在以下几方面。

1. 在治理资金缺乏的情况，采用引水稀释的方法对改善水质有立竿见影的效果。尤其是在水质污染严重的地区，引水稀释能缓解水资源紧张的局势。

2. 引水稀释能够增强水体的自净能力。引水稀释的作用是以水治水，不仅增加了水量，稀释了污水，而且更重要的是能使水体的自净系数增大，从而使水体的自净能力增强。生物的自净作用需要消耗氧气，如果氧气得不到及时补充，耗氧微生物就会消亡，生物自净过程就会终止。引水增加水体流速，使水体复氧化能力增强，水体溶解氧浓度增加，水生微生物、植物的数量和种类也相应增加，水生生物活性增强，通过多种生物的新陈代谢作用达到净化水质的目的。

3. 引水稀释能在一定程度上改变水体的污染状况，使水体逐渐恢复生态功能、景观功能和娱乐功能，达到人水相亲、和谐共处的状态。

（三）引水稀释的负面影响

引水稀释对污染水体的恢复起着重要的作用，但它也会对引水水源区和引入水域带来一定的负面效应。

1. 对引水水域来讲，原水体的污染物中的可沉物质本可通过沉淀去除，但引水后，由于流速和流量的增加会引起水体的扰动，污染物质沉淀的速度受到抑制，而且不易沉淀的污染物质和再次悬浮的溶出物质会导致水体的二次污染；再者，若引水不在同一流域或同一环境条件范围内，引水水体的生物群落结构和功能也将会受到引水中生物群落的冲击和影响，严重时可能会导致生物入侵。

2. 对引水水源区，调出水后引水区水量减少，会使引水区水体的自净能力下降，甚至会导致自身水生态系统的崩溃。因此，应合理利用该方法，做到因地制宜。

二、清淤和河床微生态系统修复技术

城市水体的底泥污染问题，目前已成为世界范围内的一个重要的环境问题。莱茵河流域、美国的大湖地区、荷兰的阿姆斯特丹港口、德国的汉堡港，我国上海的苏州河、南京的玄武湖、杭州的西湖等底泥污染均十分严重。底泥中沉积了大量重金属、有机质分解物和动植物腐烂物等，所以即使其他水污染源得到控制，底泥仍会使河水受到二次污染。所以疏吸河床，去除底泥中污染物也是城市河流污染治理的重要手段。

（一）底泥污染物的种类

底泥中存在的污染物主要有难降解的有机物，氮磷等营养元素和重金属 3 大类。

1. 难降解的有机物

PAH、PCBS 等有机物，由于疏水性强，难降解，进入水体后会在底泥中大量积累。部分有毒有机物通过富集作用，可以在生物内达到较高的水平，从而产生较强的毒害作用，进入食物链还可能危害到人类。

2. 氮、磷等营养元素

经过各种途径进入水体的氮、磷等营养元素，相当一部分会发生聚合反应沉积到底泥中。水生植物的生长会吸收部分营养成分，但其余大部分营养元素仍存留在底泥中，同时部分形态的营养元素与水体进行着动态交换。当水体中的营养元素浓度低于底泥中的营养元素浓度时，底泥中的氮、磷等营养物质就会从底泥中释放出来重新回到水体中，成为水体富营养化的新发生源。

3. 重金属

重金属进入水体后，主要通过吸附络合、沉淀等作用而沉积到底泥中，同时与水相保持一定的动态平衡。当环境条件发生变化时，重金属极易再次进入水体，成为二次污染源。

（二）清淤的主要方法

清淤是改善水体环境质量最简单和直接的方法之一。这种方法虽然不能从根本上改善水生态系统的结构，但可以快速清除水体的内源污染物，减少河道水体中污染物的含量。目前，江河湖库的清淤疏浚主要包括机械疏浚、水力疏浚和爆破 3 种形式，共有挖、推吸、托、冲和爆 6 种施工方式。在机械疏浚中，主要包括挖和推两种施工方式，前者是水中疏浚的常用方法，施工工具主要为挖泥船；后者是干河疏浚的常用方法，施工工具主要为铲运机、挖塘机和推土机等。在水力疏浚中，主要包括吸、拖和冲 3 种施工方式，吸是指采用轻质疏浚材料，将淤泥吸到轻质软管中，能有效防止疏浚过程中对底泥的扰动而造成的二次污染；拖是用带有粑具的拖淤船进行疏浚，效率较低；冲是用射流冲沙船进行疏浚，但冲起的泥沙难以全部长距离输走，一般在 1km 以下。在爆破疏浚中，定向爆破是常用的方法之一，主要用于解决局部问题。在现有清淤疏浚方法中，采用挖泥船疏浚具有挖泥量大、效率高、效果明显等特点，而其他疏浚方法只是在特定的条件下采用。

（三）疏浚底泥的最终处置

疏浚后淤泥的处理则是环境保护的一个难题。疏浚污泥以其量大、污染物成分复杂、含水率高而处理困难。对疏浚污泥进行最终处置，目前常用的方法主要有固化填埋和资源化利用两大类。

1. 固化填埋

对疏浚后的淤泥进行填埋是淤泥最简单的处置方式，但在填埋前必须考虑到其对地下水和土壤的二次污染问题，故在填埋前要进行必要的处理。对污染较重的疏浚污泥，必须采取物化、生物方法进行处理。常用的有颗粒分离、生物降解、化学提取等。由于重金属和有机物性质上的差异，其处理方法也不同，如果二者同时大量存在，一般需先将其分离，再分别进行处理。采用调整 pH 值或还原的方法，能将底泥中的重金属固定，有效防止疏浚污泥中重金属的迁移；也可用黏土、有机物等来吸附重金属以达到固定化的目的；或者用酸或微生物将重金属溶出，再集中处理。用某些微生物来溶出重金属，要比用酸浸出经济得多，处理后的底泥颗粒还可能再利用。疏杆菌以硫为营养源，可以使底泥中绝大部分的锌、钴、锰、镍、铜在几天到几周内浸出。底泥中有机物的处理有热处理、微生物降解、浮选、湿式氧化、溶剂萃取等技术。利用臭氧曝气能有效地去除底泥中的 COD，并能显著抑制氮、磷的溶出，还能降低硫化物的生成。用氧化钛作为催化剂，模拟太阳光也能有效地降解 PCBS。湿式氧化、热处理、溶剂萃取等对有机物的处理也有明显效果。生物处理能使 PAH、矿物油有大幅度的降低，重金属成分也有一定程度的去除。

2. 资源化利用

淤泥的资源化利用是目前实现经济社会可持续发展的重要趋势。淤泥中所含的大量黏土质成分和有机物仍是一种资源性物质，如能有效降解超量重金属和有毒组分及病原微生物，并据其不同理化性质而给予化学成分和物质结构构造的改组，则存在向无污染、有价值资源转化的可能。

（1）制作复合化肥

利用有机质污泥为载体材料，可以成功地制作出对农作物具有重要作用的多种复合肥料。因此，对于可以用于农田的淤泥，根据流域两岸土壤的化学成分和种植要求，添加所需的成分后转化为比较廉价的颗粒化复合有机肥料。如姚江 220 万 m³ 无重金属污染底泥，若全部配制成适用有机肥料，用以改良两岸 267 万 hm² 农田，则必将有利于当地效益农业的发展。

（2）制作建材

据在杭州四堡污水处理厂沉积污泥利用的经验，淤泥的最佳利用途径是用以制作高强度的轻质材料。沉积淤泥比重小于通常砖瓦所用的黏土材料，又具有较高的热值，故焙烧中胚体受热均匀，并节省能源，又因为有机质经焙烧形成类似空腔的结构，因此可以制作成市场行情看好的高强度轻质建材。仍以姚江为例，受重金属等有害元素污染底泥 110 万 m³，经干缩后以 30% 配比制作建材，将节省相当于 10hm² 土地的黏土资源，可生产 30 余万 m² 的优质建材。

（3）制陶粒

据苏州河底泥利用的经验，底泥的另一个用途就是制作陶粒。利用苏州河底泥烧制陶粒的工序主要为：挖泥——运至排泥厂堆放——自然干燥——与外掺辅料混合——生料成球——筛选料球进窑预热——焙烧——冷却——分级——成品。经过高温焙烧，产品可以达到黏土陶粒的技术指标。底泥中的重金属也大部分固化在陶粒中。

（四）清淤后河床微生态系统的修复

尽管清淤能够将沉积于底泥中的污染物质带出水体，对水质有明显的改善作用，但底泥疏浚使许多微生物生存的"洞穴"消失，大部分吸附在底泥表层的对水体中污染物有降解能力的菌种也一并被清走，河床微生态系统遭到严重破坏。即使清淤后水体水质明显改善，但那也是暂时的。只有在清淤后及时地修复河床受损的微生态系统，才能使清淤的作用真正地发挥出来，改善的水质不会发生"回弹"现象。河床微生态系统，是指由河流水体与河床交界面之间存在着的藻类、浮游动物、底栖动物及微生物群体所构成的微型生态系统，它的存在与否对河流的自净能力具有很大的影响。目前，清淤后河床微生态系统的修复已成为世界各国环境学家研究的热点问题。

河床微生态系统的修复可以从恢复其结构入手，只要恢复河床微生态系统的结构，其功能自然也就得到了恢复，从而水体的自净能力也能得到恢复。主要有两种方式。

1.恢复河床微生物生存的空间。要使河床微生物重新聚居于清淤后的河床表面，首先就要为微生物创造适于其生存的空间。主要方法包括设置深沟和浅滩、铺设卵石地面、设置人工落差等。

2.恢复微生物群体。通过资料收集与实地调查，掌握原河床微生态系统所具有的物种，通过模拟自然条件，并结合当地原有物种，恢复河床微生态系统。主要方法有接种藻类、投菌以及投放底栖动物等。

三、河湖水质强化净化工程

水体人工强化净化技术是近年来国内外为解决水域污染而研究开发的重点技术，也是国内外用于净化河湖水体的主要工程技术。当今，国内外使用最多的生物净化技术是投菌技术生物膜技术、曝气技术、水生植物植栽技术等。

1. 投菌技术

投菌技术是直接向污染水体中接入外源的污染降解菌，然后利用投加的微生物唤醒或激活水体中原本存在的可以自净的，但被抑制而不能发挥其功效的微生物，通过它们的迅速增殖，强有力地抑制有害微生物的生长和活动，从而消除水域中的有机污染及水体的富营养化，消除水体的黑臭，还能对底泥起到一定的硝化作用。目前，国内外常用的有 CBS（集中式生物系统）、EM（高效复合微生物菌群）及固定化细菌等技术。

2. 生物膜技术

采用生物膜技术净化河流实质是对河流自净能力的一种强化。它根据天然河床附着的生物膜的净化作用及过滤作用，人工填充滤料及载体，利用滤料和载体比表面积大、附着微生物种类多、数量大的特点，使河流的自净能力成倍增长。生物膜降解污染物质的过程可分为 4 个阶段：污染物质向生物膜表面扩散；污染物在生物膜内部扩散；微生物分泌的酵素与催化剂发生化学反应；代谢生成物排出生物膜。生物膜由于固着在滤料或载体上，因此能在其中生长时间较长的微生物，如消化菌等，再加上生物膜上还可以生长大量丝状菌、轮虫线虫等，使生物膜净化能力增强并具备脱氮除磷的效用，这对受有机物及氨氮污染的河流有显著的净化效果。因此，生物膜技术非常适合城市中小河流及湖泊的直接净化。目前，可采用的方法主要有人工填料接触氧化法、薄层流法、伏流净化法、烁间接触氧化法、生物活性炭净化法等。

3. 水生植物植栽净化技术

水生植物植栽净化技术是以水生植物忍耐和超量积累某种或某些化学物质的理论为基础，利用植物及其共生生物体系清除水体中污染物的环境污染治理技术。该技术是目前各国研究的重点，它对于控制水域富营养化问题有着非常重要的作用。如南京莫愁湖种植的莲藕，年产莲藕 25 万 t，可从湖中带出氮 60 多吨、磷 1t 多，有效地控制了湖泊富营养化问题，还带来了一定的经济收入。

在具体运用上需注意针对不同污染状况的水体采用不同的生态植物。如对以有机污染为主的混合型污染水体常采用水葫芦浮萍、睡莲、水葱、水花生、香蒲等植物。另外，还需注意对水生植物要定期收割，以免造成二次污染。

4. 曝气技术

直接曝气技术是充分利用天然河道已有建筑就地处理河流污水的一种方法。它是根据河流受到污染后缺氧的特点，人工向河道中充入空气（或氧气），加速水体复氧过程，以提高水体的溶氧水平，恢复水体中好氧微生物的活力，使水体的自净能力增强，从而改善河流的水质状况。该法综合了曝气氧化塘和氧化沟的原理，结合推流和完全混合工艺的特点，有利于克服断流和提高缓冲能力，也有利于氧的传递和污泥絮凝，有效改善河流的黑臭现象。该技术由于设备简单、易于操作而被许多国家优先选用净化河流。

四、河湖水生植物净污工程

水生植物是一个广泛分布在江河湖泊等各种水体中的高等植物类群，也是水生态系统的重要组成部分和主要的初级生产者之一，介于水—泥、水—气及水—陆界面，对水生态系统物质和能量的循环与传递起调控作用。20世纪70年代，水生植物开始受到人们的关注，许多这类植物的耐污及治污能力也被研究发现。当前，重建水生植被已成为大型水体生态工程修复的重要措施。

1. 水生植物及其净污机理

大型水生植物是一个生态学范畴上的类群，是不同分类群植物通过长期适应水环境而形成的趋同性适应类型，主要包括两大类：水生维管束植物和高等藻类。在污染河道及湖库的水滨带种植水生植物，是近年来国内外采用较多的净化水体环境质量，恢复城市水生态的方法技术。水生植物对污染物的净化机理主要包括以下方面。

（1）吸收作用

利用水生植物对污染物质的吸收能力，截留水体中的富营养化元素，最后通过植物的收割将污染物带离水体。

（2）降解作用

水生植物群落的存在，为微生物和微型生物提供了附着基质和栖息场所。这些生物能加速截留在植物根系周围的有机胶体和悬浮物的分解矿化。

（3）吸附、过滤

浮水植物发达的根系与水体接触面积很大，形成一道密集的过滤层，水流经过的时候，不溶性胶体会被根系黏附或吸附而沉降下来，特别是内源污染的主要贡献者——有机碎屑也被大量吸附过滤而沉积下来。

（4）抑制藻类生长的作用

水生植物与浮游藻类竞争营养物质和光能，同时，某些水生植物的根系还能分泌出克藻类物质，从而抑制藻类的生长，避免"水华"的发生。

（5）其他作用

挺水植物可通过对水流的阻尼或减小风浪扰动，使悬浮物沉降；沉水植物的生长有利于形成一道屏障，抑制浅水湖泊底层中营养物质的溶出速度。适合在水滨带和水体中种植的水生植物种类包括挺水植物浮水植物、浮叶植物、沉水植物等。

2. 水生植物净污工程技术

水生植物净污工程是以水生植物为主体，应用物种间共生关系和充分利用水体空间生态位与营养生态位的原则，建立高效的人工生态系统，以降解水体中污染负荷，改善系统内的水质。

（1）挺水植物

挺水植物可通过对水流的阻尼作用和减小风浪扰动使悬浮物质沉降，并通过与其共生的生物群落有净化水质的作用。同时，它还可以通过其庞大的根系从深层底泥中吸取营养元素，降低底泥中营养元素的含量。挺水植物一般具有很广的适应性和很强的抗逆性，生长快，产量高，还能带来一定的经济效益。因此，沿岸种植挺水植物已成为水体净污的重要方法之一。

（2）沉水植物

沉水植物是健康水域的指示性植物，它对水体具有很强的净化作用，而且四季常绿，是水体净化最理想的水生植物。据吴振彬等利用富营养浅水湖泊—武汉东湖中所建立的大型试验围隔系统，对沉水植物的水质净化作用现场试验研究证明，重建后的沉水植物可以显著改善水质，水体透明度得到显著提高，水色降低。水生植物围隔 COD 和 BOD 一般分别在 20mg/L 和 5mg/L 左右。试验结果表明，恢复以沉水植物为主的水生植被是改善富营养化水质和重建生态系统的有效措施。但沉水植物的耐污性不强，对水质有一定的要求，因此操作和实施的难度较大，它一般作为水体恢复的指示性植物。

（3）植物浮岛

河湖中的天然岛屿是许多水生生物的主要栖息场所，在天然岛屿上形成了植物—微生物—动物共生体，它们对水体的净化起着非常重要的作用。但由于河湖的开发、渠化、硬化工程，以及底泥疏浚等，许多天然生态岛屿消失，河流的自净能力下降，河流生态系统遭到破坏。植物浮岛的建立就是对水域生态系统自净能力的一种强化。植物浮岛是绿化技术和漂浮技术的结合体，植物生长的浮体一般采用聚氨酯涂装的发泡聚苯乙烯制成，质量轻，材料耐用。岛上的植物可供鸟类等休息和筑巢，下部植物根形成鱼类和水生昆虫等生息环境，同时能吸收引起富营养化的氮和磷。

日本为进一步净化渡良濑蓄水池的水体，曾在蓄水池中部建了一批植物生态浮岛，在岛上种植芦苇等植物，其根系附着微生物。浮岛还设置了鱼类产卵的产卵床，也为小鱼及底栖动物设有栖息地，形成稳定的植物—微生物—动物净化系统。

（4）植物浮床

植物浮床是充分模拟植物生存所需要的土壤环境而采用特殊材料制成、能使植物生长并能浮在水中的床体。目前，研究最多的是沉水植物浮床和陆生植物浮床。

①沉水植物浮床。沉水植物浮床技术是利用沉水植物对营养物质含量高的水体有显著的净化作用，对水体进行净化。水体高浓度的氮、磷营养元素一直被认为是导致沉水植物消失的直接原因，但水深和水下光照强度对沉水植物的生存有限制作用。由于水体透明度下降，处于光补偿点光照强度以下的沉水植物逐渐萎缩死亡，若仅仅依靠自然光，水下光照强度随水深增加成负指数衰减，污染水体的平均种群光补偿深度显著下降，沉水植物无法存活，会导致水质的进一步恶化。结合河道水质的特点，可根据不同河段的光补偿深度，利用植物浮床来处理水体营养物质，使得水下光照强度维持在植物所需光补偿点之上。光补偿种植浮床能使沉水植物维持在其光合作用与呼吸作用平衡的水层深度以上，加快植物

生长，从而净化水质。这种技术在太湖水生态修复中正在尝试。

②陆生植物浮床。陆生植物浮床是采用生物调控法，利用水上植物技术，在以高营养化为主体的污染水域水面种植粮食、蔬菜、花卉或绿色植物等各种适宜的陆生植物。收获农产品、美化绿化水域景观的同时，通过根系的吸收和吸附作用，富集氮、磷等元素，同时降解、富集其他有害有毒物质，并以收获植物体的形式将其搬离水体，达到变废为宝、净化水质、保护水域的目的。它类似于陆域植物的种收办法，而不同于直接在水面放养水葫芦等技术，开拓了水面经济作物种植的前景。

中国水稻研究所在人工模拟池、工厂氧化塘、鱼塘及太湖水系污染水域一系列的可行性和有效性研究基础上，在五里湖建立了 3600m² 独立于大水域水体的试验基地，并将其分为 4 个均等的 900m² 试验小区。设计了 15%、30%、45% 三种不同的水上覆盖率的陆生植物处理区和空白对照区。试验结果显示，45% 处理区的水体，TP、NH_3-N、COD_{Mn}、BOD_5、DO、pH 值等水质指标均达到地表水 Ⅲ 类水质标准。其中美人蕉和旱伞草干物质产量分别达到 5223.48g/m² 和 7560g/m²，均较一般陆地种植增长 50% 以上，为大量吸收去除水体中的氮、磷等元素以及其他有害物质，加速水质净化进程奠定了基础。

第七章 城市生态水利工程水环境保障措施

第一节 水环境质量标准

水环境质量标准（standard of water environmental quality）为控制和消除污染物对水体的污染，根据水环境长期和近期目标而提出的质量标准。除制订全国水环境质量标准外，各地区还可参照实际水体的特点、水污染现状、经济和治理水平，按水域主要用途，会同有关单位共同制订地区水环境质量标准。

一、标准分类

水环境质量标准技水体类型划分有地表水环境质量标准、海水质标准、地下水质量标准；按水资源用途划分有生活饮用水卫生标准、城市供水水质标准、渔业水质标准、农田灌溉水质标准、生活杂用水水质标准、景观娱乐用水水质标准、瓶装饮用纯净水、无公害食品畜禽饮用水质、各种工业用水水质标准等。

二、制定标准

水环境质量标准，也称水质量标准，是指为保护人体健康和水的正常使用而对水体中污染物或其他物质的最高容许浓度所作的规定。按照水体类型，可分为地面水环境质量标准、地下水环境质量标准和海水环境质量标准；按照水资源的用途，可分为生活饮用水水质标准、渔业用水水质标准、农业用水水质标准、娱乐用水水质标准、各种工业用水水质标准等；按照制定的权限，可分为国家水环境质量标准和地方水环境质量标准。

水环境质量直接关系着人类生存和发展的基本条件，水环境质量标准是制定污染物排放标准的根据，也是确定排污行为是否造成水体污染及是否应当承担法律责任的根据。所以水污染防治法规定，国务院环境保护部门制定国家水环境质量标准。省、自治区、直辖市人民政府可以对国家水环境质量标准中未规定的项目，制定地方补充标准，并报国务院环境保护部门备案。

由此，我国对水环境质量标准的制定是非常严格的，一是国家水环境质量标准由国务院环境保护部门制定，其他部门无权制定；二是国家水环境质量标准中未规定的项目，省、自治区、直辖市人民政府可以制定地方补充标准。这里需要说明的是，"地方补充标准制定的前提是国家水环境质量标准中未规定的项目，当国家水环境质量标准对未规定的项目作出规定时，"地方补充标准"不得与国家水环境质量标准相矛盾，否则应废止，并按照国家水环境质量标准执行；"地方补充标准"的制定和颁布机关是省、自治区、直辖市人民政府，省、自治区、直辖市人民政府只有部分制定水环境质量标准的权力；地方补充标准制定后，要报国务院环境保护部门备案。

第二节　水环境保障工程措施

在设计中，应注意河流形态顺畅，避免形成死水湾。可根据地形条件布置宽窄、深浅不一的河流形态，营造多样化的水体流速和流态，合理保持水流流态的连续稳定，以利于维持水质健康。除此之外，还可采用一些强化的人工措施来保障水环境质量。

一、截污

对入河的污水口采取强制截污措施，将污水收集后统一输送到污水处理厂处理，达标后排放。这对老城区有污水进入的河道是行之有效的手段，也是必需的手段。

二、引清补水

及时补充质量好的清水对河道进行换水，对污染物进行稀释和冲刷，也是受污染水体修复的一种物理方法。稀释作用是引水工程改善水环境最主要的作用，引水工程通过引入污染物和营养盐浓度较低的清洁水来稀释水体，降低水体中污染物和营养盐的浓度，抑制藻类的生长，有效控制水体富营养化的程度；冲刷作用能洗去水体中的藻类，降低藻类生物量，增加水体的透明度；冲刷作用增强了水体的动力，使水体由静变动，激活水体，增加了水体的复氧能力，进而加强了水体的自净能力。

三、底泥清淤、覆盖

挖除受到污染的底泥并对底泥进行合理处置来去除湖泊水体中污染物，或者用一定厚度的土料覆盖住污染的底泥，防止底泥中的污染物溶出，这是简单有效也是必需的手段。否则，即使通过截污及其他生态措施，底泥中的污染物溶出也会造成二次污染。

四、人工湿地

人工湿地是为处理污水而人为设计建造的、工程化的湿地系统，主要由生物塘和多级植物碎石床组成。该系统由基质填料（如砾石等）组成填料床，污水在床体的填料缝隙或表面流动，在床的表面种植具有处理性能好、成活率高抗水性强、生长周期长、美观及具有经济价值的水生植物（如芦苇、香蒲等），形成一个具有污水处理能力的生态系统。其原理是利用基质—微生物—水生植物的物理、化学和生物的三重协调作用，通过基质过滤、吸附、沉淀、离子交换等作用及植物吸收和微生物分解综合作用处理污水。

根据布水方式和水流形态的差异，人工湿地系统主要分为表面流入工湿地、水平潜流入工湿地、垂直流入工湿地三大类。

人工湿地主要由基质、植物和微生物三部分构成。目前，用于人工湿地的基质主要有石块、砾石、砂粒、细砂、沙土和土壤，还有矿渣、煤渣和活性炭等，这些基质可以为微生物的生长提供稳定的依附表面。除此之外，基质还可以为水生植物提供支持载体和生长所需的营养物质，当这些营养物质通过污水流经人工湿地时，基质通过一些物理、化学作用净化污水中的氮磷等营养物质及其他污染物，基质对有机污染物的去除主要体现在对磷的吸附上。湿地植物种类较多，其生长易受到介质、气候条件等的影响，植物所吸收污染物的能力也随生长与生理活动的状态而变化，因此其污水净化效果也不同。人工湿地选择的植物必须适应当地的土壤和气候条件，因各种湿地植物对不同污染物的去除效果有差异，所以多种植物组合使用，有利于植物之间取长补短，从而提高湿地系统的污水净化效果。自然界中的碳、氮、磷等元素的循环离不开微生物的活动，人工湿地处理污水时，有机物的降解和转化也主要是由植物根区微生物的活动来完成的，微生物的活动是废水中

有机物降解的主要机制，研究表明，微生物在 BOD_5、COD 以及氮等降解的过程中起着重要作用。人工湿地中的微生物主要包括细菌、放线菌和真菌，其中，细菌在湿地微生物中数量最多，占基质微生物总数量的 70%~90%。

人工湿地污水处理系统由预处理单元和人工湿地单元组成，通过合理设计可将 BOD_5、SS、营养盐原生动物、金属离子和其他物质处理达到二级和高级处理水平。预处理主要去除粗颗粒和降低有机负荷。预处理构筑物主要包括双层沉淀池、化粪池稳定塘和初沉池。人工湿地中的流态采用推流式、回流式、阶梯进水式和综合式，见图 7-1。

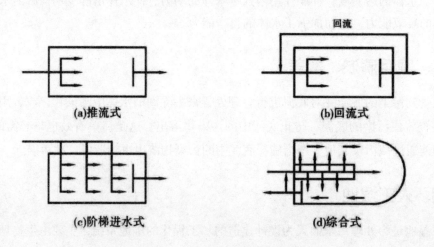

(a)推流式　　　　　　　　　(b)回流式

(c)阶梯进水式　　　　　　　(d)综合式

图 7-1　人工湿地中的基本流态

1. 人工湿地系统具有如下特点。

（1）建造和运行费用不高；

（2）易于维护，技术含量低；

（3）可进行有效、可靠的污水处理；

（4）可缓冲对水力和污染负荷的冲击；

（5）可直接或间接提供效益，如水产、畜产、造纸原料、建材、绿化、野生动物栖息、娱乐和教育。

2. 但人工湿地系统也有以下不足。

（1）占地面积大；

（2）设计、运行参数不精确；

（3）生物和水力复杂性及对重要工艺动力学理解的缺乏；

（4）易受病虫害影响。

人工湿地系统在达到其最优效率时，需 2~3 个生长周期。

五、曝气技术

直接曝气技术是充分利用天然河道已有建筑就地处理河流污水的一种方法。它是根据河流受到污染后缺氧的特点，人工向河道中充入空气（或氧气），加速水体复氧的过程，以提高水体的溶氧水平，恢复水体中好氧微生物的活力，使水体的自净能力增强，从而改善河流的水质状况。该法综合了曝气氧化塘和氧化沟的原理，结合推流和完全混合工艺的特点，有利于克服断流和提高缓冲能力，也有利于氧的传递和污泥絮凝，能有效改善河水的黑臭现象。

六、高磁分离技术

高磁分离技术是利用高的磁场梯度来分离水中一些污染物质的方法。其原理是利用高梯度磁分离装置，其磁场梯度达 $104T/\mu m$，产生的磁力比普通磁分离装置高几个数量级，因此它不仅能轻易地分离铁磁性和顺磁性的物质，而且在投加磁种和混凝剂使磁种及污染物形成磁性的混凝体后，还能有效地分离弱磁性乃至反磁性的物质。此方法适用于小流量的高浊度水净化作为景观用水的情况。

城市生态水利规划研究

第三节　水环境保障非工程措施

一、河坡生态加固过滤措施

在岸缘采用插柳桩和覆盖种植网的办法防止水土流失，这种生态措施保证了水、植物、水生物和动物的物质与能量交换，能充分发挥河流的生态服务功能。在陡于 1∶2 的坡段，使用嵌草砖或做硬质挡墙来稳定河坡；在缓于 1∶5 的河坡，可采用草皮等植物护坡。这些生态措施在加固河坡、美化景观的同时，也可作为雨水入河的过滤措施，对水环境保障起到一定的辅助作用。

岸坡绿化时，应注意树木和花草的多样性选择，除实现美化功能外，还应尽可能选择不同种类的树木花草，尽量选用当地土生的物种，以提高生态系统的抗干扰能力和物种多样化水平。

二、阿科蔓

阿科蔓是一种人造聚合物惰性生态净化基，它采用尖端的聚合物设计和修饰技术，具有均匀而合理的孔结构，能够为水体微生物群落的生长和繁殖提供巨大而适宜的附着表面积。阿科蔓采用独特的水草型设计和两段编织技术，使系统的微生物量和生物多样性明显增强，从而大大增强系统对污染物的降解能力。

利用阿科蔓生态净化基上丰富的微生物菌群可有效调整水体中的 C、N、P 的比例，使水体内的营养得到平衡，增强水体的自净能力。为了水体维护和水体景观功能的协调与统一，阿科蔓应隐蔽放置，尽量布置在不影响总体景观的区域。

三、碳素纤维生态草

碳素纤维生态草具有吸附、截留水中溶解态和悬浮态污染物的功能，为各类微生物、藻类的生长、繁殖提供良好的着生、附着或穴居条件，最终在碳素纤维生态草上形成薄层的具有很强净化功能的活性"生物膜"，并且碳素纤维生态草的声波能够激发微生物活性，促进污染物的降解及转化。

四、太阳能除藻曝气机

太阳能除藻曝气机是以太阳能作为设备运转的直接动力，将河流底部缺氧水转移到水体表面与表层富氧水混合，促进水体水平扩散、纵向进入底层缺氧区，由此实现水体解层、

· 162 ·

增氧和纵横向循环交换三重功效，最大限度地将表层超饱和溶解氧水转移到水体底层，增加底层水体溶解氧，消除自然分层，提高水体自净能力。

五、食藻虫技术

食藻虫是一种低等甲壳浮游动物，经过驯化可以专门摄食蓝绿藻，成为蓝绿藻天敌。食藻虫摄食消化蓝绿藻后，可以产生弱酸性的排泄物，降低水体 pH，促进水体植被生长，起到提高水体透明度、促进区域生态自净的作用。食藻虫技术无生物副作用，不产生二次污染，能促进生态系统良性循环，美化景观环境。

六、人为构建稳定的水生态系统

水生态系统是以水生植物为坚实基础构成相互依存的有机整体，包括水体中的微生物、水生植物、水生动物及其赖以生存的水环境。水生植物可以吸收水体或底泥中的氮、磷等营养物质，吸附、截留（藻类等）悬浮物，同时植物的茎秆、根系附着种类繁多的微生物，具有活性生物膜功能和很强的净化水质能力。另外，沉水植物是整个水体主要的氧气来源，给其他生物提供了生存所需的氧气。水生动物包括鱼、虾、蚌、螺蛳等，它们直接或间接地以水生植物为食，或以水生微生物为食，延长了生物链，增强了生态系统的稳定性。水生微生物包括细菌真菌和微型动物，它们摄食动植物的尸体及动物的排泄物，将有机物分解成为植物能吸收的无机物，提供植物生长的养料，净化水质。稳定的水生态系统对水中污染物进行转移转化及降解，使地表水体具有一定的自净能力。

设计中可以人为构建水生生物生长的环境，种植有利于净化水质的水生植物，放养鱼螺蛳等水生生物，以增强水体自净能力。

七、生物孔隙砌块

生物孔隙砌块利用其空心结构和较大的表面积，为各种各样的微生物提供一个栖息场所，生成一种自然生物环境，通过食物链的作用达到净化水质的目的。生物孔隙砌块由于是通过生物取得有机物及发生物理的过滤作用，而不是化学性的处理，故其净化能力的安全性、稳定性较好，净化时效期长，无二次污染，无需长期投资，并且维护管理费用较低，适合应用在面积较大的水域。常见的生物孔隙砌块有鱼巢砖、透水砖、连锁水工砖、舒布洛克砖等。

第八章　城市发展规划

第一节　城市规划概论

城市规划在英国被称为 Town Planning，在美国被称为 City Planning 或 Urban Planning，在法语和德语中分别被称为 Urbanism 和 Stadtplanung，我国在 1949 年以前以及日本、台湾地区都用"都市计划"来表示。

英国的《不列颠百科全书》中有关城市规划和建设的条目中提到："城市规划与改建的目的，不仅仅在于安排好城市形体—城市中的建筑、街道、公园、公用事业及其他的各种要求，而且，更重要的在于实现社会和经济目标。城市规划的实现要靠政府的运筹，并需运用调查、分析、预测和设计等专门技术。"此外，英国的城乡规划（Town and Country Planning）可以看作是更大空间范围内的社会经济与空间发展规划。美国国家资源委员会（National Resource Committee）则将城市规划定义为："城市规划是一种科学、一种艺术、一种政策活动，它设计并指导空间的和谐发展，以适应社会和经济的需要。"美国的城市与区域规划（City and Regional Planning）也可以看作是覆盖更广泛范围的规划体系。

在日本城市规划专业权威教科书中，城市规划被定义为："城市规划即以城市为单位的地区作为对象，按照将来的目标，为使经济社会活动得以安全、舒适、高效开展，而采用独特的理论从平面上、立体上调整满足各种空间要求，预测确定土地利用与设施布局和规模，并将其付诸实施的技术。"以及"城市规划是以实现城市政策为目标，为达成、实现、运营城市功能，对城市结构规模、形态、系统进行规划、设计的技术"。

计划经济体制下的苏联将城市规划看作是："整个国民经济计划工作的继续和具体化，并且是国民经济中不可分割的组成部分。它是根据国民经济发展的年度计划、五年计划和远景计划来进行的"。

我国在 20 世纪 80 年代前基本上沿用了上述定义，改革开放后有所修改，定义为："城市规划是对一定时期内城市的经济和社会发展、土地利用、空间布局以及各项建设的综合布局、具体安排和实施管理。"

第二节　城市规划思想的演变过程和主要理论

一、古代城市规划思想的演变过程

1. 我国古代城市规划思想的演变过程

我国古代文明中有关城镇修建和房屋建造的论述，总结了大量生活实践的经验。其中经常以阴阳五行和堪舆学的方式出现。虽然至今尚未发现有专门论述规划和建设城市的中国古代书籍，但有许多理论和学说散见于《周礼》《商君书》《管子》《墨子》等政治、伦理和经史书中。

夏代对"国土"进行了全面的勘测，国民开始迁居到安全处定居，居民点开始集聚，向城镇方向发展。夏代留下的一些城市遗迹表明，当时已经具有了一定的工程技术水平，如陶制排水管的使用及夯打土坯筑台技术的采用等，但总体上在居民点的布局结构方面都尚原始。夏代的天文学、水利学和居民点建设技术为以后我国的城市建设规划思想的形成积累了物质基础。

商代开始出现了我国的城市雏形。商代早期建设的河南偃师商城中期建设的位于郑州的商城和位于湖北的盘龙城以及位于安阳的殷墟等都城都已有发掘的大量材料。商代盛行迷信占卜，崇尚鬼神，这直接影响了当时的城镇空间布局。

我国中原地区在周代已经结束了游牧生活，经济、政治科学技术和文化艺术都得到了较大的发展。这期间兴建了丰、镐两座京城，在修复建设洛邑城时，"如武王之意"完全按照周礼的设想规划城市布局。召公和周公曾去相土勘测定址，进行了有目的、有计划、有步骤的城市建设，这是我国历史上第一次有明确记载的城市规划事件。

春秋战国之际撰写的《周礼·考工记》以文字形式记述了关于周代王城建设的空间布局："匠人营国，方九里，旁三门。国中九经九纬、经涂九轨。左祖右社、面朝后市。市朝一夫。"同时，《周礼·考工记》中还记述了按照封建等级，不同级别的城市，如"都""王城"和"诸侯城"在用地面积、道路宽度城门数目、城墙高度等方面的级别差异；还有关于城外的郊、田、林、牧地等相关关系的论述。《周礼·考工记》记述的周代城市建设的空间布局制度对我国古代城市规划实践活动产生了深远的影响。《周礼·考工记》反映了我国古代哲学思想开始进入都城建设规划这是我国古代城市规划思想最早形成的时代。

战国时代，《周礼·考工记》的城市规划思想受到各方挑战，向着多种城市规划布局模式发展，丰富了我国古代城市规划布局模式。除鲁国国都曲阜完全按周制建造外，吴国国都规划时，伍子胥提出了"相土尝水，相天法地"的规划思想。他主持建造的阖闾城，充分考虑江南水乡的特点，水网密布，交通便利，排水通畅，展示了水乡城市规划的高超技巧。越国的范蠡则按照《孙子兵法》为国都规划选址。临淄城的规划锐意革新、因地制宜，根据自然地形布局，南北向取直，东西向沿河道蜿蜒曲折，防洪排涝设施精巧实用，并与防御功能完美结合。即使在鲁国，济南城也打破了严格的对称格局，与水体和谐布局，城门的分布并不对称。赵国的国都建设则充分考虑北方的特点，高台建设，壮丽的视觉效果与城市的防御功能相得益彰。而江南淹国、国都淹城，城与河浑然一体，自然蜿蜒，利于防御。

战国时代丰富的城市规划布局创造，首先得益于不受一个集权帝王统治的制式规定，另外更重要的是出现了《管子》和《孙子兵法》等论著，在思想上丰富了城市规划的创造。《管子·度地篇》中已有关于居民点选址要求的记载："高勿近阜而水用足，低勿近水而沟防省。"《管子》认为"因天材，就地利，故城廓不必中规矩，道路不必中准绳"，从思想上完全打破了《周礼》单一模式的束缚。《管子》还认为，必须将土地开垦和城市建设统一协调起来，农业生产的发展是城市发展的前提。对于城市内部的空间布局，《管子》认为应采用功能分区的制度，以发展城市的商业和手工业。《管子》是我国古代城市规划思想发展史上一本革命性的也是极其重要的著作，它打破了城市单一的周制布局模式，从城市功能出发，确立了理性思维和与自然环境和谐的准则，其影响极为深远。

另一本战国时代的重要著作《商君书》则更多的从城乡关系、区域经济和交通布局的角度，对城市的发展以及城市管理制度等问题进行了阐述。《商君书》中论述了都邑道路、农田分配及山陵丘谷之间比例的合理分配问题，分析了粮食供给人口增长与城市发展规模之间的关系，开创了我国古代区域城镇关系研究的先例。

战国时期形成了大小套城的都城布局模式，即城市居民居住在称为"郭"的大城，统治者居住在称为"王城"的小城。列国都城基本上都采取了这种布局模式，反映了当时"筑城以卫君，造郭以守民"的社会要求。

秦统一中国后，在城市规划思想上也曾尝试过进行统一，并发展了"相天法地"的理念，即强调方位，以天体星象坐标为依据，布局灵活具体。秦国都城咸阳虽然宏大，却无统一规划和管理，贪大求快引起国力衰竭。由于秦王朝信神，其城市规划中的神秘主义色彩对中国古代城市规划思想影响深远。另外，秦代城市的建设规划实践中出现了不少复道、甬道等多重的城市交通系统，这在我国古代城市规划史中具有开创性的意义。

汉代国都长安的遗址发掘表明，其城市布局并不规则，没有贯穿全城的对称轴线，宫殿与居民区相互穿插，说明周礼制布局在汉朝并没有在国都规划实践中得到实现。王莽代汉取得政权后，受儒教的影响，在城市空间布局中导入祭坛、明堂、辟雍等大规模的礼制建筑，在国都洛邑的规划建设中有充分的表现。洛邑城空间规划布局为长方形，宫殿与市民居住生活区在空间上分隔，整个城市的南北中轴上分布了宫殿，强调了皇权，周礼制的规划思想理念得到全面的体现。

三国时期，魏王曹操于公元213年营建的邺城规划布局中，已经采用城市功能分区的布局方法。邺城的规划继承了战国时期以宫城为中心的规划思想，改进了汉长安布局松散、宫城与坊里混杂的状况。邺城功能分区明确，结构严谨，城市交通干道轴线与城门对齐，道路分级明确。邺城的规划布局对此后的隋唐长安城的规划，以及对以后的我国古代城市规划思想发展产生了重要影响。

三国期间，吴国国都原位于今天的镇江，后按诸葛亮军事战略建议迁都，选址于金陵（今南京市）。金陵城市用地依自然地势发展，以石头山、长江险要为界，依托玄武湖防御，皇宫位于城市南北的中轴上，重要建筑以此对称布局。"形胜"是对周礼制城市空间规划思想的重要发展，金陵是周礼制城市规划思想与自然结合思想综合的典范。

南北朝时，东汉传入中国的佛教和春秋时代创立的道教空前发展，开始影响中国古代城市规划思想，突破了儒教礼制城市空间规划布局理论一统天下的格局。具体有两方面的影响：一方面城市布局中出现了大量宗庙和道观，城市的外围出现了石窟，拓展和丰富了城市空间理念；另一方面城市的空间布局强调整体环境观念，强调形胜观念，强调城市人工和自然环境的整体和谐，强调城市的信仰和文化功能。

隋初建造的大兴城（长安）汲取了曹魏邺城的经验并有所发展。除了城市空间规划的严谨外，还规划了城市建设的时序，先建城墙，后辟干道，再造居民区的坊里。

建于公元7世纪的隋唐长安城，是由宇文恺负责制定规划的长安城的建造按照规划利用了两个冬闲时间由长安地区的农民修筑完成。先测量定位，后筑城墙、埋管道、修道路、划定坊里。整个城市布局严整，分区明确，充分体现了以宫城为中心、"官民不相参"和便于管制的指导思想。城市干道系统有明确分工，设集中的东西两市。整个城市的道路系统、坊里、市肆的位置体现了中轴线对称的布局。有些方面如旁三门、左祖右社等也体现了周代王城的体制。里坊制在唐长安得到进一步发展，坊中巷的布局模式以及与城市道路的连接方式都相当成熟。而108个坊中都考虑了城市居民丰富的社会活动和寺庙用地。在长安城建成后不久，新建的另一都城东都洛阳，也由宇文恺制定规划，其规划思想与长安相似，但汲取了长安城建设的经验，如东都洛阳的干道宽度较长安的缩小。

五代后周世宗柴荣在显德二年（公元955年）关于改建、扩建东京（汴梁）而发布的诏书是中国古代关于城市建设的一份杰出文件。它分析了城市在发展中出现的矛盾，论述了城市改建和扩建要解决的问题：城市人口及商旅不断增加、旅店货栈出现不足、居住拥挤、道路狭窄泥泞、城市环境不卫生、易发生火灾等。它提出了改建、扩建的规划措施，如扩建外城，将城市用地扩大4倍，规定道路宽度，设立消防设施，还提出了规划的实施步骤等。此诏书为中国古代"城市规划和管理问题"的研究提供了代表性文献。

宋代开封城的扩建，按照五代后周世宗柴荣的诏书，进行了有规划的城市扩建，为认识中国古代城市扩建问题研究提供了代表性案例。随着商品经济的发展，从宋代开始，中国城市建设中延绵了千年的里坊制度逐渐被废除，在北宋中叶的开封城中开始出现了开放的街巷制。这种街巷制成为我国古代后期城市规划布局与前期城市规划布局区别的基本特征，反映了我国古代城市规划思想重要的新发展。

元代出现了中国历史上另一个全部按城市规划修建的都城——大都。城市布局更强调中轴线对称，在几何中心建中心阁，在很多方面体现了《周礼·考工记》上记载的王城的空间布局制度。同时，城市规划中又结合了当时的经济、政治和文化发展的要求，反映了元大都选址的地形地貌特点。

我国古代民居多以家族聚居，多采用木结构的低层院落式住宅，这对城市的布局形态影响极大。由于院落组群要分清主次尊卑，继而产生了中轴线对称的布局手法。这种南北向中轴对称的空间布局方法由住宅组合扩大到大型的公共建筑，再扩大到整个城市。这表明我国古代的城市规划思想受到占统治地位的儒家思想的深刻影响。除了以上代表我国古代城市规划的受儒家社会等级和社会秩序而产生的严谨、中心轴线对称规划布局外，我国古代文明的城市规划和建设中，大量可见的是反映"天人合一"思想的规划理念，体现的是人与自然和谐共存的观念，大量的城市规划布局中，充分考虑当地地质、地理、地貌的特点，城墙不一定是方的，轴线不一定是一条直线，自由的外在形式下面是富于哲理的内在联系。

我国古代城市规划强调整体观念和长远发展，强调人工环境与自然环境的和谐，强调严格有序的城市等级制度。这些理念在我国古代的城市规划和建设实践中得到了充分的体现，同时也影响了日本朝鲜等东亚国家的城市建设实践。

2. 西方古代城市规划思想的演变过程

公元前 500 年的古希腊城邦时期，提出了城市建设的希波丹姆（Hippodamus）模式。这种城市布局模式以方格网的道路系统为骨架，以城市广场为中心。广场是市民集聚的空间，城市以广场为中心的核心思想反映了古希腊时期的市民民主文化。因此，古希腊的方格网道路城市从指导思想方面与古埃及和古印度的方格网道路城市存在明显差异。希波丹姆模式寻求几何图像与数之间的和谐与秩序的美，这一模式在希波丹姆规划的米列都（Milet）城得到了完整的体现。

公元前的 300 年间，罗马几乎征服了全部地中海地区，在被征服的地方建造了大量的营寨城。营寨城有一定的规划模式，平面呈方形或长方形，中间为十字形街道，通向东、南、西、北 4 个城门，南北街称 Cardos，东西道路称 Decamanus，交点附近为露天剧场或斗兽场与官邸建筑群形成的中心广场（Forum）。古罗马营寨城的规划思想深受军事控制目的影响，以在被占领地区的市民心中确立向着罗马当臣民的认同。

公元前 1 世纪的古罗马建筑师维特鲁威（Vitrvius）的著作《De Architectura Libri Decem》《建筑十书》，是西方古代保留至今唯一最完整的古典建筑典籍。该书分为 10 卷，在第一卷"建筑师的教育，城市规划与建筑设计的基本原理"、第五卷"其他公共建筑物"中提出了不少关于城市规划、建筑工程、市政建设等方面的论述。

欧洲中世纪城市多为自发成长，很少有按规划建造的。由于战争频繁，城市的设防要求提到很高的地位，产生了一些以城市防御为出发点的规划模式。

14~16 世纪，封建社会内部产生了资本主义萌芽，新生的城市资产阶级势力不断壮大，在有的城市中占据了统治地位，这种阶级力量的变化反映在文化上就是文艺复兴。许多中世纪的城市，不能适应这种生产及生活发展变化的要求而进行了改建，改建往往集中在一些局部地段，如广场建筑群方面。当时意大利的社会变化较早，因而城市建设也较其他地区发达，威尼斯的圣马可广场是有代表性的，它成功运用不同体型和大小的建筑物及场地，巧妙地配合地形，组成具有高度建筑艺术水平的建筑组群。

16~17 世纪，国王与资产阶级新贵族联合反对封建割据及教会势力，在欧洲先后建立了君主专制的国家，它们的首都，如巴黎、伦敦、柏林、维也纳等，均发展成为政治、经济、文化中心型的大城市。新的资产阶级的雄厚实力，使这些城市的改建、扩建的规模超过以前任何时期。其中以巴黎的改建规划影响较大。巴黎是当时欧洲的生活中心，路易十四在巴黎城郊建造凡尔赛宫，并改建了附近整个地区。凡尔赛宫的总平面采用轴线对称放射的形式，这种形式对建筑艺术、城市及园林设计均有很大的影响，成为当时城市建设模仿的对象。但其设计思想及理论内涵还是从属于古典建筑艺术，未形成近代的规划学。

1889 年出版的西特（Camillo Sitte）的著作《Der Stadtebau Nach Seinen Kunstlischen Grundsatzen》（《按照艺术原则进行城市设计》）是一本较早的城市设计论著。该书 1902 年被译成法文，1926 年被译成西班牙文，1945 年被译成英文，1982 年被译成意大利文，引起了人们对城市美学问题的兴趣，产生了较大的影响。西特的书力求从城市美学和艺术的角度来解决当时大都市的环境问题、卫生问题和社会问题。虽然他把工作对象扩大到了整个城市，但其设计思想仍停留在建筑学的角度，这种扩大的建筑学与现代意义上的城市规划还存在着差距。

二、现代城市规划思想的演变过程和主要理论

1. 现代城市规划思想的演变过程

一般来说，现代城市规划理论的形成是以 19 世纪末 20 世纪初英国人霍华德提出"花园城市"理论思想为标志的。之前，可以追溯到"空想社会主义"等社会改良思潮对"理想城"的探求和"城市美化运动"等；之后，随着时代的发展，其理论不断丰富和变革。20 世纪的前半叶，主要是围绕对城市中"工业化"所造成的环境污染、交通拥挤、居住环境恶化等城市问题，以及市场失效情况下的住房与公共设施建设等内容的研究，形成一系列的现代规划理论，如沙里宁的"有机疏散理论"、戈涅的"工业城市"、赖特的"广南城市"、柯布西耶的"阳光城"、佩里的"邻里单位"等。该阶段主要以城市规划领域的纲领性文件《雅典宪章》形成作为标志，城市规划理论涉及的领域范畴主要集中在纯自然科学的技术层面，大多是建筑师出于对建筑物在空间上扩展所形成的城市功能组合与空间形态的思考。研究的对象集中在质体型环境，关注的是不同的用地功能构成和空间组合所达成的不同效果，目标是解决城市的秩序性与效率性问题，即通过城市土地与工程布局安排，实现秩序、效率与美的要求。

"第二次世界大战"之后，城市大规模的重建为城市规划的进一步繁荣和发展创造了

条件，而此时以"芝加哥学派"为代表的"人类生态学"理论和德国植物学家格迪斯"区城规划"思想等研究方法与成果为城市规划向社会、经济、文化、生态领域不断拓展提供了可能。20世纪60、70年代，战后快速重建过程中缺乏科学完善的规划理论指导而结下的恶果逐渐显露出来，引起了规划界的讨论与反思，进而出现了"以人为本""人际结合"思想和有关城市"流动、生长、变化"的有机生长理论，道萨迪亚斯的"人类聚居学"理论，以及以凯文·林奇的《城市意象》、亚历山大的《城市并非树形》、简·雅各布斯的《美国大城市的生生死死》等著作为代表的有关城市历史、社会、时间、意义、空间行为与心理等理论内容，极大地丰富了城市规划学科理论中人文与社会科学方面的相关内容。这一时期，系统论控制论等方法论以及起源于美国、基于计算机技术的科学理性分析，诸如预测和模拟等方法的应用，大大提高了规划的可操作性。但也使其理论更趋复杂化，变得难以琢磨和把握，以至于到后期出现了对这种过于理性化的规划的反思与批判。另外，城市重建中对历史文化造成的巨大破坏，使得历史文化保护也成为城市规划工作所关心的内容。这一时期以《马丘比丘宪章》的形成标志，规划理论较明显的变化是：研究的领域范畴向经济、社会、文化层面拓展；认识到城市规划作为一门应用学科，任务是利用一切自然和社会科学研究成果，通过对经济、社会、文化与城市空间形态的相互关系的认识，设计并创造满足人类未来需要的城市空间；认识到规划是一个动态、渐进、循环的过程，方法论方面的内容更丰富了；目标关注的重点转向保证城市社会公正与效率的提高；规划涉及的对象围绕物质实体与空间，向城市以外更广阔的空间地城和城市内更深层次空间延展。

从20世纪70年代末至今，由于环境污染、生态退化、资源危机等迫使人类重新审视与自然的关系，从"人居环境宣言"到"可持续发展"理念的提出，使生态理念在规划理论中占到了越来越突出的位置，可持续发展成为规划的指导原则和最终目标。20世纪70、80年代，伴随着对理性主义规划在理论上的总结与批判的结束，西方的城市规划又出现了城市空间发展和物质形态设计的新的一轮回归。90年代，西方规划界则更多地关注"信息化""全球化"对未来城市的影响以及对未来城市的预测和设想。在此期间，规划手段上又增加了卫星遥感、地理信息系统等先进的电子信息与通讯技术方面的内容。至此，城市规划已逐步发展成为一门融合了自然科学知识和社会科学知识的边缘科学，是以建筑学、经济学、人文地理学、生态环境学、社会学、公共管理学等为基础，以对人居环境的控制管理为特征，以应用数学、统计学和计算机信息系统为基本研究手段的现代应用科学，联合国教科文组织将其确立为29个独立学科之一。

2. 现代城市规划理论概述

城市规划发展的历史告诉我们，城市规划与城市及其所在国家的社会、经济、政治等方面直接相关。城市规划的内容实际上涉及一个巨大的系统，而对这样的巨大系统，仅凭感觉所建立起来的感性认识来展开工作，显然是不适宜的。要认识城市发展在其纷杂的表面行为之下所蕴涵的规律性，科学地预测和预想城市的未来发展，就必须运用理论和理性思维，从而保证城市规划的科学性和合理性，这也就是城市规划理论形成和发展的主要原因。

在现代城市规划领域中，根据各种理论所涉及的内容，可以归纳为 3 个部分。一是功能理论（Function Theory）。它主要从城市系统本身解释城市的形态和结构，以实现城市的功能。这就是通常城市规划工作中所应遵循的原理。二是决策理论（Decision Theory）。它主要是系统地分析城市的自然、经济、社会、历史等因素，以确定城市的主导职能（性质）、城市发展的可能规模和城市发展方向。这里包括系统的分析方法论，以及如何进行科学的决策。三是规范理论（Normative Theory）。它主要是阐明城市规划中的价值目标以及和城市空间形态之间的关系。例如，城市规划应达到区域整体协调可持续发展、生态城市、公平公正等的价值取向。

上述是从理论体系所包括的内容进行归类，以建立一个理论框架。但实际上各种城市规划理论家们在研究阐述其理论观点的著作中，往往同时包括了上述 3 个方面，虽然各有侧重点，或以揭示城市发展演变的规律，或以分析城市的空间形态结构，或以研究城市规划中的系统分析理论和方法为主，但许多情况下，往往并不是将它们截然分开。

（1）城市的分散发展和集中发展理论

现代城市的发展存在着两种主要的趋势，即分散发展和集中发展。而在对城市发展的理论研究中，也主要针对着这两种现象而展开。相对而言，城市分散发展更得到理论研究的重视，因此出现了许多比较完整的理论陈述，而关于城市集中发展的理论研究则主要处于对象的解释方面，还缺少完整的理论陈述。

①城市分散发展理论

城市的分散发展理论是建立在通过建设小城市来分散大城市的基础之上，其主要理论包括了田园城市、卫星城和新城的思想、有机疏散理论等。霍华德于 1898 年提出了田园城市的设想，田园城市尽管在 20 世纪初得到了初步的实践，但在实际的运用中，分化为两种不同的形式：一种是指农业地区的孤立小城镇，自给自足；另一种是指城市郊区。前者的吸引力较弱，也形不成霍华德所设想的城市群，难以发挥其设想的作用；后者显然是与霍华德的意愿相违背的，它只能促进大城市无序地向外蔓延。在这样的状况下，到 20 世纪 20 年代，曾在霍华德的指导下主持完成第一个田园城市莱彻沃斯规划的恩温（R.Unwin）提出了卫星城理论，并以此来继续推行霍华德的思想。恩温认为，霍华德的田园城市在形式上有如围绕在行星周围的卫星。因此，他在考虑伦敦地区的规划时，建议围绕着伦敦周围建立一系列的卫星城，并将伦敦过度密集的人口和就业岗位疏解到这些卫星城中去，恩温通过著述和设计活动竭力推进他的卫星城理论。1924 年，在阿姆斯特丹召开的国际城市会议提出建设卫星城是防止大城市过大的一个重要方法，从此，卫星城便成为一个在国际上通用的概念。在这次会议上，明确提出了卫星城市的定义：卫星城市是一个经济上、社会上、文化上具有现代城市性质的独立城市单位，同时又是从属于某个大城市的派生产物。但卫星城概念强化了与中心城市（又称母城）的依赖关系，强调中心城的疏解，因此往往被视作为中心城市某一功能疏解的接受地，并出现了工业卫星城、科技卫星城甚至新城等不同的类型，希望使之成为中心城市功能的一部分。经过一段时间的实践，人们发现这些卫星城带来的一些问题，原因在于对中心城市的过度依赖。卫星城应具有与大城市相近似的文化福利设施，可以满足居民的就地工作和生活需要，从而形成一个职能健全的相对独立的城市。至 20 世纪 50 年代以后，人们对这类按规划设计建设的新城市统称为新城（New Town），一般已不称为卫星城。新城的概念更强调了其相对独立性，它基本上是一定区域范围内的中心城市，为其本身周围的地区服务，并且与中心城市发生相互作用，成为城镇体系中的一个组成部分，对涌入大城市的人口起到一定的截流作用。

沙里能（E.Saarinen）认为卫星城确实是治理大城市问题的一种方法，但他认为并不一定需要另外新建城市，可以通过它本身的定向发展来达到同样的目的。因而，他提出对城市发展及其布局结构进行调整的有机疏散理论。他在 1942 年出版的《城市：它的发展、衰败和未来》一书中，详尽地阐述了这一理论。

②城市集中发展理论

城市集中发展理论的基础在于经济活动的聚集，这也是城市经济的最根本特征之一。正如恩格斯在描述当时全世界的商业首都伦敦时所说的那样："这种大规模的集中，250 万人这样聚集在一个地方，使这 250 万人的力量增加了 100 倍。"在这种聚集效应的推动下，人口不断地向城市集中，城市发挥出更大的作用。

城市的集中发展到一定程度之后出现了城市现象，这是由于聚集经济的作用而使大城市的中心优势得到了广泛实现所产生的结果。随着大城市的进一步发展，出现了规模更为庞大的城市现象，即出现了世界经济中心城市，也就是所谓的世界城市（国际城市或全球城市）等。1966 年，豪尔（P.Hall）针对第二次世界大战后世界经济一体化进程，看到并预见到一些世界大城市在世界经济体制中将担负起越来越重要的作用，着重对这类城市进行了研究并出版了《世界城市》一书。在该书中，他认为世界城市具有以下几个主要特征：（1）世界城市通常是政治中心；（2）世界城市是商业中心；（3）世界城市是集合各种专门人才的中心；（4）世界城市是巨大的人口中心；（5）世界城市是文化娱乐中心。1986年，弗里德曼发表了《世界城市假说》的论文，强调世界城市的国际功能决定于该城市与世界经济一体化相联系的方式与程度的观点，并提出了世界城市的 7 个指标：（1）主要的金融中心；（2）跨国公司总部所在地；（3）国际性机构的集中地；（4）商业部门（第三产业）的高度增长；（5）主要的制造业中心（具有国际意义的加工工业等）；（6）世界交通的重要枢纽（尤指港口和国际航空港）；（7）城市人口规模达到一定标准。

大城市的向外急剧扩展、城市出现明显的郊迁化现象以及城市密度的不断提高，在世界上许多国家的城市中出现了空间上连绵成片的城市密集地区，即城市聚集区（Urban Agglomeration）和大城市带（Megalopolis）。联合国人类聚居中心对城市聚集区的定义是：被一群密集的、连续的聚居地所形成的轮廓线包围的人口居住区，它和城市的行政界线不尽相同。在高度城镇化地区，一个城市聚集区往往包括一个以上的城市，这样，它的人口也就远远超出中心城市的人口规模。大城市带的概念是由法国地理学家戈德曼（J.Gottmann）于 1957 年提出的，指的是多核心的城市连绵区，人口的下限是 2500 万人，人口密度不少于 250 人 /km²。

（2）城镇形成网络体系的发展理论

城市的分散发展和集中发展只是表述了城市发展过程中的不同方面，任何城市的发展都是这两个方面作用的综合，或者说，是分散与集中相互对抗而形成的暂时平衡状态。因此，只有综合认识城市的分散和集中发展，并将它们视作为同一过程的两个方面，考察城市与城市之间、城市与区域之间以及将它们作为一个统一体来进行认识，才能真正认识城市发展的实际状况。

城市是人类进行各种活动的集中场所，通过交通和通讯网络，使物质、人口、信息等不断由城市向各地、由各地向城市流动。城市对区域的影响类似于磁场效应，随着距离的增加影响力逐渐减弱，并最终被附近其他城市的影响所取代。每个城市影响地区的大小，取决于城市所能够提供的商品、服务及各种机会的数量和种类。不同规模的城市及其影响的区域组合起来就成了城市的等级体系。在其组织形式上，位于国家等级体系最高级的是具有国家中心地位的大城市，它们拥有最广阔的腹地。在这些大城市的腹地内包含若干个等级体系中间层次的区域中心城市，在每一个区域中心腹地，又包含着若干个位于等级体系最低层次的小城市，它们是周围地区的中心。

城镇间的相互作用，都要借助于一系列的交通和通讯设施才能实现。这些交通和通讯设施所组成的网络的多少和方便程度，也就赋予了该城市在城市体系中的相对地位。旨在揭示城市空间组织中相互作用特点和规律的城市相互作用模型，深受理论研究者的重视。在众多的理论模式中，引力模型是其中最为简单、使用最为广泛的一种。引力模型是根据牛顿万有引力规律推导出来的。该模型认为，两个城市的相互作用与这两个城市的质量（可以城市人口规模或经济实力为代表）成正比，与它们之间距离的平方成反比。

城市体系就是指一定区域内城市之间存在的各种关系的总和。城市体系的研究起始于格迪斯对城市—区域问题的重视，后经芒福德等的发展，至 20 世纪 60 年代才作为一个科学的概念而得到研究。格迪斯、芒福德等从思想上确立了区城城市关系是研究城市问题的逻辑框架，而克里斯泰勒（W.Christaller）于 1933 年发表的中心地理论则揭示了城市布局之间的现实关系。贝利（B.Berry）等结合城市功能的相互依赖性，对城市经济行为的分析和中心地理论的研究，逐步形成了城市体系理论。完整的城市体系包括了 3 个部分的内容，即特定地域内所有城市的职能之间的相互关系、城市规模上的相互关系和地域空间分布上的相互关系。

（3）城市土地使用布局结构理论

就城市土地使用而言，由于城市的独特性，城市土地使用在各个城市中都具有各自的特征，但是它们之间也有共同的特点和运行规律。也就是说，在城市内部，各类土地使用的配置有一定的模式。许多学者对此进行了研究，提出了不同的理论。根据 R.Murphy 的观点，所有这些均可归类于同心圆理论、扇形理论和多核心理论。这三种理论具有较为普遍的适用性，但很显然它们并不能用来全面解释所有城市的土地使用和空间状况。巴多（Bardo）和哈特曼（Hartman）对此的评论似乎是比较恰当的，他们认为："最合理的说法是没有哪种单一模式能很好地适用于所有城市，但这三种理论能够或多或少地在不同的程度上适用于不同的地区。"

①同心圆理论

同心圆理论是伯吉斯（E.w.Burgess）于1923年提出的。他试图创立一个城市发展和土地使用空间组织方式的模型。根据他的理论，城市可以划分成5个同心圆的区域。

居中的圆形区域是中央商务区（CBD），这是整个城市的中心，是城市商业、社会活动、市民生活和公共交通的集中点；第二环是过渡区（Zone in transition），是中央商务区的外围地区，是衰败了的居住区；第三环是工人居作区（Zone of workingmen's homes），主要由产业工人（蓝领工人）和低收入的白领工人居住的集合式楼房、独户住宅或较便宜的公寓所组成；第四环是良好住宅区（Zone of better residences），这里主要居住的是中产阶级，他们通常是小商业主、专业人员、管理人员和政府工作人员等，有独门独院的住宅与高级公寓和旅馆等，以公寓住宅为主；第五环是通勤区（Commuters zone），主要是一些富裕的、高质量的居住区，上层社会和中上层社会的郊外住宅坐落在这里，还有一些小型的卫星城，居住在这里的人大多在中央商务区工作，上下班往返于两地之间。

②扇形理论

扇形理论是霍伊特（H.Hoyt）于1939年提出的理论。他根据英国64个中小城市住房租金分布状况的统计资料，又对纽约、芝加哥、底特律，费城、华盛顿等几个大城市的居住状况进行调查，发现城市就整体而言是圆形的，城市的核心只有一个，交通线路由市中心向外呈放射状分布。随着城市人口的增加，城市将沿交通线路向外扩大，同一使用方式的土地从市中心附近开始逐渐向周围移动，由轴状延伸而形成整体的扇形。也就是说，对于任何的土地使用均是从市中心区既有的同类土地使用的基础上，由内向外扩展，并继续留在同一扇形范围内。

③多核心理论

这是哈里斯（C.D.Harris）和乌尔曼（E.L.Ulman）于1945年提出的理论。他们通过对美国大部分大城市的研究，提出影响城市活动分布的4项基本原则。

（1）有些活动要求设施位于城市中为数不多的地区（如中心商务区要求非常方便的可达性，而工厂需要有大量的水源）；

（2）有些活动受益于位置的互相接近（如工厂与工人住宅区）；

（3）有些活动对其他活动会产生对抗或有消极影响，就会要求这些活动有所分离（如高级住宅区与浓烟滚滚的钢铁厂不会互相毗邻）；

（4）有些活动因负担不起理想场所的费用，而不得不布置在不很合适的地方（如仓库被布置在冷清的城市边缘地区）。

第三节　城市规划的任务、体系及与其他规划的关系

一、城市规划的任务

当下，我国城市规划工作正在步入一个新的历史时期。从现在起到 21 世纪初叶的 10 年，是我国实现第二步战略目标的关键时期。我们必须清醒地认识和把握我国发展目标与发展条件的关系，以我国人口众多、资源相对短缺、生态环境脆弱的基本国情和经济技术基础薄弱、地区发展不平衡等发展条件，引导经济社会的协调和可持续发展，积极而逐步解决社会主义初级阶段的主要矛盾，保证现代化目标的实现。正确处理人口、经济、资源和生态环境之间的关系，促进城市经济和社会的持续、健康发展，是新的历史条件下我国城市规划工作的基本任务。

1. 深入开展城市规划的研究工作

城市规划事业的健康发展有赖于与社会经济体制相适应，有赖于认识和探索城市发展规律，有赖于城市规划理论与方法的不断创新和开拓。深入开展城市规划研究，是新形势下城市规划的重要的基础工作。当前，在实际工作中涉及的城市与区域协调发展、城乡协调发展、城市经济结构和用地结构调整城市交通组织生态环境保护、历史文化环境保护、旧城保护与改造、城市特色延续与创造、城市社区建设、小城镇发展、商新技术发展对城市空间布局的影响城市规划法制建设、城市规划实施机制与体制改革等问题，都应当在认真研究的基础上，提出行之有效的应对措施和对策。

2. 完善城市规划编制体系，提高规划的质量和水平

要重视区域发展问题，处理好城市与区域发展的关系，加强各级城镇体系规划的编制工作。城镇体系规划是指导一定区域经济、社会和空间协调发展的重要依据，是重要的政府职能。对各级中心城市的建设和发展城镇化与城镇布局、基础设施与生态环境建设等做出综合部署，统筹安排。

城市总体规划要着重解决好城市发展方向战略和城市布局结构等重大问题，同时要配合基础设施和社会公共设施的建设，做好各类工程规划和专项规划的编制工作，特别是对城市防灾规划要引起高度重视。要做好城市设计，把城市设计的理念贯穿到城市规划的各个阶段注意自然环境和历史文化环境的保护，塑造各具特色的现代城市形象。

要加强和改进详细规划的编制工作。详细规划是对城市土地利用和各项建设活动进行控制的直接依据，关系重大。目前，要根据城市建设的实际需要，继续深化、细化总体规划，特别是抓好重点开发地区、重点保护地区和重要地段的详细规划。详细规划要严格依据总体规划和有关规范进行，要认真研究规划的实施机制，提高详细规划实施的可操作性，

强化土地开发利用控制指标体系的法律效力，为依法管理提供科学的依据。

要严格规范城市规划的审批制度，依法做好审批工作，严把规划质量关。规划审查是规划审批重要的前期工作，审查工作既要保证效率，又要保证质量。在规划审查过程中，各有关部门要严格把关，同时要充分发挥专家作用。

3. 加强立法工作，完善城市规划法规体系

加快城市规划立法步伐，完善城市规划法规体系是推进县市规划工作法制化的前提和基础。城市规划立法工作，应当按照立法规定的指导思想、基本制度基本原则、基本程序进行。要强化质量意识，不能简单地追求数量，要研究解决规划立法中带有普遍性、共同性、规律性的问题；要把维护人民群众的最大利益作为出发点和落脚点，正确处理全局与局部的关系、长远与当前的关系；要避免把不符合改革方向、不符合群众利益的管理方式法制化，避免部门利益法制化；要坚持走群众路线，广泛征求社会公众的意见。

要适应建立完善的社会主义市场经济体制，加强和改进城市规划工作的目标和要求，争取到 2010 年建立起符合城市规划工作需要的基本法与单项法相配套、行政法规与技术法规相配套、国家立法与地方性法规相配套的城市规划法规体系。针对近年来城市规划建设中存在的突出问题，首先，要进一步强化城市规划的法律效力，加大对违法行为处罚的力度，同时建立起各级人大对政府、上级政府对下级政府以及广大群众对规划执行的监督机制；其次，要抓紧制定和完善有关地方性法规。要采取有效措施，解决详细规划的法律地位问题，关键是规范详细规划的审批和修改程序，并形成制度。另外，国家和地方要进一步抓好技术法规、规范的制定工作。

4. 严格依法行政，提高城市规划管理水平

依法行政，严格城市规划实施管理，是当前城市规划工作的重要任务。城市规划作为重要的政府职能，切实推进依法行政，实现规划管理工作方式的根本转变，是党和人民提出的新的要求。

城市规划依法行政，应强调两个方面：一是严格执法，处理城市建设和发展中的违法行为；二是从严执政，规范行政行为。行政权力是政府机关履行行政管理职责的必要保障，但行政权力必须受法律、法规的约束，必须受人民群众的监督。特别是在当前以权代法的现象比较严重的情况下，强调"治权"，强调规范行政行为，强调按法律规定的程序行使权力，具有十分重要的现实意义。城市规划行政工作必须完成从人治到法治、从权治到治权的转变。"治国者先受治于法"，推进城市规划依法行政，首先要从根本上转变不适应依法行政要求的传统观念、工作习惯和工作方法，善于运用法律手段进行规划管理，提高依法行政的能力和水平。各级规划部门首先要牢固树立依法行政观念，自觉地在法律、法规规定的范围内行使职权，每名公务人员都要受法律的约束，做到有法必依，执法必严，违法必究。

加强城市规划实施的监督检查，加大执法力度，严肃查处违法违规的行为，是保证城市规划顺利实施的重要手段。《中华人民共和国城市规划法》是我国关于城市规划和建设

的基本法律，任何单位、任何部门、任何个人在城市规划区内使用土地进行各项建设活动，都必须严格遵守《中华人民共和国城市规划法》。城市规划管理部门必须严格执法，不断提高执法水平，认真查处各种形式的违法违规行为。要加强舆论监督，要通过新闻媒体向社会曝光重大典型案例，使之置于广大群众监督之下，加大对违法行为的震慑力。

当前，监督制约机制不完善仍是城市规划工作中存在的突出问题。针对这一问题，一是各级政府及其规划部门要自觉接受同级人大的监督，城市政府要定期向同级人大汇报规划实施情况；二是加强层级监督，建设部要重点加强对国务院审批的规划实施情况的监督和检查。各省、自治区政府及其规划部门应加强对其审批规划实施的监督检查，发现问题要及时纠正；三是要充分发挥公众的监督作用。一些地方实行的公示制等，效果很好，规划管理权限办事依据、办事程序、办事标准、办事结果和办事时限要完全向社会公开，以减少审批过程中可能出现的暗箱操作。要建立听证制度，这是《中华人民共和国行政处罚法》的明确要求，对于规划实施管理的公平、公正、公开具有十分重要的作用。

5. 深化城市规划体制改革，加强队伍建设

应当不断充实、健全各级（特别是城市的）规划管理机构，提高行政管理人员的素质，使他们能够真正履行作为城市规划执法主体的职能。要不断深化规划设计单位的体制改革，完善资质管理、市场管理、人才激励机制，使之既能体现政府职能，又适应市场经济的要求，特别是中国加入 WTO 后激烈的市场竞争的要求。

二、城市规划的体系

我国现行的城市规划体系包括城市规划法规体系、城市规划编制体系和城市规划行政体系三方面的内容。

1. 城市规划法规体系

国家和地方制定的有关城市规划的法律、行政法规和技术法规组成完整的城市规划法规体系。

（1）法律法规

包括以《中华人民共和国城市规划法》为基本法，其他与之配套的行政法规组成的国家城市规划行政法规体系；以各省（自治区、直辖市）制定的《中华人民共和国城市规划法》实施条例或办法为基础，其他与之配套的行政法规组成的地方城市规划法规体系，有立法权的城市也可以制定相应的规划法规。地方性法规必须以国家的法律、法规为依据，相互衔接、协调。

（2）技术法规

国家或地方制定的专业性的标准和规范，分为国家标准和行业标准。目的是保障专业技术工作科学、规范、符合质量要求。

2. 城市规划编制体系

按照《中华人民共和国城市规划法》和《城市规划编制办法》的规定，我国现行的城市规划编制体系由以下不同层次的规划组成。

（1）城镇体系规划

包括全国、省（自治区）以及跨行政区域的城镇体系规划；在制定城市总体规划时，市城、县城城镇体系规划统一安排。

（2）城市总体规划

编制总体规划应首先由城市人民政府组织制定总体规划纲要，经批准后，作为指导总体规划编制的重要依据。在总体规划的基础上，大城市可以编制分区规划，对总体规划的内容进行必要的深化。城市总体规划依法审批后，根据实际需要，还可以对总体规划涉及的各项专业规划进一步深化，单独制定专项规划。

（3）详细规划

包括控制性详细规划和修建性详细规划。在不同层次的城市规划中，都应当贯彻城市设计的理念和原则。城市规划由各级具有相应资格的城市规划设计单位负责编制。

3. 城市规划行政体系

我国的城市规划行政体系由不同层次的城市规划行政主管部门组成，即国家城市规划行政主管部门、省（自治区、直辖市）城市规划行政主管部门、城市的规划行政主管部门。它们分别对各自行政辖区的城市规划工作依法进行管理。各级城市规划行政主管部门对同级政府负责，上级城市规划行政主管部门对下级城市规划行政主管部门进行业务指导和监督。

三、城市规划与其他规划的关系

1. 城市规划与区域规划的关系

区域规划和城市规划的关系十分密切，两者都是在明确长远发展方向和目标的基础上，对特定地域的各项建设进行综合部署，只是在地域范围的大小和规划内容的重点与深度方面有所不同。一般城市的地域范围比城市所在的区域范围相对要小，城市多是一定区域范围内的经济或政治、文化中心，每个中心都有其影响区域范围，每个经济区或行政区也都有其相应的经济中心或政治、文化中心。区域资源的开发，区域经济与社会文化的发展，特别是工业布局和人口分布的变化，对区域内已有的城市的发展或新城镇的形成往往起决定性作用。反之，城市发展也会影响整个区域社会经济的发展。由此可见，要明确城市的发展目标，确定城市的性质和规模，不能仅局限于城市本身条件就城市论城市，必须将其放在与它有关的整个区域的大背景中来进行考察。同时，也只有从较大的区域范围才能更合理地规划工业和城镇布局。例如，有些大城市的中心城区要控制发展规模，需从市区迁出某些对环境污染较严重的企业。如果只在城市本身所辖的狭小范围内进行规划调整，不可能使工业和城市的布局得到根本改善。所以，就需要编制区域规划，区域规划可为城市规划中有关城市发展方向和生产力布局提供重要依据。

在尚未开展区域规划的情况下编制城市规划，首先要进行城市发展的区域分析，要分析区域范围内与该城市有密切联系的资源的开发利用与分配、经济发展条件的变化，以及对生产力布局和城镇间分工合理化的客观要求，为确定该城市的性质、规模和发展方向寻找科学依据。这实际上就是将一部分区域规划的工作内容渗入到城市规划工作中去。区域规划是城市规划的重要依据，城市与区域是"点"与"面"的关系，一个城市总是与和它对应的一定区域范围相联系；反之，一定的地区范围内必然有其相应的地域中心。从普遍意义上说，区域的经济发展决定着城市的发展，城市的发展也会促进区域的发展。因此，城市规划必须以区域规划为依据，从区域性的经济建设发展总体规划着眼，否则，就城市论城市，就会成为无源之水，难以把握城市基本的发展方向性质、规模以及空间布局。

区域规划与城市规划要相互配合、协调进行。区域规划要把规划的建设项目落实到具体地点，制定出产业布局规划方案，这对区域内各城镇的发展影响很大，而对新建项目的选址和扩建项目的用地安排，则有待城市规划的进一步落实。城市规划中的交通、动力、供排水等基础设施骨干工程的布局应与区域规划的布局骨架相互衔接协调。区域规划分析和预测区域内城镇人口增长趋势，规划城镇人口的分布，并根据区内各城镇的不同条件，大致确定各城镇的性质、规模、用地发展方向和城镇之间的合理分工与联系，通过城市规划可使其进一步具体化。在城市规划具体落实过程中有可能需对区域规划做某些必要的调整和补充。

2. 城市规划与国民经济和社会发展计划的关系

国民经济和社会发展中长期计划是城市规划的重要依据之一。而城市规划同时也是国民经济和社会发展的年度计划及中期计划的依据。国民经济和社会发展计划中与城市规划关系密切的是有关生产力布局、人口、城乡建设以及环境保护等部门的发展计划。城市规划依据国民经济与社会发展计划所确定的有关内容，合理确定城市发展的规模、速度和内容等。

城市规划是对国民经济和社会中长期发展计划的落实作空间上的战略部署。国民经济和社会发展计划的重点是放在该地区及城市发展的方略和全局部署上。对生产力布局和居民生活的安排只做出轮廓性的考虑，而城市规划则要将这些考虑落实到城市的土地资源配置和空间布局中。

但是，城市规划不是对国民经济和社会发展计划的简单落实，因为国民经济和社会发展计划的期限一般为5年、10年，而城市规划要根据城市发展的长期性和连续性特点，作更长远的考虑（20年或更长远）。对国民经济和社会发展计划中尚无法涉及但会影响到城市长期发展的有关内容，城市规划应做出更长远的预测。

3. 城市总体规划与土地利用总体规划的关系

从总体和本质上看，我国目前的城市总体规划和土地利用总体规划的目标是一致的，都是为了合理使用土地资源，促进经济、社会与环境的协调和可持续发展。土地利用总体规划以保护土地资源（特别是耕地）为主要目标在比较宏观的层而上对土地资源从其使用功能进行划分和控制，而城市总体规划侧重于城市规划区内土地和空间资源的合理利用，两者应该是相互协调和衔接的关系，土地使用规划是城市总体规划的核心。城市总体规划除了土地使用规划内容外，还包括城市区域的城镇体系规划、城市经济社会发展战略以及空间布局等内容，这些内容又为土地利用总体规划提供宏观依据。土地利用总体规划不仅应为城市的发展提供充足的空间，促进城市与区域经济社会的发展，还应为合理选择城市建设用地优化城市空间布局提供灵活性。城市规划范围内的用地布局应主要根据城市空间结构的合理性进行安排。城市总体规划应进一步树立合理和集约用地、保护耕地的观念，尤其是保护基本农田。城市规划中的建设用地标准、总量，应与土地利用规划充分协商一致。城市总体规划和土地利用总体规划都应在区域规划的指导下相互协调和制约，共同遵循合理用地，节约用地，保护生态环境，促进经济、社会和空间协调发展的原则。

4.城市规划与城市生态环境、城市环境保护规划的关系

城市环境保护规划是对城市环境保护的未来行动进行规范化的系统筹划，是为有效实现预期环境目标的一种综合性手段。城市环境保护规划属于城市规划中的专项规划范畴，是在宏观规划初步确定环境目标和策略指导下，具体制定的环境建设和综合整治措施。城市环境保护规划包括大气环境综合整治规划、水环境综合整治规划、固体废物综合整治规划以及生态环境保护规划。

城市生态环境规划则与传统的城市环境规划不同，不是单纯地考虑城市环境各组成要素及其关系，也不仅仅局限于将生态学原理应用于城市环境规划中，而是涉及城市规划的方方面面，致力于将生态学思想和原理渗透到城市规划的各个方面，并使城市规划"生态化"。城市生态规划在应用生态学的观点、原理、理论和方法的同时，不仅关注城市的自然生态，而且也关注城市的社会生态；不仅重视城市现今的生态关系和生态质量，而且关注城市未来的生态关系和生态质量，关注城市生态系统的可持续发展。

第四节　城市规划编制的内容和方法

一、城镇体系规划的内容和步骤

1.城镇体系规划的内容

城镇体系规划的内容包括：综合评价区域与城市建设和发展条件；预测区域人口增长，确定城市化目标；提出城镇体系的职能结构和城镇分工；确定城镇体系的等级和规模结构；确定城镇体系的空间布局；统筹安排区域基础设施和社会设施；确定保护区域生态环境、

自然环境和人文景观以及历史文化遗产的原则与措施；确定各时期重点发展的城镇，提出近期重点发展城镇的规划建议；提出实施规划的政策和措施。

2. 城镇体系规划的步骤

城镇体系规划的步骤一般包括：准备；分析；预测；立意；规划；评估；成果。

二、城市总体规划编制的内容和方法

1. 城市总体规划编制的内容

城市总体规划编制的内容包括：

1. 规划城市应当编制市域城镇体系规划，县（自治县、旗）人民政府所在地的镇应当编制县域城镇体系规划；

2. 确定城市的性质和发展方向，划定城市规划区范围。

3. 提出规划期内城市人口及用地发展规模，确定城市建设与发展用地的空间布局、功能分区，以及市中心、区中心位置；

4. 确定城市对外交通系统的布局以及车站、铁路枢纽、港口、机场等主要交通设施的规模位置，确定城市主、次干道系统的走向、断面、主要交叉口形式，确定主要广场停车场的位置、容量；

5. 综合协调并确定城市供水排水、防洪供电、通讯、燃气、供热、消防、环卫等设施的发展目标和总体布局；

6. 确定城市河湖水系的治理目标和总体布局，分配沿海、沿江岸线；

7. 确定城市园林绿地系统的发展目标及总体布局；

8. 确定城市环境保护目标，提出防治污染措施；

9. 根据城市防灾要求，提出人防建设消防防洪、抗震防灾规划目标和总体布局；

10. 确定需要保护的风景名胜、文物古迹、历史文化保护区，划定保护和控制范围，提出保护措施，历史文化名城要编制专门的保护规划；

11. 确定旧区改建、用地调整的原则、方法和步骤，提出改善旧城区生产、生活环境的要求和措施；

12. 综合协调市区与近郊区村庄、集镇的各项建设，统筹安排近郊区村庄、集镇的居住用地公共服务设施、乡镇企业、基础设施和菜地、园地牧草地、副食品基地，划定需要保留和控制的绿色空间；

13. 进行综合技术经济论证，提出规划实施步骤、措施和方法的建议；

14. 编制近期建设规划，确定近期建设目标、内容和实施部署。

2. 城市总体规划编制的方法

城市总体规划编制的方法为:(1)基础资料的收集、整理与分析;(2)确定城市性质;(3)预测城市人口，确定城市规模;(4)确定总体规划经济技术指标;(5)确定城市总体布局。

三、城市分区规划编制的内容

城市分区规划编制的内容包括：

1. 原则上确定分区内土地使用性质、居住人口分布、建筑用地的容量控制；

2. 确定市、区级公共设施的分布及其用地规模；

3. 确定城市主、次干道的红线位置、断面、控制点坐标和标高，以及主要交叉口、广场停车场的位置和控制范围；

4. 确定绿化系统、河湖水面、供电高压线走廊，对外交通设施、风景名胜区的用地界线和文物古迹、传统街区的保护范围，提出空间形态的保护要求；

5. 确定工程干管的位置、走向、管径、服务范围以及主要工程设施的位置和用地范围。

四、城市详细规划编制的内容

城市详细规划包括控制性详细规划和修建性详细规划。

1. 控制性详细规划的内容

控制性详细规划的内容包括：

（1）确定规划范围内各类不同使用性质的用地面积与用地界线；

（2）确定各类用地建筑容量、高度控制及建筑形态、交通、配套设施及其他控制要求；

（3）确定各级支路的红线位置、控制点坐标和标高；

（4）根据规划容量，确定工程管线的走向、管径和工程设施的用地界线；

（5）制定相应的土地使用及建筑管理规定。

2. 修建性详细规划的内容

修建性详细规划的内容包括：

（1）建设条件分析和综合技术经济论证；

（2）建筑的空间组织、环境景观规划设计，布置总平面图；

（3）道路系统、绿地系统以及工程管线规划设计；

（4）竖向规划设计；

（5）估算工程量、拆迁量和总造价，分析投资效益。

第五节 主要专项规划的内容和方法

一、城市综合交通规划

城市综合交通规划包括对外交通和城市交通。对外交通，是指城市与区域联系的交通，包括公路、铁路、航空和水运交通。城市交通，是指城市内的交通，包括城市道路交通、城市轨道和城市水上交通。城市交通系统把分散在城市各处的城市生产生活活动连接起来，在组织生产、安排生活、提高城市客货流的有效运转及促进城市经济发展方面起着十分重要的作用。城市交通系统由 3 个系统组成：城市运输系统、城市道路系统和城市交通管理系统。

1. 城市道路系统规划的基本要求

（1）满足组织城市用地布局的"骨架"要求。各级道路成为划分城市各分区、组团、各类用地的分界线；各级道路是联系城市各分区、组团、各类用地的通道；组织城市景观（交通功能道路宜直，生活性道路宜自然）；

（2）满足交通运输的要求。道路功能同毗邻用地性质相协调（要注意避免在交通性道路两侧安排可能产生或吸引大量人流的生活性设施与用地，在生活性道路两侧同样避免布局会产生或吸引大量车流、货流的交通性用地）；道路系统完整（各级道路级配合理），交通均衡分布（减少多余的出行距离及不必要的往返运输和迂回运输，减少跨越分区或组团的远距离交通）；适当的路网密度（8%~15%）和道路面积率（20%~30%），一般城市中心区的路网密度较大、边缘区较小，商业区的路网密度较大、工业区较小；要有利于交通分流（形成快速与常规交通性与生活性、机动与非机动、车与人等不同系统）；为交通组织和管理创造条件（不越级衔接，尽量正交；交叉口道路不超过 5 条，交叉角不小于60°）；与对外交通衔接得当（内外道路有别，不能混淆而产生冲突；城市道路与铁路场站、港区码头和机场之间要联系方便）；

（3）满足环境和管线布置的要求。道路最好能避免正东西方向；应有利于夏季通风、冬季抗御寒风；避免过境交通穿越市区、交通性道路穿越生活居住区；道路规划为工程管线的敷设留有足够的空间。

2. 城市道路系统规划的程序

（1）现状调查、资料（经济发展、交通现状、用地布局等）收集及有关图纸的准备；

（2）道路系统初步规划方案（功能、骨架要求）；

（3）交通规划初步方案（交通量预测及分配道路面积密度的预测）；

（4）修改道路系统规划方案（深入研究道路红线、断面、交叉口）；

（5）绘制道路系统规划图（含平面图、横断面图）；

（6）编制道路系统规划说明书。

二、城市市政公用施工工程规划

（一）城市市政公用设施工程规划

1. 城市市政公用工程系统的构成与功能

（1）城市给水工程系统。包括城市取水工程、净水工程、输配水工程。取水工程是将源水取、送到城市净水工程，为城市提供足够的水量；净水工程可将源水净化处理成符合城市用水水质标准的净水，并加压输入城市供水管网；输配水工程是将净水按水质、水量、水压的要求输送至用户；

（2）城市排水工程系统。包括雨水排放工程、污水处理与排放工程。雨水排放工程是及时收集与排放区域降水，抗御洪水和潮汛侵袭，避免和迅速排除城区渍水；污水处理与排放工程是收集与处理城市各种生活污水生产废水，综合利用，妥善排放处理后的污水，控制与治理城市污染，保护城市与区域的水环境；

（3）城市供电工程系统。包括电源、电力网。城市电源具有自身发电或从区域电网上获取电源，为城市提供电能的功能；电力网具有将城市电能输入城区，并将电源变压进入城市配电网的功能；

（4）城市通信工程系统。包括邮政、电信、广播、电视4个系统；

（5）城市供热系统。包括热源、热力网。热源包含城市热电厂、区域锅炉房等；热力网工程包括不同压力等级的蒸汽管道、热水管道及换热站等设施；

（6）城市燃气工程系统。包括气源贮气工程、输配气管网工程。气源具有为城市提供可靠的燃气气源的功能。城市燃气类型主要有天然气、煤制气、油制气、液化气等。贮气工程具有贮存、调配，提高供气可靠性的功能；输配气管网工程具有间接、直接供给用户用气的功能；

（7）城市环境卫生工程系统。包括垃圾处理厂（场）、垃圾填埋场、垃圾收集站、垃圾转运站、车辆清洗场、环卫车辆场公共厕所及城市环境卫生管理设施；

（8）城市防灾工程系统。包括消防、防洪、抗震、防空、救灾生命线系统。

2. 城市市政公用工程系统规划的任务

根据城市经济社会发展目标，结合城市实际情况，合理确定规划期内各项工程系统的设施规模容量，布局各项设施、制定相应的建设策略和措施。在城市经济发展总目标的前提下，根据系统的实际和特性，各项城市市政公用工程系统规划应明确各自的规划任务。

3. 城市市政公用工程系统规划各层面的主要内容

（1）城市市政公用工程系统总体规划，是与城市总体规划相匹配的规划层面；

（2）城市市政公用工程系统分区规划，是与城市分区规划相匹配的规划层面；

（3）城市市政公用工程系统详细规划，是与城市详细规划相匹配的规划层面。

4. 城市市政公用工程系统规划的总工作程序

（1）拟定城市市政公用工程系统规划建设目标；

（2）编制城市市政公用工程系统总体规划；

（3）编制城市市政公用工程系统分区规划；

（4）编制城市市政公用工程系统详细规划。

（二）城市防灾系统规划

现代城市防灾规划主要包括城市消防规划、城市防洪规划城市抗震规划、城市防空袭击及恐怖规划等。作为一个专门规划至少应包括两个层面的内容：一是城市减灾发展规划，主要解决并限制城市自发状态下发展建设的盲目行为及重复无序状态；二是城市各类项目的开发建设规划，重在要将城市防灾的内容及方法作为开发建设的主要目标纳入其中，使防灾规划与各专项规划成为一项工作，而非"两层皮"。

1. 城市防灾规划的基本准则

（1）要按灾害类型科学选择城市建设用地；

（2）要按防灾政策及部署安排城市各项功能用地；

（3）创造并构建便捷通畅的城市道路系统；

（4）综合开发并认真解决城市地下空间与人防建设用地；

（5）认真处理好平时与战时、防灾与建设、应急与备用的关系；

（6）按照各项防灾技术法规，视不同场合及对象采取有效防灾措施等。

2. 城市主要灾害的防灾标准

（1）城市防洪、防涝标准。防洪工程设计是以洪峰流量和水位为依据的，而洪水的大小通常是以某一频率的洪水量来表示。防洪标准则根据规划区性质等级来确定。

（2）抗震标准。地震有两种指标分类法。一种是按所在地区受影响和受破坏的程度进行分级，称为地震烈度，在我国分为 12 个等级，其中 6 度地震是强震，7 度为损害震；另一种按震源释放出的能量来划分地震等级，称为震级，地震释放的能量越大，震级越高，目前的记录尚未超过 9 级。

（3）城市消防标准。参见《建筑设计防火规范》（GB16-87 及 GB50016-2006）（自2006 年 12 月起实施）、《高层民用建筑设计防火规范》（GB50045-95）、《消防站建筑设计标准》[GNJ1-81（试行）]、《城镇消防站布局与技术装备配备标准》（GN1-82）等。

（4）城市人防工程建设标准。一般情况下，战时留城人口占城市总人口的 30%~40%，按人均 1~1.5m² 的人防工程面积标准确定。

三、城市绿化景观系统规划的主要内容

城市绿化景观系统规划的主要内容包括：

1. 依据城市经济社会发展规划和城市总体规划的战略要求，确定城市绿化景观系统规划的指导思想和原则；

2. 调查与分析评价城市绿化现状、发展条件及存在问题；

3. 研究确定城市绿化的发展目标和主要指标；

4. 参与综合研究城市绿化布局结构，确定城市绿化系统的用地布局；

5. 确定公园绿地、生产绿地、防护绿地的位置、范围、性质及主要功能；

6. 划定需要保护、保留和建设的城郊绿地；

7. 确定分期建设步骤和近期建设实施项目，提出实施管理建议；

8. 编制城市绿化系统规划的图纸和文件。

四、城市历史文化遗产保护规划

城市历史文化遗产保护主要包括历史文化名城保护和历史文化保护区保护。

（一）历史文化名城保护规划

历史文化名城保护分为 3 个层次：文物保护单位、历史文化保护区和历史文化名城。对于文物保护单位，要遵循"不改变文物原状"的原则，保护历史的原貌和真迹。对于代表城市传统风貌的典型地段，要保存历史的真实性和完整性。对于历史文化名城，不仅要保护城市中文物古迹和历史地段，还要保护和延续古城的格局与历史风貌。历史文化名城保护规划的基本内容分为编制原则和保护规划成果两个方面。

1. 编制原则

（1）历史文化名城应该保护城市的文化古迹和历史地段，保护和延续古城的风貌特点，继承和发扬城市的传统文化，保护规划应根据城市的具体情况编制和落实；

（2）编制保护规划应当分析城市历史演变及性质、规模、相关特点，并根据历史文化遗存的性质形态、分布等特点，因地制宜确定保护原则和工作重点；

（3）编制保护规划要从城市总体上采取规划措施，为保护城市历史文化遗存创造有利的条件，同时又要注意满足城市经济、社会发展和改善人民生活及工作环境的需要，使保护与建设协调发展；

（4）编制保护规划应当注意对城市传统文化内涵的发掘与继承，促进城市物质文明和精神文明的协调发展；

（5）编制保护规划应当突出保护重点，即保护文化古迹、风景名胜及其环境；对于具有传统风格的商业、手工业、居住以及其他性质的街区，需要保护整体环境的文化古迹、革命纪念建筑集中连片的地区，或在城市发展史上有历史、科学、艺术价值的近代建筑群等，要划定为"历史文化保护区"予以重点保护。特别要注意对濒临破坏的历史实物遗存的抢救和保护。对已不存在的"文化古迹"一般不倡导重建。

2. 保护规划成果

（1）规划文本。表述规划意图、目标和对规划有关内容提出规定性要求。一般包括以下内容：城市历史文化价值概述；历史文化名城保护原则和保护工作重点；城市整体层次上保护历史文化名城的措施，包括古城功能的改善、用地布局的选择和调整、古城空间形态和视廊的保护等；各级文化保护单位的保护范围、建设控制地带以及各类历史文化保护区的范围界线，保护和整治的措施要求；对重点文化遗存修整、利用和展示的规划意见；重点保护、整治地区的详细规划意向方案；规划实施管理措施等。

（2）规划图纸。用图像表达现状和规划内容。包括文化古迹、传统街区、风景名胜分布图，比例尺为 1：5 000~1：10 000；重点保护区域界线图，比例尺为 1：5 000~1：2 000；重点保护、整治地区的详细规划意向方案图。

（二）历史文化保护区保护规划

历史文化保护区的概念源自国际上通用的历史性地区概念。在我国，历史文化保护区是指文化古迹比较集中，或较为完整地保存着城市某一历史时期的传统风格和地方民族特色的历史街区、建筑群小镇、村落等，要根据它的历史、科学、艺术价值，由县级以上人民政府核定公布为各级"历史文化保护区"。历史文化保护区保护规划的内容：

1. 现状调查。包括：历史沿革；功能特点历史风貌反映的时代；居住人口；建筑建造的时代、历史价值、保存现状房屋产权、现状用途；反映历史风貌的环境状况，指出历史价值保存完好程度；城市市政设施状况等。

2. 保护规划。包括：保护区及外围建设控制地带的范围、界线；保护的原则和目标；建筑物的保护、维修整治方式；环境风貌的保护整治方式；基础设施的改造和建设；用地功能和建筑物使用的调整；分期实施计划、近期实施项目的设计和概算。

五、城市生态水利规划

城市规划是对一定时期内城市的经济和社会发展、土地利用、空间布局以及各项建设的综合布局、具体安排和实施管理。生态水利规划就是按照生态学原理，遵循生态平衡规律的法则与要求建立起来的满足良性循环和可持续利用的水利体系的规划。城市规划是城市发展的宏观规划，城市生态水利规划是城市规划的专项规划，是城市规划中的项基础设施，它既要服从城市总体规划，又要丰富和完善城市总体规划。所以，我们在城市建设中不能只注重城市发展规划，还要注重城市生态水利规划，只有这样才能实现人类的可持续发展。

六、城市规划行政

城市规划采用"两证一书"的拟定与核发实施管理。

1. 选址意见书

城市规划区内建设工程的选址和布局必须符合城市规划，设计任务书报请批准时，必须附有城市规划行政主管部门的选址意见书。选址意见书的目的是保障建设项目的选址和布局科学合理，符合城市规划的要求，实现经济效益、社会效益和环境效益的统一。选址意见书依据《城乡规划法》、城市总体规划、《建设项目选址规划管理办法》（建设部、国家计委建规字第 583 号文）发放。

选址原则包括：

（1）符合城市规划确定的用地性质；

（2）与城市道路、交通、能源、通讯、给水排水、煤气、热力等专项规划相衔接；

（3）公共设施配套；

（4）符合环保规划、风景名胜及文物古迹保护规划要求；

（5）符合城市防洪、防火、防爆、防震等要求。

选址意见书由建设单位持批准立项的有关文件和项目的基本情况向规划部门提出申请。未选地址项目，由规划部门确定项目地址和用地范围，并以选址意见书的方式通知建设单位；已选地址项目，由规划部门予以确认或予以否认。

2. 建设用地规划许可证

项目选址批准后，需向规划部门正式办理申请用地手续，规划部门须提出规划设计条件，对用地的数量和具体范围予以确认，并核发"建设用地规划许可证"。按出让、转让方式取得的建设用地，应在合同内容中包括规划规定的地块位置、范围、使用性质和有关技术指标。"建设用地规划许可证"是向土地管理部门申请土地使用权必备的法律凭证。

建设用地规划设计条件一般包括土地使用规划性质、容积率、建筑密度、建筑高度、基地主要出入口、绿地比例以及土地使用其他规划设计要求。

3. 建设工程规划许可证的核发

建设单位或者个人在取得建设用地规划许可证后，方可向县级以上地方人民政府土地管理部门申请用地，经县级以上人民政府审查批准后，由土地管理部门划拨土地。在城市规划区内新建、扩建和改建建筑物、构筑物、道路、管线和其他工程设施，必须按规划设计条件提出设计成果，规划部门按批准的图纸组织放线、验线后，方可核发建设工程规划许可证。建设单位或者个人在取得建设工程规划许可证件和其他有关批准文件后，方可申请办理开工手续。

七、城市规划编制和审批

城市人民政府负责组织编制城市规划。县级人民政府所在地镇的城市规划，由县级人民政府负责组织编制。城市总体规划和城市分区规划的具体编制工作由城市人民政府建设主管部门（城乡规划主管部门）承担。城市人民政府应当依据城市总体规划，结合国民经济和社会发展规划以及土地利用总体规划，组织制定近期建设规划。控制性详细规划由城市人民政府建设主管部门（城乡规划主管部门）依据已经批准的城市总体规划或者城市分区规划组织编制。修建性详细规划可以由有关单位依据控制性详细规划及建设主管部门（城乡规划主管部门）提出的规划条件，委托城市规划编制单位编制。

城市规划坚持分级审批制度，保障城市规划的严肃性和权威性。

直辖市的城市总体规划，由直辖市人民政府报国务院审批。省和自治区人民政府所在地城市或城市人口在 100 万以上的城市及国务院指定的其他城市的总体规划，由省、自治区人民政府审查同意后，报国务院审批。其他设市城市和县级人民政府所在地镇的总体规划，报省、自治区、直辖市人民政府审批，其中，市管辖的县级人民政府所在地镇的总体规划，报市人民政府审批。其他建制镇的总体规划，报县级人民政府审批。

城市人民政府和县级人民政府在向上级人民政府报请审批城市总体规划前，须经同级人民代表大会或者其常务委员会审查同意。

城市分区规划经当地城市规划主管部门审核后，报城市人民政府审批。

城市详细规划由城市人民政府审批；编制分区规划的城市的详细规划，除重要的详细规划由城市人民政府审批外，由城市人民政府城市规划行政主管部门审批。

城市人民政府和县人民政府在向上级人民政府报请审批城市总体规划前，须经同级人民代表大会或者其常务委员会审查同意。

城市人民政府可以根据城市经济和社会发展需要，对城市总体规划进行局部调整，报同级人民代表大会常务委员会和原批准机关备案；但涉及城市性质、规模、发展方向和总体布局重大变更的，须经同级人民代表大会或者其常务委员会审查同意后报原批准机关审批。

八、规划师的职业道德

规划师的职业道德首先要从城市规划本身说起。城市规划的实质可以理解为指导各级政府和经济主体进行建设的公共政策，是在社会各个层面进行，并在政治经济主体之间进行资源分配的政治行为过程。目前，制定实施城市公共政策的最主要的主体是城市政府，故规划师在工作中客观上受当地主管部门、政府领导的制约。

规划师的职业道德应该采取以下几点措施。

1. 应该将规划师的道德教育放在人才培养的重要地位，在既有的职业教育体系中，增加切实有效的职业道德教育。

2. 规范城市规划编制的行为，重新确立规划师的职业角色。城市规划是一个复杂而综合的社会过程，而不是一个单纯的技术行为，更不应该将其作为一个商业行为。所有的城市规划从编制计划开始到编制成果的审查，都应建立公示制度，将政府性的规划与市场性的设计进行严格的区分。

3. 强化城市规划法定的地位，为规划师坚守争议提供有力支持。进一步明确规划的严肃性和对违法行为的处罚权，并对规划师的正当职业行为和权益予以保障，使其免受不当的权力干扰。

4. 加快培育公民社会，加强社会力量对城市规划的全程监管。成熟健康的公民社会不仅可以对规划师的职业道德操守进行公正的监督，而且是对规划公众性公平性和严肃性的有力保障，是规划师值得信赖和可以依托的重要力量。

结 语

在生态水利工程施工作业环节，通过做好相应的规划工作，能够保证生态水利工程各项重要作用得到充分发挥。在具体的规划工作中，有关人员要结合该地区的水文资源环境条件，进行科学规划与设计，在保证水利工程建设质量的基础之上，有效减小对该地区水文环境产生的恶劣影响，保证水利工程的经济效益与生态效益得到双重提升。

生态水利规划的实质就是合理协调、科学研究生态水利工程，科学建设水利项目，以对生态进行必要的保护，有效治理已经被破坏的环境，净化河流、改善水质量，建设非常有价值的水利工程项目。我国政府也是重视生态水利规划的重要性，生态水利规划不单是一种工程项目，也是生态文明建设的重要内容之一。持续优化水资源和水资源环境，会大大推动社会经济的发展壮大。所以说，生态水利规划建设的必要性非常强，生态水利规划建设可以帮助优化人和生态的和谐关系，也能大大提高水资源的供水能力。水利工程规划建设会在一定程度上影响甚至是破坏水资源，另外，对水中及周边生物群落也会带来一些不好的影响，切实落实生态环境的保护工作，可大大促进生态环境和人的可持续发展，实现人与自然的和谐。所以，一定要切实落实好生态水利规划工作，确保优化水利工程建设。

我国城市发展方兴未艾，建设面貌一年一个样，三年大变样，需及早进行城市水利规划。城市水利规划在城市发展中是涉及城市整体格局的问题，不能走一步看一步，一旦偏离了整体格局，想改也很困难。水利规划的基本点有两条，一是尊重水系和水势而行。如果逆势而动，最终是会受到大自然的惩罚的，再要补救就会事半功倍。而是要统一。河流运动规划必须以江河特点统一规划，不能进行部门分割，否则受到损失的必然是城市本身。

参考文献

[1] 石悦. 生态城市规划技术的系统性准则性工具的构建思考——《生态城市规划技术导则》的编制 [J]. 城市发展研究 ,2021,28(01):117-124.

[2] 彭攀. 城市规划中生态城市理念的运用研究 [J]. 住宅与房地产 ,2021(03):229-230.

[3] 王昱江. 浅谈基于低碳、生态导向的城市规划 [J]. 低碳世界 ,2020,10(12):131-132.

[4] 许增兵. 城市生态绿道在园林景观规划中的应用 [J]. 美与时代 (城市版),2020(12): 27-28.

[5] 刘博,徐璐瑶,孙梦雪,吴文涛,张廷甫. 生态城市规划设计探析 [J]. 城市住宅 ,2020,27(12):128-129.

[6] 徐国栋. 规划环境影响评价在生态城市建设中的应用 [J]. 资源节约与环保 ,2020 (12):139-140.

[7] 李忠元. 城市生态化发展下的滨水绿廊的规划分析 [J]. 现代园艺 ,2020,43(24):157-158.

[8] 王鹏,苏妍妹,王全锋. 城市黑臭河道生态治理规划及工程应用 [J]. 水利建设与管理 ,2020,40(12):27-31+47.

[9] 张潇,路青. 城市尺度下生态系统服务流研究综述 [J]. 环境保护科学 ,2020,46(06):55-63.

[10] 赵军科,王晓娜. 城市居住区详细规划中的生态设计 [A].《建筑科技与管理》组委会 .2020 年 12 月建筑科技与管理学术交流会论文集 [C].《建筑科技与管理》组委会 : 北京恒盛博雅国际文化交流中心 ,2020:2.

[11] 蔡中豪. 城市规划设计中生态城市规划的研究 [J]. 中国建筑金属结构 ,2020(12):100-101.

[12] 兰杰. 城市生态绿道在园林景观规划中的应用 [J]. 住宅与房地产 ,2020(35):187-188.

[13] 黄禹铮. 城市更新中的景观生态规划策略 [J]. 居舍 ,2020(35):7-8.

[14] 蒋蓉,严祥,李帆萍,刘亚舟. 大城市生态保护与经济发展的矛盾及规划应对——成都市中心城区非城市建设用地规划探讨 [J]. 城市规划 ,2020,44(12):70-76.

[15] 张静. 绿色生态城市规划设计理念及策略研究 [J]. 居舍 ,2020(33):7-8+33.

[16] 李隆辉. 关于城市规划设计中生态城市规划的思考 [J]. 建设科技 ,2020(20):109-110.

[17] 成超男,胡杨,赵鸣. 城市绿色空间格局时空演变及其生态系统服务评价的研究进展与展望 [J]. 地理科学进展 ,2020,39(10):1770-1782.

[18] 唐婉淇. 城市规划中生态城市规划思路与方法 [J]. 环境与发展,2020,32(10):231-232.

[19] 徐琳瑜, 郑涵中. "城市生态规划" MOOC 课程思政实践与运营思考 [J]. 环境教育,2020(10):56-59.

[20] 庄皓然. 试析城市规划设计中的生态城市规划 [J]. 现代园艺,2020,43(20):65-66.

[21] 田雨婷, 郑婷, 唐科佳. 绿色生态型城市规划设计思路分析 [J]. 城市住宅,2020,27(10):165-166.

[22] 王章叶, 闫笑一. 生态园林城市规划建设的对策——评《生态园林城市规划》[J]. 环境工程,2020,38(10):240.

[23] 李雪莲. 绿色生态城区海绵城市建设规划设计思路浅析 [J]. 科技资讯,2020,18(29):98-100.

[24] 夏祖伟, 杨平, 朱勃, 谢夏玲, 张瑜, 靳科辰. 城市内河生态环境治理规划及措施研究 [J]. 人民黄河,2020,42(10):81-85+91.

[25] 曲树胜. 低碳时代生态导向的城市规划变革 [J]. 科技经济导刊,2020,28(28):62-63.

[26] 孙衍德. 城市生态规划与城市生态建设分析 [J]. 工程建设与设计,2020(18):18-19.

[27] 杜斌. 城市生态转型视域下国土空间规划问题探讨 [J]. 住宅与房地产,2020(27):58+61.

[28] 李好. 绿色生态城市规划设计理念与策略 [J]. 城市住宅,2020,27(09):129-130.

[29] 高一帆. 生态引领下的城市空间规划研究——以重庆两江新区翠云片区为例 [J]. 低碳世界,2020,10(09):54-55.

[30] 陈虹. 城市小型河流规划与生态修复的顶层设计探讨 [A]. 中国环境科学学会.2020中国环境科学学会科学技术年会论文集（第二卷）[C]. 中国环境科学学会 : 中国环境科学学会,2020:7.

[31] 孙堃. 生态城市理念下的城市规划要点论述 [J]. 绿色环保建材,2020(10):67-68.

[32] 崔颖. 论城市规划的生态思维 [J]. 城市建筑,2020,17(26):26-27.

[33] 李晓亮, 冯腾腾. 城市规划环境影响评价中土地生态适宜性分析的运用 [J]. 河北企业,2020(09):109-110.

[34] 陈柯帆. 城市规划设计中生态城市规划研究 [J]. 工程技术研究,2020,5(17):199-200.

[35] 肖卉. 城市规划设计中生态城市规划研究 [A]. 福建省商贸协会、厦门市新课改课题小组.华南教育信息化研究经验交流会论文汇编（七）[C]. 福建省商贸协会、厦门市新课改课题小组 : 福建省商贸协会,2020:5.

[36] 狄涛. 城市规划设计中的生态城市规划探索 [J]. 中国建设信息化,2020(16):66-67.

[37] 张袁, 顾大治, 张元龙, 孙桂正. 城市重点生态空间保护性规划研究——以青岛市崂山生态片区为例 [J]. 青岛理工大学学报,2020,41(04):41-48.

[38] 蔡彦坤, 蔡旭. 城市生态、水利与智慧工程融入城市建设总体规划的探讨 [J]. 开发研究,2019(03):40-46.

[39] 芮可富. 基于生态水利工程的河道规划设计初步研究 [J]. 水资源开发与管理 ,2016(06):68-70.

[40] 高进生. 刍议城市生态水利规划过程雨水利用问题 [J]. 建设科技 ,2013(13):74-75.

[41] 周爱莲 , 高玉荣. 生态水利与城市规划建设中的防洪减灾问题 [A]. 山东省济宁市科学技术协会."生态济宁"优秀论文选编 [C].: 山东省科学技术协会 ,2007:5.

[42] 高辉巧 , 何冰. 城市生态水利规划的基本原则 [J]. 人民黄河 ,2007(02):13-14.